粒度空间理论及其应用

唐旭清　著

科学出版社

北京

内 容 简 介

本书以数据驱动的数学问题研究为核心，是一部由研究工作构成的原创著作。全书共分 7 章，按三个模块划分：第一个模块是研究背景和框架介绍，即第 1 章绪论，这是本书主题内容的一个导论；第二个模块是粒度空间的基础理论及模型，由第 2~5 章组成，其中涉及粒度空间的基本理论、结构聚类特征与融合，以及聚类结构分析理论等研究；第三个模块是粒度空间理论和模型的应用，由第 6 和 7 章组成，涉及粒度计算的基本理论、方法和模型在生态系统和生物网络分析中的应用研究。这些研究内容涵盖了粒度计算从基本理论、方法和模型，到实际应用的全过程，内容完整且系统。

本书是从事计算数学、计算机科学以及对人工智能感兴趣的科学工作者的一部有益参考书，也可作为高等院校计算数学、信息与计算科学和计算智能等领域的研究生和高年级本科生的教材。

图书在版编目(CIP)数据

粒度空间理论及其应用/唐旭清著. —北京：科学出版社，2020.12

ISBN 978-7-03-067142-4

Ⅰ. ①粒… Ⅱ. ①唐… Ⅲ. ①人工智能-计算方法 Ⅳ. ①TP18

中国版本图书馆 CIP 数据核字(2020)第 243814 号

责任编辑：许 蕾 曾佳佳/责任校对：杨聪敏
责任印制：张 伟/封面设计：许 瑞

科 学 出 版 社 出版
北京东黄城根北街 16 号
邮政编码：100717
http://www.sciencep.com

北京中科印刷有限公司 印刷
科学出版社发行 各地新华书店经销
*
2020 年 12 月第 一 版 开本：720×1000 1/16
2023 年 1 月第三次印刷 印张：14
字数：280 000

定价：89.00 元
(如有印装质量问题，我社负责调换)

序　言

随着计算机(computer)的广泛使用和人工智能(artificial intelligence，AI)技术的迅猛发展，科学计算已经成为继理论研究和科学实验之外的第三种重要的科学研究方法。特别是计算机在计算能力上的提升，为数学科学的发展带来了前所未有的机遇与挑战，使得数学学科中各研究分支(基础数学、应用数学和计算数学)之间的界限更加模糊，且它们相互之间的关系又更加紧密。一方面，计算能力的提升使得传统的计算数学问题研究变得快捷、方便，同时也带来了更为复杂且面向实际的计算问题，如大数据、智能计算等，能够获得更加有效求解的可能；另一方面，随着计算能力的不断提升，它为数学问题提供了更多的研究途径和方法，如数学机械化、模型的数值模拟与仿真技术等，不断丰富现代应用数学方法与手段。因此，基于计算机的计算技术对数学科学的发展产生了深远的影响，并通过数学学科进而影响到自然科学、工程技术、社会科学等相关的几乎所有领域。

现代计算技术呈现出系统化、智能化和模块化的发展趋势，其中系统化主要体现在计算问题的复杂性上，这是由于我们面对的计算问题越来越庞大，是一个复杂的系统工程；智能化是复杂问题计算的必然要求；而模块化是解决系统化复杂问题的简约和智能化计算的必然要求，它的突出特点就是通过引进结构化信息的计算技术，并建立基于结构的计算技术。事实上，结构信息广泛存在于复杂大系统的建模与计算问题中，如数据系统有结构，复杂系统的建模也有层次结构等。其中的模块化(或粗粒化)结构正是复杂大系统简约的重要手段。充分利用系统的结构信息是面向实际计算问题发展的需求，如基于大数据的挖掘、云计算等。正是在这一背景下，作者采用代数拓扑的描述方法，提出了基于商空间的粒度计算方法以获取复杂系统结构信息，通过严格的数学理论体系建立了粒度空间理论与粒度计算方法，并发展了一整套相应的智能计算方法。

本书共分 7 章。第 1 章绪论部分是本书主题内容的一个导论、研究背景和框架介绍。第 2~5 章是粒度空间的理论与模型部分，其中第 2 章是粒度空间理论；第 3 章是粒度空间的结构聚类与融合；第 4 章是结构聚类问题研究；第 5 章是粒度空间的聚类结构分析理论。第 6、7 章是粒度空间理论和方法的应用部分，其中第 6 章是粒度计算在生态系统中的应用；第 7 章是粒度计算在生物信息学中的应用。

本书内容来自作者多年来的研究成果，这些研究得到国家自然科学基金项目

（11371174、11271163），以及生态环境部公益性行业科研专项（200909070）的资助。这些项目特别是国家自然科学基金项目的支持，确保了相关内容研究的持续与完成，在此深表感谢。此外，科学出版社在本著作出版过程中给予了大力支持。

作者指导的研究生和本科生参与完成了本书相关研究，其中：2010 届信计专业的马保参与第 6 章的编程与调试工作；2014 届研究生晏寒冰和彭丽潭，以及 2015 届研究生李建林参与完成了第 6 章的部分应用研究工作；2017 届研究生李阳参与完成了第 7 章的应用研究工作，包括研究方案、程序设计与结果调试。作者对此表示衷心感谢。

在本书出版之际，我要特别感谢我的恩师张铃教授，他渊博宽厚的学术功底和严谨科学的探索精神一直是我学习的榜样，我在读博士期间选取了他的基于商空间的粒度计算研究方向，并得到其悉心指导和帮助。本书受启发于张教授的《问题求解理论及应用：商空间粒度计算理论及应用》（张铃、张钹著，清华大学出版社，2007 年，第二版）一书，是对商空间粒度计算方面的进一步深化与发展。感谢我的博士生导师程家兴教授带我进入生物信息学的研究领域，本书述及粒度空间理论在生态学、生物学方面的应用离不开程教授的引领。

最后，感谢我的父亲和母亲，作为社会最普通的劳动者，他们朴素的处事风格和执着的生活态度一直激励着我，并造就了我的坚毅性格且一直陪伴着我不断前行。多年来，我仿佛是他们生命的延续，一直希望带他们登得更高，看得更远。感谢我的妻儿，以及其他亲人、师长和朋友，在他们长期的帮助、支持、鼓励和期盼下，我才能愉快地生活和工作着。经过多年的坚持和努力，些许果实，当献他们。

本书有些内容已广泛应用到实际问题中，因此比较完整和系统；有些内容属于初步探索，还有待进一步深化与发展。在成书过程中，尽管作者力求严谨，限于水平，疏漏或不完善之处在所难免，敬请读者和同行专家批评、指正。

唐旭清

2020 年 6 月于江南大学理学院

目　录

第1章 绪 论

随着计算机的广泛使用和人工智能技术的迅猛发展，科学计算已经成为继理论研究和科学实验之外的第三种重要的科学研究方法和手段[1,2]。科学计算或现代计算技术与传统计算的差别就在于引进了系统结构信息的计算。系统结构信息计算技术的引入，一方面可以充分发挥现代计算工具——计算机——在计算能力上的优势，更好地展现复杂问题的系统化、智能化和模块化过程，为实际复杂大系统的计算提供研究途径和方法；另一方面，也为数学问题研究提供了全新的研究思路和研究方案，如数学机械化、模型的数值模拟与仿真技术等，不断丰富现代应用数学方法与研究手段[3-5]。

本书正是在这一背景下，展开相关内容的组织，力求在严格数学理论基础上，建立一整套基于结构的复杂大系统计算模式和分析方法。以下就相关的重要概念进行阐明，有助于对全书章节和内容的把握。

1.1 商空间理论与粒度计算

粒度计算(granular computing, GrC)[6,7]是信息处理的一种全新的概念和计算范式，覆盖了所有有关粒度的理论、方法、技术和工具的研究，主要用于处理不确定的、模糊的、不完整的和海量的信息。粒度计算已经成为人工智能领域研究的热点方向之一。目前粒度计算理论主要有如下几类：

(1)模糊粒度理论：Zadeh 提出了人类认知的 3 个主要概念[6,7]，即粒度(granulation，包括将全体分解为部分)、组织(organization，包括从部分集成全体)和因果(causation，包括因果的关联)。在此基础上，给出概念间的 IF-THEN 关系与粒度集合之间的包含关系，建立模糊粒度理论——词粒度计算理论与方法。模糊粒度理论的核心是通过所有划分构成的格的理论来刻画一致分类问题(consistent classification problem)，并为知识挖掘提供了新的方法和视角，特别是词粒度计算等。

(2)粗糙集理论：波兰学者 Pawlak 提出了一个基本假设：人的智能(知识)就是一种分类的能力[8]。在此基础上，给定概念论域 X 的一个等价关系(equivalence relation) R，他建立了一个知识基 (X,R)，讨论了一般的概念 x 如何用知识基中的知识来表示，从而创立了粗糙集理论。

（3）商空间（quotient space）理论：这是由我国学者张铃教授和张钹院士在研究问题求解时提出来的[9,10]。他们提出，"人类智能的一个公认的特点：人们能够从极不相同的粒度上观察和分析同一问题。人们不仅能在不同粒度的世界上进行问题的求解，而且能够很快地从一个粒度世界跳到另一个粒度世界，往返自如，毫无困难。这种处理不同粒度世界的能力，正是人类问题求解的强有力的表现"。在此基础上，他们提出了用三元组 (X, f, T) 来描述一个问题，其中 X 是概念论域；f 表示论域上的属性；T 表示论域的结构，它表示论域中各个元素间的关系。利用概念上的等价关系 R，引入概念论域 X 的一个等价类（或概念簇）划分——商空间 $[X]$，不同的等价类就构成了不同的商空间。这里的商空间是沿用代数拓扑中的概念而来，相当于粒度计算中的粒度或知识基。进而，他们利用 T 的拓扑结构或半序结构进行不同粒度间关系的研究。从而，粒度的计算就转化为研究在给定商空间下的各种等价类之间的关系与转换。对于同一问题，采用不同的粒度，以及通过对不同粒度的分析、推理获取原问题的解答。商空间理论的"粒度世界模型"建立了一整套理论和相应的算法，并成功应用于启发式搜索和路径规划等[9-11]。随后，他们又将商空间理论引入模糊集合论中，提出了模糊商空间理论（粒度计算方法），并进行模糊集（fuzzy set）的结构分析研究，这为模糊粒度计算提供了强有力的数学模型和工具[12,13]。

目前，模糊粒度理论、粗糙集理论和商空间理论被公认为三大粒度计算理论[14]。其中：模糊粒度理论主要用于词粒度计算问题研究，即基于模糊逻辑与推理问题研究，并应用于模糊控制等；粗糙集理论主要用于数据的分类（聚类）与数据挖掘方面的问题研究，特别是在数据属性的简约与合并等方面；而商空间理论提供了更完美的理论体系，除兼有上面两者之间的研究理论基础之外，更重要的是将事物的属性和结构纳入整体框架之中，使之具有更大的适用性和更深刻的内涵。同时，借助严格的数学理论和基础，给出了求解复杂大系统问题的粒度计算理论框架和形式化的数学描述工具。

1.1.1　粒度获取与聚类技术

粒度，顾名思义就是信息处理中的基本单元（或模块）。在问题研究中，不同的粒度代表研究者所处的层次与研究角度的不同。生命由不同层次和多种形式组成，众所周知：基因（gene）是由碱基 A、G、C、T（注：在 RNA 中 T 为 U）可重复组成联体码，其中三联体密码（triplet code）构成氨基酸（amino acid），常见的有 20 种氨基酸；四个碱基分别与磷酸基团和脱氧核糖结合形成四种不同的核苷酸

(nucleotide)；DNA 分子是由核苷酸的链式线性排列而成；蛋白质是由氨基酸组成链式线性合成，而染色体(chromosome)是由若干个核苷酸相互连接形成长的多核苷酸(polynucleotide)链；染色体包含了蛋白质和 DNA 分子；生命的基本单位是细胞，它是由细胞膜、细胞质和细胞核组成的，细胞核中含有染色体。从它们的构成层次来说，粒度从细到粗的关系：基因—氨基酸(核苷酸)—蛋白质(DNA)—染色体—细胞—组织。因此，粒度既代表着信息处理中的基本单元，也蕴含着其内在的构成结构。

在粒度计算中最基本的问题就是选取合适的粒度，即粒度的获取。在实际问题研究中，合适的粒度选取与研究者所处的高度、研究目标等密切相关。从理论上来说，三大粒度计算理论中粒度获取的方法都是借助于事物之间的关系，如通过等价关系的等价类进行粒度的描述。但在实际工程应用中，粒度获取的常用方法就是聚类技术，即将某些关系相近的事物看成一个基本单元。

模糊粒度理论和粗糙集理论构建的最基本原则都是基于分类问题研究，如模糊粒度理论中的一致分类问题，粗糙集理论中采用逼近思想进行属性的简约与合并(即属性的分类)等问题。从粒度观点来看：如果从总体向局部进行划分，相当于粒度从粗向细变化，这一过程即分类过程，相应的问题即分类问题；相反地，如果从基本研究对象向总体进行聚合，相当于粒度从细向粗变化，这一过程即聚类过程，相应的问题即聚类问题。因此，在粒度计算中，粒度获取既可以采用分类技术也可以采用聚类技术进行处理，其目标和效果是相同的，区别仅在于它们的处理过程刚好相反，即前者的起点是总体，后者的起点是基本对象。但在实际应用中，一般采用聚类技术去获取合适的粒度，即最优聚类问题。

聚类(分类)问题一直是一个古老而又活跃的研究内容，且聚类技术在现代科学与技术研究中有着广泛的应用，如 C-均值(C-means, CM)、模糊 C-均值(fuzzy C-means，FCM)、分层聚类(hierarchical clustering, HC)、支持向量机(support vector machine, SVM)和覆盖算法(covering algorithm, CA)等[15-19]。聚类又可分为硬聚类(hard clustering)和软聚类(soft clustering)两种形式。若聚类的结果为每个基本对象当且仅当包含在一个类中，即不同的类之间互不相容(注：不同等价类的交集为空集)，则称此聚类为硬聚类；否则，就称为软聚类。通常所说的聚类都是指硬聚类，在本书中所说的聚类也指硬聚类。一般地，利用等价关系的等价类来定义粒度，由于不同的等价类之间互不相容，因此对应的聚类就是硬聚类。对特定的问题研究，软聚类有其特殊的意义与作用。例如，在机器人的路径规划的研究中，为了保障机器人行走方案的可行，在一条可行的路径上相邻的粒度之间需要满足相容的条件(即两个粒度的交集不空)，因此就可采用软聚类技术来获取粒度。类似地，在移动通信网络中，由于每个基站都有一定的覆盖范围的限制，为了保障通信信号的安全，在一个地区进行基站选址时就需要保证相邻基站的覆盖范围是有重叠的；在社交、交通运输等复杂网络中，有关重要节点的寻找问题研究中都涉及重叠社区的检测[20]。这些问题也都可以采用软聚类技术进行研究。在基于商空间的粒度计算理论中，可由相容关系(即满足自反性和对称性的关系)诱导的粒度，其对应的聚类结果就属于软聚类，进而被发展成一套完整的覆盖算法用于实际问题中的软聚类计算，并成功应用于路径规划等研究[10,18]。

综上所述，粒度就是利用事物间的关系诱导的等价类来描述或定义，但在科学和工程技术研究中通常利用聚类技术来获取。因此，聚类技术既是粒度计算中重要的研究手段，也是它的本质特征之一。

1.1.2 复杂系统的结构描述与商空间理论

在三大粒度计算理论中，与模糊粒度理论和粗糙集理论相比，商空间理论最突出的特点就是将结构引入复杂系统的研究与分析中。事实上，结构才是系统研究与分析的本质属性。正如石墨和金刚石都是由碳(C)构成，但它们却有着不同的特征，金刚石非常的坚硬，而石墨正好相反——非常柔软，究其原因就在于组成它们的结构是不同的；同样，世间万物所携带的遗传密码(或基因)都是由 A、C、G、T(或 U)这四种碱基构成的，只是排列的次序不同，但它们却构成了五彩缤纷、千姿百态的生命世界，究其根本原因就在于它们的基因组成在结构上的不同。商空间理论作为三大粒度计算理论之一，其重要意义就在于能提供系统结构及其分析的严格数学描述和工具，使之与现代科学技术研究有了更好的结合点，这也许就是基于商空间理论的粒度计算在最近十年来得到国内外有关研究者重视的原因之一。

对于复杂系统，如何提取它的结构信息或构建它的结构呢？事实上，复杂系统的结构有很多的表示方法，如分形结构、几何结构和拓扑结构等。一般地，从拓扑结构来说，如果已知它是由若干个小系统组成，且依某种关系合并成若干个较大系统，……，如此层层递进下去，直到合并成整个复杂系统。其中，由若干个较大系统组成的集合就作为原复杂系统的一个粗粒度，相当于原复杂系统的一个商空间；而所有粗粒度(商空间)组成的有序结构就构成了整个复杂系统的一个分层递阶结构(hierarchical structure)。这正是商空间理论的意义所在，它借助代数学中的序关系来描述复杂系统的拓扑结构，给出在严格数学意义上的分层递阶结构定义，其优点是为进一步分析相关复杂系统的拓扑结构提供途径或工具。分层递阶结构(或层次结构)具有典型的树状特点，且在大数据(big data)分析与处理，以及数据库的管理、检索和读取等诸多方面都有广泛的应用。

复杂系统分层递阶结构的一般图如图 1.1.1 所示，图中从上至下由第一层、第二层、……、第 P 层构成，相对应复杂系统的粒度是由粗向细演变。类似于层次分析方法[21]在求解问题中的目标分解过程，即将总目标依其相关性分解成若干个子目标，而每个子目标又可分解成若干个更小的子目标，……，如此下去，直到整个目标分解成若干个依据所给条件达到的小目标，这样构成的总目标分解结构图恰好是分层递阶结构。这种由粗向细变化获得复杂系统分层递阶结构的过程就是结构分类过程。与此相对应地，如果由细向粗变化获得复杂系统分层递阶结构的过程就是结构聚类(structural clustering)过程。在实际问题应用中，可采用结构聚类(或分类)的方法来获取复杂系统(或数据系统)的分层递阶结构(或层次结构)。

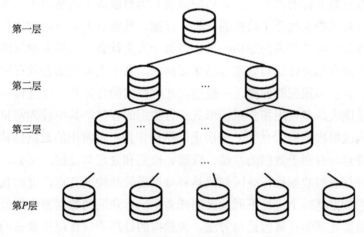

图 1.1.1　复杂系统分层递阶结构的一般图

1.2　基于结构计算技术与大数据分析

如前所述，随着计算机和人工智能技术的不断发展，现代计算技术呈现出系统化和智能化的发展趋势，其中系统化主要体现在计算问题的复杂性上，这是由于人们面对的计算问题越来越庞大，是一个复杂的系统工程，如基因组的信息计算与处理，以及全球气候变暖、天气预报、地震预测等问题；智能化是复杂问题计算的必然要求，也是计算机和人工智能技术发展的必然结果。现代计算技术的另一个突出特点就是基于结构的计算技术，即将复杂系统(或数据系统)的结构信息计算纳入计算技术的总框架内,并凸显其在整个系统的信息处理与功能研究中的重要作用。事实上,在传统的计算技术中,结构信息的使用常常作为一种计算技巧而存在。例如,在有关多项式的数据拟合中,可以通过正交函数族和组合系数计算的方法去替代直接求解线性方程组(注:正则方程组)的方法,以获取数据拟合的多项式[2]。在这一替代求解过程中,计算正交函数族的过程等价于获取拟合多项式的结构信息,以达到简化计算的目的。特别地,对于复杂系统(或数据系统)的计算问题,将结构信息的计算纳入计算技术的总框架内,可以有效降低系统计算的复杂度。

目前,各行各业大数据的不断涌现也是推动基于结构计算技术研究的一个重要因素。随着人类基因组计划的胜利完成和各国人类后基因组计划的实施,特别是随着第二/三代基因测序技术的不断完善,涌现出海量的生物分子数据。这些生物分子数据具有丰富的内涵,其背后隐藏着人类目前尚不清楚的生物学知识。需要人们通过对这些生物分子数据的分析、挖掘,获取对人类有用的遗传信息、进化信息,以及与功能相关的结构信息,造福于人类社会。海量大数据的涌现也带来了如何存储和如何计算与处理等的诸多问题,其中大数据的有效存储是其能被有效计算、分析和挖掘的前提。一般地,在大数据的存储和计算过程中,由于涉及的数据量庞大,多采用拓扑结构形式进行数据的存储,其中较为常见的就是分层递阶结构或层次结构[10, 22, 23]。分层递阶结构作为一种常用的数据结构,具有典型的树状特点,有利于数据的存储、管理、检索和处理与挖掘。例如,银行、保险、医疗等行业的数据按行政区划就具有分层递阶结构的特点,进而我们可以在具有结构的数据基础上进行不同地区间或者不同行业间的数据整合与分析。区别于传统的数据处理的计算理论与方法,大数据的处理不仅体现在数据的量级上,还体现在其本质上,而大数据的本质就是数据的结构。通过建立数据的结构,可以将大数据"立"起来,并构建其并行计算的处理框架以提高计算效率。这就需要构建基于结构数据的计算技术,即这里所说的基于结构计算技术。同时这表明发展基于结构计算技术对于大数据的存储、计算和分析等都是非常重要和紧迫的。

从某种意义上来说,粒度计算的本质就是建立在系统结构层面上的计算技术,即基于结构计算技术。驱动基于结构计算技术研究的主要有以下三个因素:

(1)在理论层面上。正是由于系统的结构决定其功能,复杂系统(或数据系统)的结构信息构成了有关其问题求解的核心,即所有的客观规律的获取与分析都与其结构信息密切相关,包括结构信息的数学描述及其结构分析等。针对复杂大系统(或庞大的数据系统)的相关问题研究,从其系统的结构信息出发是求解问题的核心和关键因素,换句话说,就是一旦抓住了它构成的结构信息,也就能把握求解问题的合理方案。同时，基于商空间的粒度计算理论正好契合了基于结构计算技术研究的需求，即提供了复杂系统(或数据系统)的结构信息的数学描述工具及进一步研究的理论基础。因此，基于结构计算理论，即复杂系统(或数据系统)结构信息获取、转化及其结构分析等，就构成了现代计算技术发展的基础，也形成了基于结构计算的理论核心。其核心目的：通过复杂系统(或数据系统)的结构相似或近似进行系统的粗粒化处理，以达到系统结构的简化，并降低计算复杂度；从系统结构层面上，构建系统结构相同或相似的分析理论。

(2)在技术层面上。随着计算机技术和人工智能技术的不断发展与进步，现代计算技术越来越智能化，并且智能化也是基于结构计算发展的必然趋势。一方面，计算机技术和人工智能技术的进步，使得人们能够去求解一些复杂问题或大数据计算问题。但随着复杂大系统越来越复杂，以及各种大数据的不断涌现，如果采用传统的计算方法就不能突破计算复杂度的限制。基于粗粒化的思想，人们可以充分利用结构信息来简化原有系统，并有效降低计算复杂度，如通过谱聚类、结构聚类或分层聚类等计算技术可以获取系统的结构信息，进而采用粗粒化的网络技术进行相关规律的提取等[24-26]。在这里，粗粒化网络技术引入的目的是对复杂系统简约过程进行检验。事实上，在功能上简约系统是对原有系统的逼近，离不开原有系统的功能。另一方面，智能化过程可以更好地适应复杂大系统(或庞大的数据系统)相关计算问题的需求，同时可降低计算的成本。特别地，伴随着各行各业大数据的涌现，出现了许多在线的计算工具，如机器学习方法和云计算等。因此，需要大力发展基于结构的计算方法和技术，以适应实际的计算需要，这也是基于结构计算技术的核心任务。

(3)在应用层面上。面对复杂系统研究和大数据的信息处理等诸多实际需求，基于结构的计算技术具有广泛的实际应用前景。

1.3 本书内容安排

本书共由 7 章组成，可分成以下三个模块：

(1)总论：第 1 章绪论部分是本书主题内容的一个导论、研究背景和框架介绍。

(2)粒度空间的基础理论及模型：由第 2~5 章组成，其中：

第 2 章是本书的理论基础。基于商空间理论，主要介绍与粒度空间相关的一些基本概念，并构建粒度空间理论。其基本思路是采用两条平行的路线进行：重点构建基于等腰归一化(伪)距离的粒度空间基本理论；通过研究等腰归一化(伪)距离与模糊等价关系(fuzzy equivalence relation)之间的关系，以构建基于模糊等价关系的粒度空间理论。这些为以后各章的研究奠定理论研究基础。

第 3 章是粒度空间的结构聚类与融合。

第 4 章是结构聚类问题研究。

第 5 章是粒度空间的聚类结构分析理论。

(3)粒度空间理论和模型的应用：由第 6 章和第 7 章组成，其中：

第 6 章是粒度计算在生态系统中的应用。

第 7 章是粒度计算在生物信息学中的应用。

第 2 章　粒度空间理论

一般地，系统元素之间的度量最常用的工具是距离(或范数)和关系[27]。一方面，距离可以直接产生邻域系(neighborhood systems)，进而可产生拓扑结构；另一方面，两元素间距离的长度也可直接反映两点间的相关程度，即距离越短，它们的相关程度越大，反之也成立。同时，距离也是人们比较习惯的一种度量。在商空间理论的基础上，本章从距离和关系两个不同的角度出发建立了粒度空间理论，即基于等腰归一化(伪)距离的粒度空间理论和基于模糊等价关系的粒度空间理论，并研究了粒度空间的有序性等。这些为以后各章的研究内容奠定了基础。

2.1　基本概念及性质

引入一些基本概念，这些基本概念对本书相关研究内容的理解和把握都至关重要。

定义 2.1.1[10]　给定 X 上的一个距离 d。若满足：

(1) $\forall x, y \in X$，$0 \leqslant d(x, y) \leqslant 1$；

(2) $\forall x, y, z \in X$，在距离序列 $\{d(x, y), d(y, z), d(z, x)\}$ 中的任意一个值都不超过另外两个的最大值，

则称 d 为 X 上的一个等腰归一化距离(normalized equicrural metric)。同时，也称 (1) 为归一化条件，(2) 为等腰条件。若 X 上的距离 d 仅满足条件 (1)，则称 d 是 X 上的归一化距离。

关于定义 2.1.1 中等腰归一化距离的两个条件说明如下：

(1) 归一化条件：在本书中仅仅是为了研究的方便而设置的。事实上，任意一个空间上的距离都可以转化为归一化距离，这一点可通过第 4 章的引理 4.1.1 看到。

(2) 等腰条件：等腰条件是比较强的，等腰归一化距离的等腰条件显然比距离所要求满足的三角不等式条件要强。事实上，$\forall x, y, z \in X$，

$$d(x, y) \leqslant \max\{d(y, z), d(z, x)\} \rightarrow d(x, y) \leqslant d(x, z) + d(z, y)$$

为以后使用方便起见，将定义 2.1.1 改写成下列等价形式。

定义 2.1.2 给定论域 X，设 $d: X \times X \to \mathbf{R}^+$，其中 $\mathbf{R}^+$ 表示非负实数集。若满足：

(1) $\forall x \in X$，$d(x, x) = 0$，且 $\forall x, y \in X$，$d(x, y) = 0 \leftrightarrow x = y$；

(2) $\forall x, y \in X$，$0 \leqslant d(x, y) \leqslant 1$；

(3) $\forall x, y \in X$，$d(x, y) = d(y, x)$；

(4) $\forall x, y, z \in X$，在距离序列 $\{d(x, y), d(y, z), d(z, x)\}$ 中的任意一个值都不超过另外两个的最大值，

则称 d 为 X 上的一个等腰归一化距离。

在定义 2.1.2 中，条件 " $\forall x, y \in X$，$d(x, y) = 0 \leftrightarrow x = y$ " 也称为距离的可分离条件。记 X 上所有等腰归一化距离的集合为 $D(X)$，X 上所有归一化距离的集合为 $ND(X)$。

定义 2.1.3[28] 给定论域 X，设 $d: X \times X \to \mathbf{R}^+$，其中 $\mathbf{R}^+$ 表示非负实数集。若满足：

(1) $\forall x \in X$，$d(x, x) = 0$；

(2) $\forall x, y \in X$，$d(x, y) = d(y, x)$；

(3) $\forall x, y, z \in X$，$d(x, y) \leqslant d(x, z) + d(z, y)$，

则称 d 为 X 上的一个伪距离 (pseudo-metric)。

通过定义 2.1.3，可以看到距离与伪距离的区别就在于：距离是满足可分离条件的，而伪距离是可以不满足的，即伪距离的集合包含了距离的集合。

定义 2.1.4 若 d 是 X 上的一个伪距离，且满足归一化条件，则称 d 是 X 上的归一化伪距离 (normalized pseudo-metric)。进一步，若 d 是 X 上的归一化伪距离，且满足等腰条件，则称 d 是 X 上的等腰归一化伪距离 (normalized equicrural pseudo-metric)。

记 X 上所有等腰归一化伪距离的集合为 $WD(X)$，X 上所有归一化伪距离的集合为 $WND(X)$，且 $WD(X) \supset D(X)$，$WND(X) \supset ND(X)$。

定义 2.1.5 给定 X 上的一个关系 R，若满足：

(1) $\forall x \in X$，都有 $(x, x) \in R$；

(2) $\forall x, y \in X$，$(x, y) \in R \to (y, x) \in R$；

(3) $\forall x, y, z \in X$，$(x, y) \in R$，$(y, z) \in R \to (x, z) \in R$，

则称 R 是 X 上的一个等价关系。若关系 R 仅满足条件 (1) 和 (2)，则称 R 是 X 上

的邻近关系(proximity relation)。

事实上，定义 2.1.5 中所给出的等价关系和邻近关系定义就是数学文献中最常用的定义。在本书中为了与模糊数学中相关定义加以区分，也常分别称为普通(或经典)等价关系和普通(或经典)邻近关系。

定义 2.1.6[29]　给定 $R \in F[X \times X]$，其中 $F[X \times X]$ 表示 X 上所有模糊关系，若满足：

(1) $\forall x \in X$，$R(x,x)=1$；

(2) $\forall x,y \in X$，$R(x,y)=R(y,x)$；

(3) $\forall x,y,z \in X$，$R(x,y) \geqslant \sup_{z \in X}\{R(x,z),R(z,y)\}$，

则称 R 是 X 上的模糊等价关系。若模糊关系 R 仅满足条件(1)和(2)，则称 R 是 X 上的模糊邻近关系(fuzzy proximity relation)。

特别说明：在经典数学文献中，邻近关系也称为相似关系(similarity relation)，在模糊数学早期的基本概念里，模糊邻近关系也称为模糊相似关系(fuzzy similarity relation)。由于近年来的文献中更多地采用邻近关系和模糊邻近关系，因此在本书中就采用了这种称谓。

定义 2.1.7　设 $d_1,d_2 \in D(X)$（或 $d_1,d_2 \in WD(X)$，或 $d_1,d_2 \in ND(X)$，或 $d_1,d_2 \in WND(X)$）。

(1) 若 $\forall x,y \in X$，$d_1(x,y) \leqslant d_2(x,y)$，则称 d_1 不比 d_2 细，记为 $d_1 \leqslant d_2$；

(2) 若 $d_1 \leqslant d_2$，且存在 $x_0,y_0 \in X$，使得 $d_1(x_0,y_0) < d_2(x_0,y_0)$，则称 d_2 比 d_1 细，记为 $d_1 < d_2$。

距离间的"粗细"关系类似一把可放大(或缩小)的比例尺：任给等腰归一化(伪)距离(或归一化(伪)距离)空间中两个距离，其距离值越大，表明此距离刻画得越细。定义 2.1.7 的意义和作用在 2.3 节和第 5 章可以看到。

定理 2.1.1　在定义 2.1.7 中定义的关系"$\leqslant$"下，$D(X)$（或 $WD(X)$）构成了一个完备的半序格(semi-order lattice)。

证明　以下仅对 $D(X)$ 进行证明。任给 X 上的等腰归一化距离子集 $\{d_\alpha \mid \alpha \in I\} \subset D(X)$。$\forall x,y \in X$，定义：

$$\bar{d}:\bar{d}(x,y)=\sup_{\alpha \in I}\{d_\alpha(x,y)\}, \quad \underline{d}:\underline{d}(x,y)=\inf_{\alpha \in I}\{d_\alpha(x,y)\}$$

下面证明 $\overline{d}$ 是 $\{d_\alpha \mid \alpha \in I\}$ 的上确界。

(1) 先证 $\overline{d} \in D(X)$。由 $d_\alpha \in D(X)$ 及 $\overline{d}$ 的定义，易知 $\overline{d}$ 满足归一化条件和对称性，且

①$\forall x \in X$，$d_\alpha(x,x) = 0$，$\alpha \in I$，$\overline{d}(x,x) = \sup_{\alpha \in I}\{d_\alpha(x,x)\} = 0$；

②$\forall x,y,z \in X$，$\overline{d}(x,y) = \sup_{\alpha \in I}\{d_\alpha(x,y)\} \leqslant \sup_{\alpha \in I}\{\max\{d_\alpha(x,z),d_\alpha(z,y)\}\}$

$$= \max\{\sup_{\alpha \in I}\{d_\alpha(x,z)\},\sup_{\alpha \in I}\{d_\alpha(z,y)\}\}。$$

可推得：$\overline{d}(x,y) \leqslant \max\{\overline{d}(x,z),\overline{d}(z,y)\}$。

同理可证 $\overline{d}(x,z) \leqslant \max\{\overline{d}(x,y),\overline{d}(y,z)\}$，$\overline{d}(z,y) \leqslant \max\{\overline{d}(z,x),\overline{d}(x,y)\}$。从而 $\overline{d}$ 在 X 上满足等腰条件。

因此，由①②及定义 2.1.2 知：$\overline{d} \in D(X)$。

(2) 再证 $\overline{d}$ 是 $\{d_\alpha \mid \alpha \in I\}$ 的上确界。

①由 $\overline{d}$ 的定义知：$\forall x,y \in X$，$\overline{d}(x,y) = \sup_{\alpha \in I}\{d_\alpha(x,y)\} \geqslant d_\alpha(x,y)$。因此 $\forall \alpha \in I$，$d_\alpha \leqslant \overline{d}$，即 $\overline{d}$ 是 $\{d_\alpha \mid \alpha \in I\}$ 的一个上界；

②任给 $\{d_\alpha \mid \alpha \in I\}$ 的一个上界 d_1。$\forall \alpha \in I$，

$$d_\alpha \leqslant d_1 \rightarrow \forall x,y \in X, \alpha \in I, d_\alpha(x,y) \leqslant d_1(x,y)$$
$$\rightarrow \forall x,y \in X, \overline{d}(x,y) = \sup_{\alpha \in I}\{d_\alpha(x,y)\} \leqslant d_1(x,y)$$

因此，$\overline{d} \leqslant d_1$。由①和②知，$\overline{d}$ 是 $\{d_\alpha \mid \alpha \in I\}$ 的上确界。

下证 $\underline{d}$ 是 $\{d_\alpha \mid \alpha \in I\}$ 的下确界。

(3) 先证明 $\underline{d} \in D(X)$。由 $d_\alpha \in D(X)$ ($\alpha \in I$) 及 $\underline{d}$ 的定义易知：$\underline{d}$ 在 X 上满足归一化条件和对称性，且

①$\forall x \in X$，$d_\alpha(x,x) = 0$，$\alpha \in I$，$\underline{d}(x,x) = \inf_{\alpha \in I}\{d_\alpha(x,x)\} = 0$；

②$\forall x,y,z \in X$，$\underline{d}(x,y) = \inf_{\alpha \in I}\{d_\alpha(x,y)\} \leqslant \inf_{\alpha \in I}\{\max\{d_\alpha(x,z),d_\alpha(z,y)\}\}$

$$= \max\{\inf_{\alpha \in I}\{d_\alpha(x,z)\},\inf_{\alpha \in I}\{d_\alpha(z,y)\}\}。$$

可推得：$\underline{d}(x,y) \leqslant \max\{\underline{d}(x,z),\underline{d}(z,y)\}$。

同理可证 $\underline{d}(x,z) \leqslant \max\{\underline{d}(x,y),\underline{d}(y,z)\}$，$\underline{d}(z,y) \leqslant \max\{\underline{d}(z,x),\underline{d}(x,y)\}$。从而 $\underline{d}$ 在 X 上满足等腰条件。

因此，由①②及定义 2.1.2 知：$\underline{d} \in D(X)$。

(4) 再证 $\underline{d}$ 是 $\{d_\alpha \mid \alpha \in I\}$ 的下确界。

① 由 $\underline{d}$ 的定义知：$\forall x, y \in X$，$\underline{d}(x, y) = \inf\limits_{\alpha \in I}\{d_\alpha(x, y)\} \leqslant d_\alpha(x, y)$。因此 $\forall \alpha \in I$，$\underline{d} \leqslant d_\alpha$，即 $\underline{d}$ 是 $\{d_\alpha \mid \alpha \in I\}$ 的一个下界；

② 任给 $\{d_\alpha \mid \alpha \in I\}$ 的一个下界 d_2。$\forall \alpha \in I$，

$$d_\alpha \geqslant d_2 \rightarrow \forall x, y \in X, \alpha \in I, d_\alpha(x, y) \geqslant d_2(x, y)$$
$$\rightarrow \forall x, y \in X, \underline{d}(x, y) = \inf\limits_{\alpha \in I}\{d_\alpha(x, y)\} \geqslant d_2(x, y)$$

因此，$\underline{d} \geqslant d_2$。由①和②知，$\underline{d}$ 是 $\{d_\alpha \mid \alpha \in I\}$ 的下确界。

综上，$D(X)$ 是一个完备的半序格。同理可证明 $WD(X)$ 也是一个完备的半序格。

在定理 2.1.1 的证明中，我们可引入定义。

定义 2.1.8　给定 X 上的一个等腰归一化(伪)距离子集 $\{d_\alpha \mid \alpha \in I\}$，定义 $\overline{d}$：

$$\forall x, y \in X, \quad \overline{d}(x, y) = \sup\limits_{\alpha \in I}\{d_\alpha(x, y)\}$$

则称 $\overline{d}$ 是由 $\{d_\alpha \mid \alpha \in I\}$ 通过交运算所获 X 上等腰归一化(伪)距离，记为

$$\overline{d} = \bigcap_{\alpha \in I} d_\alpha$$

定理 2.1.1 和定义 2.1.8 的作用将在第 3 章关于结构聚类的融合(fusion)技术问题研究中看到。

定理 2.1.2　给定 $d \in D(X)$（或 $d \in WD(X)$）及 $\forall \lambda \in [0, 1]$，定义一个关系 R_λ：

$$\forall x, y \in X, \quad (x, y) \in R_\lambda \leftrightarrow d(x, y) \leqslant \lambda$$

则 R_λ 是 X 上关于 λ 的一个等价关系。

证明　因为 $d \in D(X)$（或 $d \in WD(X)$），则

(1) $\forall x \in X$，$d(x, x) = 0 \leqslant \lambda \rightarrow (x, x) \in R_\lambda$；

(2) $\forall x, y \in X$，$(x, y) \in R_\lambda \rightarrow d(x, y) \leqslant \lambda \rightarrow d(y, x) \leqslant \lambda \rightarrow (y, x) \in R_\lambda$；

(3) $\forall x, y, z \in X$，$(x, y) \in R_\lambda$，$(y, z) \in R_\lambda \rightarrow d(x, y) \leqslant \lambda$，$d(y, z) \leqslant \lambda$
$$\rightarrow d(x, z) \leqslant \max\{d(x, y), d(y, z)\} \leqslant \lambda \rightarrow (x, z) \in R_\lambda。$$

故 R_λ 是 X 上的一个等价关系。

定理 2.1.2 表明：由 X 上的等腰归一化(伪)距离可引导 X 上的普通等价关系。同时可直接推得下列结论。

推论 2.1.1　给定 $d \in ND(X)$（或 $d \in WND(X)$），$\forall \lambda \in [0, 1]$，定义 X 上的关系 R_λ：

$$\forall x, y \in X, \quad (x, y) \in R_\lambda \leftrightarrow d(x, y) \leqslant \lambda$$

则 R_λ 是 X 上的一个普通邻近关系。

2.2　等腰归一化(伪)距离的粒度空间与度量

2.2.1　等腰归一化(伪)距离的粒度空间

定义 2.2.1　在定理 2.1.2 中，若记 R_λ 的等价类及其集合分别为

$$[x]_\lambda = \{y \mid d(x,y) \leqslant \lambda, y \in X\}, \quad X(\lambda) = \{[x]_\lambda \mid x \in X\}$$

则称 $X(\lambda)$ 为等腰归一化(伪)距离 d 在 X 上关于 λ 的粒度。而 X 上所有可能的粒度的集合 $\{X(\lambda) \mid 0 \leqslant \lambda \leqslant 1\}$ 就称为由 d 引导的 X 的粒度空间，记为 $\aleph_d(X)$。同时也称 R_λ 为 d 在 X 上关于 λ 的诱导等价关系。所有诱导等价关系的集合记为 $\Re_d(X)$。

在定义 2.2.1 中，等价类 $[x]_\lambda$ 表示的就是到 x 点距离不超过 λ 的元素的集合，即通常所说的闭邻域。同时，这里的粒度就是文献[10]中的商空间。对于不同的 λ，所给出的 X 的粒度 $X(\lambda)$ 也不尽相同，相应地 R_λ 也不相同。那么 X 关于 d 的粒度空间 $\aleph_d(X)$ 及关系集 $\Re_d(X)$ 又是如何构成的呢？

定义 2.2.2　给定 X 上的两个粒度(或商空间) $X(\lambda_1)$ 和 $X(\lambda_2)$。

(1) 若 $\forall x \in X$，都有 $[x]_{\lambda_1} \subseteq [x]_{\lambda_2}$，则称粒度 $X(\lambda_2)$ 不比 $X(\lambda_1)$ 细，记为 $X(\lambda_2) \leqslant X(\lambda_1)$；

(2) 若 $X(\lambda_2) \leqslant X(\lambda_1)$，且存在 $x_0 \in X$，使得 $[x_0]_{\lambda_1} \subset [x_0]_{\lambda_2}$，则称 $X(\lambda_1)$ 比 $X(\lambda_2)$ 细(或称 $X(\lambda_2)$ 是 $X(\lambda_1)$ 的商空间)，记为 $X(\lambda_2) < X(\lambda_1)$。

注 2.2.1　若 $d \in D(X)$，则 $\forall x, y \in X$，$d(x,y) = 0 \leftrightarrow x = y$，即 $\forall x \in X$，$[x]_0 = \{x\}$，因此 $X(0) = \{\{x\} \mid x \in X\}$，也记为 $X(0) = X$，显然 X 是 $\aleph_d(X)$ 中最细的粒度。

为方便起见，以下仅对等腰归一化距离空间诱导的粒度空间进行研究。

定义 2.2.3　设 $\aleph(X)$ 是 X 上的一个粒度空间，且满足 $\{\{x\} \mid x \in X\} \in \aleph(X)$，则称 $\aleph(X)$ 是 X 上的一个包含最细粒度的粒度空间。

在实际问题研究中，包含最细粒度的粒度空间比较容易获得。如在距离空间中，只要对复杂系统进行预处理就可以达到，即将讨论的论域中两两间距离为零的元素合并成一个，如此得到的论域 X 就能满足 $X(0) = \{\{x\} \mid x \in X\}$。一般地，$X$ 上包含了最细粒度的粒度空间是不唯一的。

性质 2.2.1　若 $d \in D(X)$ ，则 d 引导的粒度空间 $\aleph_d(X)$ 包含了 X 的最细粒度，并构成了一个有序集，且 $\forall \lambda_1, \lambda_2 \in [0,1]$ ，$\lambda_1 \leqslant \lambda_2 \rightarrow X(\lambda_2) \leqslant X(\lambda_1)$ 。特别地，

$$\forall \lambda_1, \lambda_2 \in D, \quad \lambda_1 < \lambda_2 \rightarrow X(\lambda_2) < X(\lambda_1)$$

其中 $D = \{d(x,y) \mid x, y \in X\}$ 。

证明　由 $d \in D(X)$ 和注 2.2.1 知：$X(0) = \{\{x\} \mid x \in X\} \in \aleph_d(X)$ 。

$\forall \lambda_1, \lambda_2 \in [0,1]$ 及 $x \in X$ ，若 $\lambda_1 \leqslant \lambda_2$ ，$\forall y \in [x]_{\lambda_1}$ ，$d(x,y) \leqslant \lambda_1 \leqslant \lambda_2 \rightarrow y \in [x]_{\lambda_2}$ 。因此，$[x]_{\lambda_1} \subseteq [x]_{\lambda_2}$ ，即 $X(\lambda_2) \leqslant X(\lambda_1)$ 。

特别地，$\forall \lambda_1, \lambda_2 \in D$ ，$\lambda_1 < \lambda_2$ ，存在 $x_0, y_0 \in X$ 使得 $d(x_0, y_0) = \lambda_2 > \lambda_1$ ，于是有 $y_0 \in [x_0]_{\lambda_2}$ ，但 $y_0 \notin [x_0]_{\lambda_1}$ ，即 $[x_0]_{\lambda_1} \subset [x_0]_{\lambda_2}$ 。因此 $X(\lambda_2) < X(\lambda_1)$ 。

定义 2.2.4　在性质 2.2.1 中，X 上包含最细粒度的有序粒度空间也称为 X 的一个包含最细结构的分层递阶结构。

由性质 2.2.1 和定义 2.2.3 可直接推得下面结论成立。

推论 2.2.1　给定 X 上的一个等腰归一化距离，则给定了 X 上的一个包含最细粒度的有序粒度空间(或包含最细结构的分层递阶结构)。

事实上，推论 2.2.1 的逆命题也成立，即

定理 2.2.1　给定 X 上的一个包含最细粒度的有序粒度空间(或包含最细结构的分层递阶结构)，则给定了 X 上的一个等腰归一化距离。

证明　设 $\{X(\lambda) \mid 0 \leqslant \lambda \leqslant 1\}$ 为 X 上的一个有序粒度空间且包含最细粒度 $X(0) = X$ 。定义 $d: \forall x, y \in X, d(x,y) = \inf_{\lambda \in [0,1]} \{\lambda \mid y \in [x]_\lambda\}$ 。由所给的定义易知 d 满足归一化条件。因为 $y \in [x]_\lambda \leftrightarrow x \in [y]_\lambda$ ，所以 $d(x,y)$ 满足对称性，且

(1) $\forall x \in X$ ，$d(x,x) = \inf_{\lambda \in [0,1]} \{\lambda \mid x \in [x]_\lambda\} = 0$ 。由 $\{X(\lambda) \mid 0 \leqslant \lambda \leqslant 1\}$ 包含了 X 的最细粒度知：$\forall x, y \in X, d(x,y) = \inf_{\lambda \in [0,1]} \{\lambda \mid y \in [x]_\lambda\} = 0 \leftrightarrow \forall \lambda \in [0,1], y \in [x]_\lambda \leftrightarrow x = y$ 。

(2) $\forall x, y, z \in X$ ，

$$\max\{d(x,z), d(z,y)\} = \max\{\inf_{\lambda \in [0,1]} \{\lambda \mid x \in [z]_\lambda\}, \inf_{\lambda \in [0,1]} \{\lambda \mid y \in [z]_\lambda\}\}$$

不妨设 $d_0 = \inf_{\lambda \in [0,1]} \{\lambda \mid x \in [z]_\lambda\} \geqslant \inf_{\lambda \in [0,1]} \{\lambda \mid y \in [z]_\lambda\}$ 。于是

$$\max\{d(x,z), d(z,y)\} = \inf_{\lambda \in [0,1]} \{\lambda \mid x \in [z]_\lambda\} = d_0$$

一方面，由下确界定义：$\forall \varepsilon > 0$，$\exists \lambda_1 \in [0,1]$，使得

$$x \in [z]_{\lambda_1}, \quad d_0 \leqslant \lambda_1 < d_0 + \varepsilon \tag{2.2.1}$$

另一方面，由 $d_0 \geqslant \inf\limits_{\lambda \in [0,1]} \{\lambda \mid y \in [z]_\lambda\}$，存在 $\lambda_2 \in [0,1]$ 使得 $y \in [z]_{\lambda_2}$ 且 $\lambda_2 \leqslant d_0$，于是由性质 2.2.1 得

$$y \in [z]_{\lambda_2} \subseteq [z]_{\lambda_1} \tag{2.2.2}$$

由式 (2.2.1) 和式 (2.2.2) 知：$[x]_{\lambda_1} = [y]_{\lambda_1} \to x \in [y]_{\lambda_1}$，即 $\lambda_1 \geqslant \inf\limits_{\lambda \in [0,1]} \{\lambda \mid x \in [y]_\lambda\}$。因此

$$\max\{d(x,z),d(z,y)\} = d_0 > \lambda_1 - \varepsilon \geqslant \inf_{\lambda \in [0,1]} \{\lambda \mid x \in [y]_\lambda\} - \varepsilon = d(x,y) - \varepsilon$$

由 ε 的任意性，当 $\varepsilon \to 0^+$ 时，就有

$$d(x,y) \leqslant \max\{d(x,z),d(z,y)\} \tag{2.2.3}$$

同理可证 $d(x,z) \leqslant \max\{d(x,y),d(y,z)\}$，$d(z,y) \leqslant \max\{d(z,x),d(x,y)\}$，即 d 在 X 上满足等腰条件。

故 d 是 X 上的等腰归一化距离。

定义 2.2.5　设 X 上任意两个普通等价关系 R_1 和 R_2。

(1) 若 $\forall x,y \in X, (x,y) \in R_1 \to (x,y) \in R_2$，则称 R_2 不比 R_1 细，记为 $R_2 \leqslant R_1$；

(2) 若 $R_2 \leqslant R_1$，且存在 $x_0, y_0 \in X$，使得 $(x_0,y_0) \in R_2$ 且 $(x_0,y_0) \notin R_1$，则称 R_1 比 R_2 细，记为 $R_2 < R_1$。

注 2.2.2　在注 2.2.1 中易知：当 $d \in D(X)$ 时，$R_0 = \{(x,x) \mid x \in X\} \in \Re_d(X)$，且 $\forall \lambda \in [0,1]$，$R_\lambda \leqslant R_0$，因此 $R_0 = \{(x,x) \mid x \in X\}$ 是 $\Re_d(X)$ 中最细的等价关系。

定义 2.2.6　设 $\Re(X)$ 是 X 上的一个等价关系集，且满足

$$\{(x,x) \mid x \in X\} \in \Re(X)$$

则称 $\Re(X)$ 是 X 上的一个包含最细等价关系的等价关系集。

一般地，X 上包含最细等价关系的关系集是不唯一的。

性质 2.2.2　设 $d \in D(X)$，则 d 在 X 上的诱导等价关系集 $\Re_d(X)$ 包含了 X 的最细等价关系，并构成了一个有序集，且 $\forall \lambda_1, \lambda_2 \in [0,1]$，$\lambda_1 \leqslant \lambda_2 \to R_{\lambda_2} \leqslant R_{\lambda_1}$。特别地，

$$\forall \lambda_1, \lambda_2 \in D, \quad \lambda_1 < \lambda_2 \to R_{\lambda_2} < R_{\lambda_1}$$

其中 $D = \{d(x,y) \mid x,y \in X\}$。

证明　类似于性质 2.2.1 的证明，此略。

由性质 2.2.1 和性质 2.2.2 直接推得以下结论。

推论 2.2.2　$\forall \lambda_1, \lambda_2 \in [0,1]$，$R_{\lambda_2} < R_{\lambda_1} \leftrightarrow X(\lambda_2) < X(\lambda_1)$。

定理 2.2.2　给定 X 上包含最细等价关系的有序等价关系集，则给定了 X 上的一个包含最细粒度的有序粒度空间(或包含最细结构的分层递阶结构)。

证明　由推论 2.2.2、定义 2.2.3 和定义 2.2.4 可直接推得，注意 R_λ 的等价类 $[x]_\lambda = \{ y \,|\, (x,y) \in R_\lambda, y \in X \}$，此略。

由性质 2.2.2、定理 2.2.1 和定理 2.2.2 可直接推得下列定理成立。

定理 2.2.3　下列三个命题是等价的：

(1)给定 X 上的等腰归一化距离；

(2)给定 X 上包含最细等价关系的有序等价关系集；

(3)给定 X 上包含最细粒度的有序粒度空间(或最细结构的分层递阶结构)。

注 2.2.3　由定理 2.1.2，这部分的结论可平行地推广到等腰归一化(伪)距离空间上去，只需将"包含最细等价关系的有序等价关系集"和"包含最细粒度的有序粒度空间(或最细结构的分层递阶结构)"分别改成"有序等价关系集"和"有序粒度空间(或分层递阶结构)"即可，这里不再赘述。

根据注 2.2.3，直接给出下列结论。

推论 2.2.3　下列三个命题是等价的：

(1)给定 X 上的等腰归一化伪距离；

(2)给定 X 上的有序等价关系集；

(3)给定 X 上的有序粒度空间(或分层递阶结构)。

以下来研究等腰归一化距离引导的等价关系集与模糊等价关系之间的关系。

定义 2.2.7　设 R 是 X 上的模糊等价关系，且满足：

$$\forall x, y \in X, \quad R(x,y) = 1 \leftrightarrow x = y \tag{2.2.4}$$

则称 R 是 X 上满足最细条件的模糊等价关系，且称式(2.2.4)是模糊等价关系的最细条件。

一般地，X 上满足最细条件的模糊等价关系是不唯一的。在实际问题研究中，X 上满足最细条件的模糊等价关系比较容易获得。只要对复杂系统中模糊等价关系进行预处理就可以达到，即将讨论的论域中两两间隶属度为 1 的元素合并成一个，这样得到的论域 X 就能满足最细条件式(2.2.4)。

定理 2.2.4 给定 X 上一个包含最细等价关系的有序等价关系集 $\{R_\lambda \mid 0 \leqslant \lambda \leqslant 1\}$。定义 $\overline{R}$：$\forall x, y \in X$，$\overline{R}(x,y) = 1 - \inf_{\lambda \in [0,1]} \{\lambda \mid (x,y) \in R_\lambda\}$。则 $\overline{R}$ 是 X 上满足最细条件的模糊等价关系，且 $\overline{R}_{1-\lambda} = R_\lambda$，其中 R_λ 表示 R 关于 λ 的截关系。

证明 $\forall \lambda \in [0,1]$，记 R_λ 所对应的粒度(或商空间)是 $X(\lambda) = \{[x]_\lambda \mid x \in X\}$，其中 $[x]_\lambda = \{y \mid (x,y) \in R_\lambda, y \in X\}$。由于 $(x,y) \in R_\lambda \leftrightarrow [x]_\lambda = [y]_\lambda$，因此可将 $\overline{R}(x,y)$ 转化为等价形式：$\overline{R}(x,y) = 1 - \inf_{\lambda \in [0,1]} \{\lambda \mid y \in [x]_\lambda\}$。

(1) $\forall x \in X$，$\overline{R}(x,x) = 1 - \inf_{\lambda \in [0,1]} \{\lambda \mid x \in [x]_\lambda\} = 1$。再由 $\{R_\lambda \mid 0 \leqslant \lambda \leqslant 1\}$ 包含最细等价关系知：$\forall x, y \in X$，$\overline{R}(x,y) = 1 - \inf_{\lambda \in [0,1]} \{\lambda \mid (x,y) \in R_\lambda\} = 1 \leftrightarrow \forall \lambda \in [0,1], (x,y) \in R_\lambda \leftrightarrow x = y$。

(2) $\forall x, y \in X$，$\overline{R}(x,y) = 1 - \inf_{\lambda \in [0,1]} \{\lambda \mid y \in [x]_\lambda\} = 1 - \inf_{\lambda \in [0,1]} \{\lambda \mid x \in [y]_\lambda\} = \overline{R}(y,x)$。

(3) $\forall x, y, z \in X$，

$$\min\{\overline{R}(x,z), \overline{R}(z,y)\} = \min\{1 - \inf_{\lambda \in [0,1]}\{\lambda \mid x \in [z]_\lambda\}, 1 - \inf_{\lambda \in [0,1]}\{\lambda \mid y \in [z]_\lambda\}\}$$

$$= 1 - \max\{\inf_{\lambda \in [0,1]}\{\lambda \mid x \in [z]_\lambda\}, \inf_{\lambda \in [0,1]}\{\lambda \mid y \in [z]_\lambda\}\}$$

不妨设 $\lambda_0 = \inf_{\lambda \in [0,1]} \{\lambda \mid x \in [z]_\lambda\} \geqslant \inf_{\lambda \in [0,1]} \{\lambda \mid y \in [z]_\lambda\}$。

一方面，由 $\lambda_0 = \inf_{\lambda \in [0,1]} \{\lambda \mid x \in [z]_\lambda\}$ 知：$\forall \varepsilon > 0$，存在 $\lambda_1 \in [0,1]$，使得

$$\lambda_0 \leqslant \lambda_1 \leqslant \lambda_0 + \varepsilon, \qquad x \in [z]_{\lambda_1} \tag{2.2.5}$$

另一方面，由 $\inf_{\lambda \in [0,1]} \{\lambda \mid y \in [z]_\lambda\} \leqslant \lambda_0$ 知：存在 $\lambda_2 \in [0,1]$，使得

$$\lambda_2 \leqslant \lambda_0, \qquad y \in [z]_{\lambda_2} \tag{2.2.6}$$

由 R_λ 的有序性及性质 2.2.1 和性质 2.2.2 知：$y \in [z]_{\lambda_2} \subseteq [z]_{\lambda_0 + \varepsilon}, x \in [z]_{\lambda_1} \subseteq [z]_{\lambda_0 + \varepsilon}$，于是有 $y \in [x]_{\lambda_0 + \varepsilon}$，从而 $\inf_{\lambda \in [0,1]} \{\lambda \mid y \in [x]_\lambda\} \leqslant \lambda_0 + \varepsilon$。

因此，$\min\{\overline{R}(x,z), \overline{R}(z,y)\} = 1 - \lambda_0 \leqslant 1 - \inf_{\lambda \in [0,1]}\{\lambda \mid y \in [x]_\lambda\} + \varepsilon = \overline{R}(x,y) + \varepsilon$。

由 ε 的任意性，当 $\varepsilon \to 0^+$ 时，可得 $\min\{\overline{R}(x,z), \overline{R}(z,y)\} \leqslant \overline{R}(x,y)$。

进一步，再由 z 的任意性，可得 $\overline{R}(x,y) \geqslant \sup_{z \in X}\{\min\{\overline{R}(x,z), \overline{R}(z,y)\}\}$。

综合(1)~(3)，R 是 X 上一个满足最细条件的模糊等价关系。

因为 $(x,y) \in \overline{R}_{1-\lambda} \leftrightarrow \overline{R}(x,y) \geqslant 1-\lambda \leftrightarrow \inf_{\lambda_1 \in [0,1]} \{\lambda_1 \mid (x,y) \in R_{\lambda_1}\} \leqslant \lambda \leftrightarrow (x,y) \in R_{\lambda}$，

所以 $\overline{R}_{1-\lambda} = R_{\lambda}$。

定理 2.2.5 设 $\overline{R}$ 是 X 上满足最细条件的模糊等价关系，则存在 X 上一个包含最细等价关系的有序等价关系集 $\{R_{\lambda} \mid 0 \leqslant \lambda \leqslant 1\}$，使 $R_{\lambda} = \overline{R}_{1-\lambda}$，其中 $\overline{R}_{\lambda}$ 表示 $\overline{R}$ 的截关系。

证明 证明过程类似于定理 2.2.4，此略。

定理 2.2.4 和定理 2.2.5 表明了 X 上包含最细等价关系的有序等价关系集与 X 上满足最细条件的模糊等价关系之间是等价的，且这些有序的等价关系就是这个模糊等价关系的截关系，只不过次序相反。

由定理 2.2.3~定理 2.2.5 可直接得到下列结论。

定理 2.2.6（基本定理 1） 下列四个陈述是等价的：

(1) 给定 X 上满足最细条件的模糊等价关系；

(2) 给定 X 上的等腰归一化距离；

(3) 给定 X 上包含最细粒度的有序粒度空间（或包含最细结构的分层递阶结构）；

(4) 给定 X 上包含最细等价关系的有序等价关系集。

注 2.2.4 定理 2.2.6 与文献[12]中基本定理相比：第一，引入了等价命题(4)；第二，将文献[12]中的"给定 X 的某商空间上的等腰归一化距离"改成"给定 X 上的等腰归一化距离"。事实上，文献[12]中的"某商空间"就是特指模糊商空间（或粒度）$X(1)$（注：相当于等腰归一化（伪）距离引导的粒度 $X(0)$）。这样，定理 2.2.6 建立了四个等价命题："给定 X 上满足最细条件的模糊等价关系""给定 X 上的等腰归一化距离""给定 X 上包含最细粒度的有序粒度空间（或包含最细结构的分层递阶结构）"和"给定 X 上包含最细等价关系的有序等价关系集"。从等腰归一化距离到模糊等价关系间的中间环节——有序等价关系集，可以看到：在一般概念描述作用上，模糊等价关系比普通等价关系具有更细化的特点，因此在这一点上普通等价关系是无法与模糊等价关系相比拟的。同时，定理 2.2.6 中的"有序等价关系集"与"等腰归一化距离"之间的等价性，也给出了"X 上序结构"与"X 上距离"之间关系的一个重要诠释，即由"序结构"可产生"距离"。此表明粒度空间不仅具有序结构，而且具有拓扑结构，并且这种拓扑结构是通过距

离来引导的[27]，因此它具有更优越的性质，这些将在第 4 章的研究中看到。

2.2.2　等腰归一化距离引导粒度空间上的度量

由定理 2.2.6 知道：给定 X 上的一个等腰归一化距离 d，就给定包含最细粒度的有序粒度空间，那么我们要问粒度空间 $\aleph_d(X)$ 上是如何度量的呢？它与等腰归一化距离 d 又有什么关系呢？为了回答这些问题，本书进行以下研究。

定理 2.2.7　给定 X 上的一个等腰归一化(伪)距离 d，$\aleph_d(X)$ 是 d 引导的粒度空间。$\forall X(\lambda)\in\aleph_d(X)$（$0\leqslant\lambda\leqslant1$），定义 d_λ：

$$\forall a,b\in X(\lambda),\quad d_\lambda(a,b)=\inf\{d(x,y)\mid x\in a,y\in b\} \tag{2.2.7}$$

则 d_λ 是 $X(\lambda)$ 上的一个等腰归一化距离。

证明　不妨设 d 是 X 上的等腰归一化距离，由 d_λ 的定义，易知 d_λ 满足归一化条件及对称性，而且：$\forall a\in X(\lambda)$，$d_\lambda(a,a)=\inf\{d(x,y)\mid x\in a,y\in a\}=0$，且 $\forall a,b\in X(\lambda)$，$d_\lambda(a,b)=\inf\{d(x,y)\mid x\in a,y\in b\}=0\leftrightarrow a=b$（因为 a 和 b 是闭集）。下面证明 d_λ 在 $X(\lambda)$ 上满足等腰条件及三角不等式。

首先证明 $\forall x_1,x_2\in a$，$y\notin a$，$d(x_1,y)=d(x_2,y)$。

由 $\forall x_1,x_2\in a,y\notin a\to d(x_1,x_2)\leqslant\lambda$，且 $d(x_1,y)>\lambda,d(x_2,y)>\lambda$。而 $d\in D(X)$，因此有

$$d(x_1,y)\leqslant\max\{d(x_1,x_2),d(x_2,y)\}=d(x_2,y)$$
$$d(x_2,y)\leqslant\max\{d(x_2,x_1),d(x_1,y)\}=d(x_1,y)$$

从而：$\forall x_1,x_2\in a$，$y\notin a$，$d(x_1,y)=d(x_2,y)$。

进一步可证：$\forall x_1,x_2\in a$，$y_1,y_2\in b$，$a\neq b$，$d(x_1,y_1)=d(x_2,y_2)$。

于是 $\forall a,b,c\in X(\lambda)$，$x_1\in a$，$y_1\in b$，$z_1\in c$，$d_\lambda(a,b)=\inf\{d(x,y)\mid x\in a,y\in b\}=d(x_1,y_1)\leqslant\max\{d(x_1,z_1),d(z_1,y_1)\}=\max\{d_\lambda(a,c),d_\lambda(c,b)\}$。

同理可证：$d_\lambda(a,c)\leqslant\max\{d_\lambda(a,b),d_\lambda(b,c)\}$，$d_\lambda(b,c)\leqslant\max\{d_\lambda(b,a),d_\lambda(a,c)\}$，即 d_λ 在 X 上满足等腰条件。

故 d_λ 是 X 上的等腰归一化距离。

当 $d\in WD(X)$ 时，同理可证。

定义 2.2.8　在定理 2.2.7 中，d_λ 称为 d 在粒度 $X(\lambda)$ 上的压缩(或投影)距离。

定理 2.2.7 给出了 X 上的等腰归一化(伪)距离与其引导的粒度 $X(\lambda)$ 上度量之间的关系，同时也建立了粒度空间上的等腰归一化距离，即相当于 X 上的等腰

归一化(伪)距离在粗粒度 $X(\lambda)$ ($\lambda>0$) 上的压缩距离，并保持了等腰归一化距离的特征(不管引导它的是等腰归一化距离，还是等腰归一化伪距离)。其中 d_λ 的定义也符合数学上的一种习惯，即两集合间的距离等于两集合上任意两点间距离的下确界，从定理 2.2.7 的证明不难得到 d_λ 的简化形式，即推论 2.2.4。

推论 2.2.4　在定理 2.2.7 中，$\forall a,b \in X(\lambda)$

$$d_\lambda(a,b) = \begin{cases} 0, & a = b \\ d(x,y), & a \neq b, \quad x \in a, \quad y \in b \end{cases}$$

定义 2.2.9　设 d_λ 是 X 的粒度 $X(\lambda)$ 上的等腰归一化距离，在 X 上定义 d_λ^*：$\forall x,y \in X$，

$$d_\lambda^*(x,y) = d_\lambda([x]_\lambda, [y]_\lambda)$$

其中 $[x]_\lambda, [y]_\lambda \in X(\lambda)$。则称 d_λ^* 是 d_λ 在 X 上的扩张距离。

有关扩张距离，将在第 4 章的结构聚类融合技术的研究中看到它的作用。下面来研究扩张距离的性质。

性质 2.2.3　设 $d \in D(X)$ (或 $d \in WD(X)$)，d_λ 是 d 在粒度 $X(\lambda)$ ($\lambda \in [0,1]$) 上的压缩距离，d_λ^* 是 d_λ 在 X 上的扩张距离。则 d_λ^* 是 X 上的一个等腰归一化伪距离。

证明　当 $d \in D(X)$ 时，$\forall \lambda \in [0,1]$，$d_\lambda^*$ 显然满足归一化条件，且

(1) $\forall x \in X$，$d_\lambda^*(x,x) = d_\lambda([x]_\lambda, [x]_\lambda) = 0$；

(2) $\forall x,y \in X$，$d_\lambda^*(x,y) = d_\lambda([x]_\lambda, [y]_\lambda) = d_\lambda([y]_\lambda, [x]_\lambda) = d_\lambda^*(y,x)$；

(3) $\forall x,y,z \in X$，$d_\lambda^*(x,y) = d_\lambda([x]_\lambda, [y]_\lambda) \leqslant \max\{d_\lambda([x]_\lambda, [z]_\lambda), d_\lambda([z]_\lambda, [y]_\lambda)\}$ $= \max\{d_\lambda^*(x,z), d_\lambda^*(z,y)\} \to d_\lambda^*(x,y) \leqslant \max\{d_\lambda^*(x,z), d_\lambda^*(z,y)\}$。

由定义 2.1.4，d_λ^* 为 X 上的一个等腰归一化伪距离。

当 $d \in WD(X)$ 时，同理可证。

注 2.2.5　性质 2.2.3 表明：在等腰归一化(伪)距离 d 引导的粒度空间 $\aleph_d(X)$ 中，其上任意粒度 $X(\lambda)$ 上的度量(即 d 在 $X(\lambda)$ 上的压缩距离)在细粒度上的扩张距离是等腰归一化伪距离。因此由定理 2.2.7 和性质 2.2.3 表明：在有序粒度空间中，如果已知某一粒度上的度量是等腰归一化(伪)距离，则通过压缩距离可确定任一粗粒度上的度量——等腰归一化距离；同时向细粒度上的扩张距离可确定任一细粒度上的度量——等腰归一化伪距离。

记等腰归一化(伪)距离 d 在其引导的粒度空间 $\aleph_d(X)$ 上所有压缩距离在 X 上的扩张距离的集合为 $D_d(\aleph)$，即 $D_d(\aleph)=\{d_\lambda^* \mid 0\leqslant\lambda\leqslant1\}$。

定理 2.2.8 设 $d\in D(X)$（或 $d\in WD(X)$），则 $D_d(\aleph)$ 构成 X 上的一个有序集，且 $\forall\lambda_1,\lambda_2\in[0,1]$，$\lambda_1\leqslant\lambda_2\to d_{\lambda_2}^*\leqslant d_{\lambda_1}^*$。

证明 当 $d\in D(X)$ 时，记 $X(\lambda)$ 为 d 在 X 上的粒度。$\forall\lambda_1,\lambda_2\in[0,1]$，$\lambda_1\leqslant\lambda_2$，由性质 2.2.1 知：$X(\lambda_2)\leqslant X(\lambda_1)$，即 $\forall x,y\in X$，$[x]_{\lambda_1}\subseteq[x]_{\lambda_2}$，$[y]_{\lambda_1}\subseteq[y]_{\lambda_2}$。于是，
$$d_{\lambda_1}^*(x,y)=d_{\lambda_1}([x]_{\lambda_1},[y]_{\lambda_1})=\inf\{d(x_1,y_1)\mid x_1\in[x]_{\lambda_1},y_1\in[y]_{\lambda_1}\}$$
$$\geqslant\inf\{d(x_2,y_2)\mid x_2\in[x]_{\lambda_2},y_2\in[y]_{\lambda_2}\}=d_{\lambda_2}^*(x,y)$$

当 $d\in WD(X)$ 时，同理可证。

定理 2.2.9 设 $d\in D(X)$（或 $d\in WD(X)$），$\forall\lambda\in[0,1]$，d_λ 是 d 引导的粒度 $X(\lambda)$ 上的压缩距离，d_λ^* 是 d_λ 在 X 上的扩张距离，d_λ 和 d_λ^* 所引导的粒度空间分别记为 $\aleph_{d_\lambda}(X)$ 和 $\aleph_{d_\lambda^*}(X)$，相应的粒度分别记为 $X_\lambda(\mu)$ 和 $X_\lambda^*(\mu)$（$\mu\in[0,1]$）。则 $\forall\mu\in[0,1]$，$X_\lambda(\mu)=X_\lambda^*(\mu)$，即 $\aleph_{d_\lambda}(X)=\aleph_{d_\lambda^*}(X)$。

证明 当 $d\in D(X)$ 时，$\forall\lambda\in[0,1]$，$\mu\in[0,1]$，$x\in X$，记 $X_\lambda(\mu)$ 和 $X_\lambda^*(\mu)$ 的等价类分别是 $[x]_{\lambda,\mu}$ 和 $[x]_{\lambda,\mu}^*$。由定理 2.2.7 和定义 2.2.8 可得：$\forall x\in a\in X_\lambda(\mu)\leftrightarrow a=[x]_{\lambda,\mu}=\{y\mid d_\lambda([x]_{\lambda,\mu},[y]_{\lambda,\mu})\leqslant\mu\}=\{y\mid d_\lambda^*(x,y)\leqslant\mu\}=[x]_{\lambda,\mu}^*$，即结论成立。

当 $d\in WD(X)$ 时，同理可证。

注 2.2.6 从本节所获得的一系列的结论可以看到：无论是由 X 上的等腰归一化距离，还是由等腰归一化伪距离来引导有序粒度空间(或分层递阶结构)，都不影响其粒度空间的有序性，以及其粒度上的度量都是这个等腰归一化(伪)距离在 X 上的压缩距离，且都是等腰归一化距离，并且这些投影距离在 X 上的扩张距离都是等腰归一化伪距离。

【例 2.2.1】 设 $X=\{1,2,3,4\}$，$d\in WD(X)$，且 d 定义如下：
$$d(i,i)=d(3,4)=0,\quad i=1,2,3,4$$
$$d(2,3)=d(2,4)=0.7$$
$$d(1,2)=d(1,3)=d(1,4)=0.8$$

则 d 在 X 上引导的粒度空间 $\aleph_d(X)$ 为
$$X(0)=\{\{1\},\{2\},\{3,4\}\},\quad X(0.7)=\{\{1\},\{2,3,4\}\}X,\quad X(0.8)=\{X\}$$

显然有 $X(0.8)<X(0.7)<X(0)$，且 d 在 $\aleph_d(X)$ 的各粒度上的压缩距离分别是

d_0：$d_0(\{1\},\{1\}) = d_0(\{2\},\{2\}) = d_0(\{3,4\},\{3,4\}) = 0$，$d_0(\{2\},\{3,4\}) = 0.7$，$d_0(\{1\},$ $\{2\}) = 0.8$；

$d_{0.7}$：$d_{0.7}(\{1\},\{1\}) = d_{0.7}(\{2,3,4\},\{2,3,4\}) = 0$，$d_{0.7}(\{1\},\{2,2,4\}) = 0.8$；

$d_{0.8}$：$d_{0.8}(\{X\},\{X\}) = 0$。

相应地，扩张距离分别是

d_0^*：$d_0^*(i,i) = d_0^*(3,4) = 0$，$i = 1,2,3,4$

　　　$d_0^*(2,3) = d_0^*(2,4) = 0.7$，

　　　$d_0^*(1,2) = d_0^*(1,3) = d_0^*(1,4) = 0.8$；

$d_{0.7}^*$：$d_{0.7}^*(i,i) = d_{0.7}^*(2,3) = d_{0.7}^*(2,4) = d_{0.7}^*(3,4) = 0$，　　$i = 1,2,3,4$

　　　$d_{0.7}^*(1,2) = d_{0.7}^*(1,3) = d_{0.7}^*(1,4) = 0.8$；

$d_{0.8}^*$：$d_{0.8}^*(i,j) = 0$，　　$i,j = 1,2,3,4$。

显然有 $d_{0.8} < d_{0.7} < d_0$，且 $d_{0.8}^* < d_{0.7}^* < d_0^*$，$d_0^* = d$。

同时，$d_{0.7}$ 和 $d_{0.7}^*$ 引导的粒度空间 $\aleph_{d_{0.7}}(X)$ 和 $\aleph_{d_{0.7}^*}(X)$ 分别是

$\aleph_{d_{0.7}}(X)$：$X_{0.7}(0) = \{\{1\},\{2,3,4\}\}$，$X_{0.7}(0.8) = \{\{X\}\}$；

$\aleph_{d_{0.7}^*}(X)$：$X_{0.7}^*(0) = \{\{1\},\{2,3,4\}\}$，$X_{0.7}^*(0.8) = \{\{X\}\}$。

显然有 $\forall \lambda \in [0,1]$，$X_{0.7}(\lambda) = X_{0.7}^*(\lambda)$，即 $\aleph_{d_{0.7}}(X) = \aleph_{d_{0.7}^*}(X)$。

2.3　基于模糊等价关系的粒度空间的度量与有序性

2.3.1　等腰归一化距离与模糊等价关系间的关系

在基本定理 1（定理 2.2.6）中，已经知道了"给定 X 上的等腰归一化距离"与"给定 X 上满足最细条件的模糊等价关系"是等价的，那么，它们所对应的量值之间具有何种关系呢？下面来回答这一问题。

定理 2.3.1　给定论域 X 上的等腰归一化距离 $\Leftrightarrow$ 给定论域 X 上满足最细条件的模糊等价关系。

证明　"$\Rightarrow$"设 $d \in D(X)$，定义如下关系 R：$\forall x, y \in X, R(x,y) = 1 - d(x,y)$。易知 R 满足自反性、对称性和最细条件，$0 \leqslant R(x,y) \leqslant 1$，且 $\forall x,y,z \in X$，

$$d(x,y) \leqslant \max\{d(x,z),d(z,y)\} \rightarrow 1 - d(x,y) \geqslant \min\{1-d(x,z),1-d(z,y)\}$$

从而 $R(x,y) \geqslant \min\{R(x,z),R(z,y)\} \rightarrow R(x,y) \geqslant \sup_{z \in X}\{\min\{R(x,z),R(z,y)\}\}$。

因此 R 是 X 上满足最细条件的模糊等价关系。

"$\Leftarrow$" 设 R 是 X 上满足最细条件的模糊等价关系，定义如下：

$$d: \quad \forall x, y \in X, \quad d(x, y) = 1 - R(x, y)$$

则显然 d 满足对称性，$\forall x, y \in X$，$0 \leqslant d(x, y) \leqslant 1$，且

(1) $\forall x \in X, R(x, x) = 1 \to d(x, x) = 0$，且 $\forall x, y \in X$，

$$d(x, y) = 0 \leftrightarrow R(x, y) = 1 \leftrightarrow x = y$$

(2) 由定义 2.1.6 知：$\forall x, y, z \in X$，

$$R(x, y) \geqslant \sup_{z \in X}\{\min\{R(x, z), R(z, y)\}\}$$

$\to R(x, y) \geqslant \min\{R(x, z), R(z, y)\} \to 1 - R(x, y) \leqslant \max\{1 - R(x, z), 1 - R(z, y)\}$

即 $d(x, y) \leqslant \max\{d(x, z), d(z, y)\}$。

同理可证：$d(x, z) \leqslant \max\{d(x, y), d(y, z)\}$，$d(z, y) \leqslant \max\{d(z, x), d(x, y)\}$。

因此，d 是 X 上的等腰归一化距离。

从定理 2.3.1 的证明中可以看出：X 上满足最细条件的模糊等价关系与 X 上的一个等腰归一化距离之间在量值上具有互补关系，但等腰归一化距离比满足最细条件的模糊等价关系具有更强的直观（或几何）解释，便于在应用中掌握。我们知道在距离空间中，两元素间距离的长度可直接反映两元素间的相关程度，即距离越短，它们的相关程度越大，反之也成立。一般地，X 上的等腰归一化距离与 X 上满足最细条件的模糊等价关系有着什么样的对应关系呢？下面就来研究这种对应关系。

定理 2.3.2 设 $d \in D(X)$，给定映射 $f: [0,1] \to [0,1]$，其中 $f(\cdot)$ 是严格单调递增函数，且 $f(1) = 1$，定义 X 上的一个关系 R：$\forall x, y \in X, R(x, y) = f(1 - d(x, y))$。则 R 是 X 上满足最细条件的模糊等价关系。

证明 由 $d \in D(X)$，易知 R 满足对称性，且

(1) $\forall x \in X$，$d(x, x) = 0 \to R(x, x) = f(1 - d(x, x)) = 1$；

(2) 由 $d \in D(X)$，则 $1 - d(x, y) \geqslant \min\{1 - d(x, z), 1 - d(z, y)\}$。

再由 $f(\cdot)$ 的条件知：

$f(1 - d(x, y)) \geqslant \min\{f(1 - d(x, z)), f(1 - d(z, y))\} \to R(x, y) \geqslant \min\{R(x, z), R(z, y)\}$

从而 $\forall x, y \in X$，$R(x, y) \geqslant \sup_{z \in X}\{\min\{R(x, z), R(z, y)\}\}$。

因此，R 是 X 上满足最细条件的模糊等价关系。

定义 2.3.1 在定理 2.3.2 中，称 R 是由 X 上等腰归一化距离 d 诱导的 X 上的模糊等价关系，而 f 称为相应的诱导映射。

类似地，相应地也有下列定理成立。

定理 2.3.3　设 R 是 X 上满足最细条件的模糊等价关系，给定一个严格单调增加映射 $g:[0,1] \to [0,1]$，满足 $g(0) = 0$。定义 $d: \forall x, y \in X, d(x,y) = g(1 - R(x,y))$。则 $d \in D(X)$。

证明　因 R 是 X 上满足最细条件的模糊等价关系及由 g 满足的条件知：$\forall x, y \in X$，$0 \le d(x,y) \le 1$，且 d 满足对称性。

(1) $\forall x \in X$，$R(x,x) = 1 \to d(x,x) = g(1 - R(x,x)) = g(0) = 0$。而由定义 2.3.1 知：$\forall x, y \in X$，$d(x,y) = g(1 - R(x,y)) = 0 \leftrightarrow R(x,y) = 1 \leftrightarrow x = y$。

(2) 由条件可知：$\forall x, y \in X$，$R(x,y) \geqslant \sup\limits_{z \in X}\{\min\{R(x,z), R(z,y)\}\}$，可得

$$R(x,y) \geqslant \min\{R(x,z), R(z,y)\} \to 1 - R(x,y) \leqslant \max\{1 - R(x,z), 1 - R(z,y)\}$$

而由 g 满足的条件可得 $d(x,y) \leqslant \max\{d(x,z), d(z,y)\}$。

同理可证：$d(x,z) \leqslant \max\{d(x,y), d(y,z)\}$，$d(z,y) \leqslant \max\{d(z,x), d(x,y)\}$。

综合 (1) 和 (2)，$d \in D(X)$。

定义 2.3.2　在定理 2.3.3 中，称 d 是由 X 上满足最细条件的模糊等价关系 R 诱导的 X 上的等腰归一化距离，而 g 称为相应的诱导映射。

在定理 2.3.2 中，由于满足条件的诱导映射 f 有无穷多个，因此由等腰归一化距离 d 可诱导无穷多个 X 上满足最细条件的模糊等价关系；反之，由定理 2.3.3 也可得到类似的结果。由于定理 2.3.2 中的诱导映射 f 与定理 2.3.3 中的诱导映射 g 之间不存在必然的联系，因此 X 上的等腰归一化距离与 X 上满足最细条件的模糊等价关系之间都是一个对应无穷多个的关系。下面，介绍一般的 X 上的模糊等价关系与距离的关系。

定理 2.3.4　给定论域 X 上的等腰归一化伪距离 $\Leftrightarrow$ 给定论域 X 上的模糊等价关系。

证明　"$\Rightarrow$"设 d 是 X 上的一个等腰归一化伪距离，定义如下关系 R：

$$\forall x, y \in X, \quad R(x,y) = 1 - d(x,y)$$

易知 R 满足自反性、对称性，且 $\forall x, y \in X$，$0 \le R(x,y) \le 1$。由

$$\forall x, y, z \in X, \; d(x,y) \leqslant \max\{d(x,z), d(z,y)\} \to 1 - d(x,y) \geqslant \min\{1 - d(x,z), 1 - d(z,y)\}$$

从而 $R(x,y) \geqslant \min\{R(x,z), R(z,y)\} \to R(x,y) \geqslant \sup\limits_{z \in X}\{\min\{R(x,z), R(z,y)\}\}$。

因此 R 是 X 上的一个模糊等价关系。

"$\Leftarrow$"设 R 是 X 上的一个模糊等价关系，定义如下 d：

$$\forall x, y \in X, \quad d(x, y) = 1 - R(x, y)$$

则显然 d 满足对称性，$\forall x, y \in X$，$0 \leqslant d(x, y) \leqslant 1$，且

(1) $\forall x \in X$，$R(x, x) = 1 \rightarrow d(x, x) = 0$；

(2) 由定义 2.1.6 知：$\forall x, y, z \in X$，

$$R(x, y) \geqslant \sup_{z \in X} \{\min\{R(x, z), R(z, y)\}\}$$

$$\rightarrow R(x, y) \geqslant \min\{R(x, z), R(z, y)\} \rightarrow 1 - R(x, y) \leqslant \max\{1 - R(x, z), 1 - R(z, y)\}$$

即 $d(x, y) \leqslant \max\{d(x, z), d(z, y)\}$。

同理可证：$d(x, z) \leqslant \max\{d(x, y), d(y, z)\}$，$d(z, y) \leqslant \max\{d(z, x), d(x, y)\}$。

因此，d 是 X 上的等腰归一化伪距离。

定理 2.3.4 说明了"给定 X 上的模糊等价关系"与"给定 X 上的等腰归一化伪距离"是等价的，且从定理 2.3.4 的证明中可以看出，它们的量值间同样具有互补关系。类似于上面的研究，一般地，X 上的模糊等价关系与 X 上的等腰归一化伪距离之间也都是一个对应无穷多个的关系，其相关的结论直接由下列推论给出。

推论 2.3.1　设 d 是 X 上的一个等腰归一化伪距离，给定映射 $f : [0, 1] \rightarrow [0, 1]$，其中 $f(\cdot)$ 是严格单调递增的，满足 $f(1) = 1$，定义 X 上的一个关系 R：

$$\forall x, y \in X, \quad R(x, y) = f(1 - d(x, y))$$

则 R 是 X 上的模糊等价关系，其中 f 称为相应的诱导映射。

推论 2.3.2　设 R 是 X 上的一个模糊等价关系，给定映射 $g : [0, 1] \rightarrow [0, 1]$，其中 $g(\cdot)$ 是严格单调递增函数，且 $g(0) = 0$，定义 d：

$$\forall x, y \in X, \quad d(x, y) = g(1 - R(x, y))$$

则 d 是 X 上的等腰归一化伪距离，其中 g 称为相应的诱导映射。

由定理 2.3.4 和推论 2.2.3 可直接推得下面的基本定理成立。

定理 2.3.5(基本定理 2)　下列四个陈述是等价的：

(1) 给定 X 上的模糊等价关系；

(2) 给定 X 上的等腰归一化伪距离；

(3) 给定 X 上的有序粒度空间(或分层递阶结构)；

(4) 给定 X 上的有序等价关系集。

注 2.3.1　从有序粒度空间(或分层递阶结构)来说，基本定理 2 比基本定理 1(定理 2.2.6)更具有一般性。以下如果说有序粒度空间是由等腰归一化距离引导的，则均指包含最细粒度的有序粒度空间，否则均指一般的有序粒度空间。

记 $GEF(X)$ 为 X 上所有满足最细条件的模糊等价关系的集合，$EF(X)$ 为 X 上所有模糊等价关系的集合，$A \rightarrow B$ 表示 A 所满足的条件强于 B，$A \rightarrow B$ 且 $B \rightarrow A$ 表示 A 与 B 等价。于是由定理 2.3.1 和定理 2.3.4 可得关系图 2.3.1。

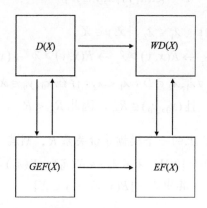

图 2.3.1　$D(X)$、$WD(X)$、$GEF(X)$ 和 $EF(X)$ 之间的关系图

2.3.2　基于模糊等价关系的模糊粒度空间及度量

在文献[10]和[12]中，已经讨论了模糊商空间理论，并指出了论域 X 上的一个模糊等价关系与 X 上某商空间上的等腰归一化距离之间的关系。由前面的基本定理 1 和基本定理 2 知道：给定论域 X 上满足最细条件的模糊等价关系(或模糊等价关系)，就给定了论域 X 上的等腰归一化距离(或等腰归一化伪距离)。本节将在这些已有结论的基础上，建立模糊粒度空间，以及其上的距离度量。

类似于等腰归一化距离(或等腰归一化伪距离)诱导的粒度空间，这里可以直接给出模糊等价关系诱导的模糊粒度空间的概念。

定义 2.3.3　设 R 是 X 上的一个模糊等价关系，$\forall \lambda \in [0,1]$，$R_\lambda$ 表示 R 的截关系(注：R_λ 是一个普通等价关系)，即 $R_\lambda = \{(x,y) \mid R(x,y) \geq \lambda\}$。记 R_λ 的等价类 $[x]_\lambda$，$X(\lambda) = \{[x]_\lambda \mid x \in X\}$，$[x]_\lambda = \{y \mid R(x,y) \geq \lambda, y \in X\}$，则称 $[x]_\lambda$ 是 R 在 X 上关于 λ 的等价类，$X(\lambda)$ 称为 R 在 X 上关于 λ 的粒度(或商空间)。

$\aleph_R(X) = \{X(\lambda) \mid 0 \leq \lambda \leq 1\}$ 称为模糊等价关系 R 在 X 上诱导的模糊粒度空间。$\Re_R(X) = \{R_\lambda \mid 0 \leq \lambda \leq 1\}$ 称为模糊等价关系 R 在 X 上引导的截关系集。

　　事实上，$[x]_\lambda$ 就是普通等价关系 R_λ 的等价类，而 $X(\lambda)$ 就是 R_λ 对应的商空间。在定义 2.3.3 中，对不同的 $\lambda \in [0,1]$，所对应的截关系 R_λ 及粒度（或商空间）$X(\lambda)$ 是不相同的。类似于 2.2 节，可引入 $\Re_R(X)$ 和 $\aleph_R(X)$ 的结构描述。

　　性质 2.3.1　设 R 是 X 上的一个模糊等价关系，则 R 在 X 上的截关系集 $\Re_R(X)$ 是一个有序集，且 $\forall \lambda_1, \lambda_2 \in [0,1]$，$\lambda_1 \leqslant \lambda_2 \to R_{\lambda_1} \leqslant R_{\lambda_2}$。特别地，$\forall \lambda_1, \lambda_2 \in D$，$\lambda_1 < \lambda_2 \to R_{\lambda_1} < R_{\lambda_2}$，其中 $D = \{R(x,y) \mid x, y \in X\}$。

　　证明　$\forall \lambda_1, \lambda_2 \in [0,1]$，$\lambda_1 \leqslant \lambda_2$，$x, y \in X$，

$$(x,y) \in R_{\lambda_2} \to R(x,y) \geqslant \lambda_2 \to R(x,y) \geqslant \lambda_1 \to (x,y) \in R_{\lambda_1}$$

从而 $R_{\lambda_1} \leqslant R_{\lambda_2}$。特别地，$\forall \lambda_1, \lambda_2 \in D$，$\lambda_1 < \lambda_2$，存在 $x_0, y_0 \in X$，使得 $R(x_0, y_0) = \lambda_1 < \lambda_2$，从而 $(x_0, y_0) \in R_{\lambda_1}$，且 $(x_0, y_0) \notin R_{\lambda_2}$，因此 $R_{\lambda_1} < R_{\lambda_2}$。

　　性质 2.3.2　给定 X 上的一个模糊等价关系 R，则其上的粒度空间 $\aleph_R(X)$ 构成一个有序集，且 $\forall \lambda_1, \lambda_2 \in [0,1]$，$\lambda_1 \leqslant \lambda_2 \to X(\lambda_1) \leqslant X(\lambda_2)$。特别地，$\forall \lambda_1, \lambda_2 \in D$，$\lambda_1 < \lambda_2 \to X(\lambda_1) < X(\lambda_2)$，其中 $D = \{R(x,y) \mid x, y \in X\}$。

　　证明　其证明过程类似于性质 2.3.1 的证明，此略。

　　注 2.3.2　从有序粒度空间（或分层递阶结构）来说，由于"给定 X 上的模糊等价关系"与"给定 X 上的等腰归一化伪距离"是等价的且它们的量值间具有"互补关系"，因此它们所引导的粒度空间的有序性刚好相反。

　　类似于 2.2 节，可以给出基于模糊等价关系的模糊粒度空间基本理论，这里略去。由基本定理 2 知道：给定 X 上的一个模糊等价关系，就给定 X 上的一个等腰归一化伪距离 d，同时也给定 X 上的一个粒度空间 $\aleph_R(X)$，那么粒度空间 $\aleph_R(X)$ 上的度量又是怎样的呢？它与等腰归一化伪距离 d 是什么关系？同 2.2.2 节相似，可平行引入模糊粒度空间上，以建立模糊粒度空间中每个粒度上的度量。

　　定理 2.3.6　给定 X 上的一个模糊等价关系 R，d 是 R 诱导的 X 上的一个等腰归一化伪距离，相应的诱导映射为 g。$X(\lambda)$ 是 R 引导的 X 上的任一粒度。定义 d_λ：$\forall a, b \in X(\lambda)$

$$d_\lambda(a,b) = \inf\{d(x,y) \mid x \in a, y \in b\} \tag{2.3.1}$$

则 $\forall \lambda \in [0,1]$，$d_\lambda$ 是 $X(\lambda)$ 上的一个等腰归一化距离。

　　证明　由条件知：$d(x,y) = g(1 - R(x,y))$，映射 $g:[0,1] \to [0,1]$，其中 $g(\cdot)$ 是严格单调递增函数，且 $g(0) = 0$。由 $d \in WD(X)$ 及 d_λ 的定义，易知 d_λ 满足归一化

条件及对称性，而且有

$\forall a \in X(\lambda)$，$d_\lambda(a,a) = \inf\{d(x,y) \mid x \in a, y \in a\} = 0$；

$\forall a,b \in X(\lambda)$，$d_\lambda(a,b) = \inf\{d(x,y) \mid x \in a, y \in b\} = 0 \leftrightarrow a = b$（因为 a,b 是闭集）。

下面证明 d_λ 在 $X(\lambda)$ 上满足等腰条件。

首先证明 $\forall x_1, x_2 \in a$，$y \notin a$，$R(x_1, y) = R(x_2, y)$。

由 $\forall x_1, x_2 \in a, y \notin a \rightarrow R(x_1, x_2) \geqslant \lambda$，且 $R(x_1, y) < \lambda, R(x_2, y) < \lambda$。由于 R 是 X 上的模糊等价关系，因此有

$$R(x_1, y) \geqslant \min\{R(x_1, x_2), R(x_2, y)\} = R(x_2, y)$$
$$R(x_2, y) \geqslant \min\{R(x_2, x_1), R(x_1, y)\} = R(x_1, y)$$

从而：$\forall x_1, x_2 \in a$，$y \notin a$，$R(x_1, y) = R(x_2, y)$。

进一步可证明：$\forall x_1, x_2 \in a$，$y_1, y_2 \in b$，$a \neq b$，$R(x_1, y_1) = R(x_2, y_2)$。因此 $\forall x_1$, $x_2 \in a$，$y_1, y_2 \in b$，$a \neq b$，$d(x_1, y_1) = g(1 - R(x_1, y_1)) = g(1 - R(x_2, y_2)) = d(x_2, y_2)$。

从而，$\forall a,b,c \in X(\lambda)$，$x_1 \in a$，$y_1 \in b$，$z_1 \in c$，

$$d_\lambda(a,b) = \inf\{d(x,y) \mid x \in a, y \in b\} = d(x_1, y_1)$$
$$\leqslant \max\{d(x_1, z_1), d(z_1, y_1)\} = \max\{d_\lambda(a,c), d_\lambda(c,b)\}$$

同理可证：$d_\lambda(a,c) \leqslant \max\{d_\lambda(a,b), d_\lambda(b,c)\}$，$d_\lambda(b,c) \leqslant \max\{d_\lambda(b,a), d_\lambda(a,c)\}$，即 d_λ 在 X 上满足等腰条件。

故 $\forall \lambda \in [0,1]$，$d_\lambda$ 是 $X(\lambda)$ 上的一个等腰归一化距离。

事实上，在定理 2.3.6 中，d_λ 就是模糊等价关系 R 诱导的等腰归一化伪距离 d 在粒度 $X(\lambda)$ 上的投影（或压缩）距离（$\lambda \in [0,1]$）。

定理 2.3.6 给出了 X 上的模糊等价关系 R 诱导的等腰归一化伪距离 d 与其引导的粒度 $X(\lambda)$ 上度量之间的关系，同时通过诱导的等腰归一化伪距离 d 建立了粒度空间 $\aleph_R(X)$ 中每个粒度上的距离。对任一粒度 $X(\lambda)$ 的距离 d_λ，相当于诱导的等腰归一化伪距离 d 在 $X(\lambda)$ 上的投影（或压缩）距离，且是等腰归一化距离。这一结论将文献[13]中建立的某个模糊商空间上的度量（即等腰归一化距离）推广到整个模糊粒度空间上。从定理 2.3.6 的证明不难得到 d_λ 的简化形式，即推论 2.3.3。

推论 2.3.3　在定理 2.3.6 中，$\forall \lambda \in [0,1]$，$a,b \in X(\lambda)$，

$$d_\lambda(a,b) = \begin{cases} 0, & a = b \\ d(x,y), & a \neq b, x \in a, y \in b \end{cases}$$

记 $RD(X) = \{d_\lambda \mid \lambda \in [0,1]\}$ 为模糊等价关系 R 诱导的等腰归一化伪距离 d 在粒度空间 $\aleph_R(X)$ 中每个粒度上的投影（或压缩）距离的集合，$RWD_d(X)$ 为 $RD(X)$

在 X 上所有扩张距离的集合。于是由性质 2.2.3、定理 2.2.8 和定理 2.2.9 可直接推得下列结论成立。

推论 2.3.4 给定 X 上的一个模糊等价关系 R，d 是 R 诱导的 X 上的一个等腰归一化伪距离，$RD(X)=\{d_\lambda\,|\,\lambda\in[0,1]\}$，$RWD_d(X)=\{d_\lambda^*\,|\,\lambda\in[0,1]\}$，$d_\lambda$ 和 d_λ^* 所引导的粒度空间分别记为 $\aleph_{d_\lambda}(X)$ 和 $\aleph_{d_\lambda^*}(X)$，相应的粒度分别记为 $X_\lambda(\mu)$ 和 $X_\lambda^*(\mu)$（$\mu\in[0,1]$）。则

(1) d_λ^* 是 X 上的一个等腰归一化伪距离；

(2) $RWD_d(X)$ 构成 X 上的一个有序集，且 $\forall\lambda_1,\lambda_2\in[0,1]$，$\lambda_1\leqslant\lambda_2\rightarrow d_{\lambda_1}^*\leqslant d_{\lambda_2}^*$；

(3) $\forall\mu\in[0,1]$，$X_\lambda(\mu)=X_\lambda^*(\mu)$，即 $\aleph_{d_\lambda}(X)=\aleph_{d_\lambda^*}(X)$。

至此，给定 X 上的一个模糊等价关系 R，就给定了 X 上的一个有序粒度空间，且通过 R 诱导的 X 上的等腰归一化伪距离 d 的投影（或压缩）距离来建立 R 所引导的粒度空间中任一粒度上的度量——等腰归一化距离。以下与 2.2.2 节研究内容一致，给出 X 上的一个模糊等价关系与其引导的 X 上的一个模糊粒度空间中任一粒度上所对应的模糊关系之间的联系。

定理 2.3.7 给定 X 上的一个模糊等价关系 R，$\aleph_R(X)$ 是 R 引导的粒度空间，$\forall X(\lambda)\in\aleph_R(X)$（$0\leqslant\lambda\leqslant1$），定义 $\overline{R}_\lambda$：$\forall a,b\in X(\lambda)$，

$$\overline{R}_\lambda(a,b)=\sup\{R(x,y)\,|\,x\in a,y\in b\} \tag{2.3.2}$$

则 $\overline{R}_\lambda$ 是 $X(\lambda)$ 上的一个满足最细化条件的模糊等价关系。

如果定理 2.3.7 成立，模糊等价关系 $\overline{R}_\lambda$ 称为 R 在粒度 $X(\lambda)$ 上投影（或压缩）的模糊等价关系。

证明 $\forall a,b\in X(\lambda)\in\aleph_R(X)$，由 R 是 X 上的模糊等价关系和定理 2.3.4 的证明知：$d=1-R$ 是 X 上的一个等腰归一化伪距离。于是由定理 2.3.6，d_λ 是 $X(\lambda)$ 上的一个等腰归一化距离，且 $d_\lambda(a,b)=\inf\{d(x,y)\,|\,x\in a,y\in b\}$。从而

$$d_\lambda(a,b)=\inf\{1-R(x,y)\,|\,x\in a,y\in b\}=1-\sup\{R(x,y)\,|\,x\in a,y\in b\}=1-\overline{R}_\lambda(a,b)$$

$$\rightarrow\forall a,b\in X(\lambda)\in\aleph_R(X),\qquad \overline{R}_\lambda(a,b)=1-d_\lambda(a,b)$$

再由定理 2.3.1，$\overline{R}_\lambda$ 是 $X(\lambda)$ 上的一个满足最细化条件的模糊等价关系。

定理 2.3.7 表明模糊等价关系在其引导的模糊粒度空间中任一粒度上的投影（或压缩）模糊关系仍是满足最细化条件的模糊等价关系。

记 $A\aleph_{GEF(X)}(X)$ 为 X 上所有满足最细条件的模糊等价关系引导的粒度空间的集合，$A\aleph_{EF(X)}(X)$ 为 X 上所有模糊等价关系引导的粒度空间的集合，$A\aleph_{D(X)}(X)$ 为 X 上所有等腰归一化距离引导的粒度空间的集合，$A\aleph_{WD(X)}(X)$ 为 X 上所有等腰归一化伪距离所引导的粒度空间的集合。同样约定 $A\to B$ 表示 A 所满足的条件强于 B，$A\to B$ 且 $B\to A$ 表示 A 与 B 等价。于是由 2.2 节和 2.3 节的研究结论可得关系图 2.3.2。

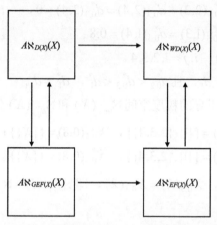

图 2.3.2　$A\aleph_{D(X)}(X)$、$A\aleph_{WD(X)}(X)$、$A\aleph_{GEF(X)}(X)$ 和 $A\aleph_{EF(X)}(X)$ 之间的关系图

【例 2.3.1】　设 $X=\{1,2,3,4\}$，$R\in EF(X)$，且 R 定义如下：
$$R(i,i)=R(3,4)=1，\qquad i=1,2,3,4$$
$$R(2,3)=R(2,4)=0.3$$
$$R(1,2)=R(1,3)=R(1,4)=0.2$$

R 在 X 上诱导的等腰归一化伪距离 d：$\forall x,y\in X$，$d(x,y)=1-R(x,y)$，其值是 $d(i,i)=d(3,4)=0,i=1,2,3,4$；$d(2,3)=d(2,4)=0.7$；$d(1,2)=d(1,3)=d(1,4)=0.8$。此为 2.2 节例 2.2.1 中等腰归一化伪距离。

R 在 X 上引导的粒度空间 $\aleph_R(X)$ 为
$$X_R(1)=\{\{1\},\{2\},\{3,4\}\}，\qquad X_R(0.3)=\{\{1\},\{2,3,4\}\}X，\qquad X_R(0.2)=\{X\}$$

显然 R 在 X 上引导的粒度空间与 d 引导的粒度空间是相同的，但对所取的阈值大小顺序来说它们的粒度次序是反向的，即 $X_R(0.2)<X_R(0.3)<X_R(1)$。d 在 $\aleph_R(X)$ 各粒度上的投影（或压缩）距离分别是

d_1：$d_1(\{1\},\{1\})=d_1(\{2\},\{2\})=d_1(\{3,4\},\{3,4\})=0$，$d_1(\{2\},\{3,4\})=0.7$，$d_1(\{1\},\{2\})=0.8$；

$d_{0.3}$：$d_{0.3}(\{1\},\{1\}) = d_{0.3}(\{2,3,4\},\{2,3,4\}) = 0$，$d_{0.3}(\{1\},\{2,2,4\}) = 0.8$；

$d_{0.2}$：$d_{0.2}(\{X\},\{X\}) = 0$。

相应的扩张距离分别是

d_1^*：$d_1^*(i,i) = d_1^*(3,4) = 0$，$\quad i = 1,2,3,4$

　　　$d_1^*(2,3) = d_1^*(2,4) = 0.7$，

　　　　$d_1^*(1,2) = d_1^*(1,3) = d_1^*(1,4) = 0.8$；

$d_{0.3}^*$：$d_{0.3}^*(i,i) = d_{0.3}^*(2,3) = d_{0.3}^*(2,4) = d_{0.3}^*(3,4) = 0$，$\quad i = 1,2,3,4$

　　　$d_{0.3}^*(1,2) = d_{0.3}^*(1,3) = d_{0.3}^*(1,4) = 0.8$；

$d_{0.2}^*$：$d_{0.2}^*(i,j) = 0$，$i,j = 1,2,3,4$。

显然有 $d_{0.2} < d_{0.3} < d_1$，且 $d_{0.2}^* < d_{0.3}^* < d_1^*$，$d_1^* = d$。

同时，$d_{0.3}$ 和 $d_{0.3}^*$ 引导的粒度空间 $\aleph_{d_{0.3}}(X)$ 和 $\aleph_{d_{0.3}^*}(X)$ 分别是

$\aleph_{d_{0.3}}(X)$：$X_{0.3}(0) = \{\{1\},\{2,3,4\}\}$，$X_{0.3}(0.8) = \{\{X\}\}$；

$\aleph_{d_{0.3}^*}(X)$：$X_{0.3}^*(0) = \{\{1\},\{2,3,4\}\}$，$X_{0.3}^*(0.8) = \{\{X\}\}$。

显然：$\forall \lambda \in [0,1]$，$X_{0.3}(\lambda) = X_{0.3}^*(\lambda)$，即 $\aleph_{d_{0.3}}(X) = \aleph_{d_{0.3}^*}(X)$。

2.4　粒度空间的有序性

在 2.1 节中，已经知道了论域 X 上的等腰归一化(伪)距离的集合构成了一个完备的半序格(定理 2.1.1)。同时，通过 2.2 节的有关结论知道：X 上的等腰归一化(伪)距离可引导 X 上的一个有序粒度空间，那么要问等腰归一化(伪)距离序关系与粒度空间有序性之间有什么联系呢？下面就来研究这个问题。

定义 2.4.1　设 $\aleph_1(X)$ 和 $\aleph_2(X)$ 是 X 上的两个有序粒度空间，相应的粒度分别记为 $X_1(\lambda)$ 和 $X_2(\lambda)$（$\lambda \in [0,1]$）。

(1)若 $\forall \lambda \in [0,1]$，$X_1(\lambda) \leqslant X_2(\lambda)$，则称粒度空间 $\aleph_1(X)$ 不比 $\aleph_2(X)$ 细，记为 $\aleph_1(X) \leqslant \aleph_2(X)$；

(2)若 $\aleph_1(X) \leqslant \aleph_2(X)$，且存在 $\lambda_0 \in [0,1]$，使得 $X_1(\lambda_0) < X_2(\lambda_0)$，则称 $\aleph_2(X)$ 比 $\aleph_1(X)$ 细，记为 $\aleph_1(X) < \aleph_2(X)$。

定理 2.4.1　设 $d_1, d_2 \in D(X)$［或 $d_1, d_2 \in WD(X)$］，$\aleph_{d_1}(X)$ 和 $\aleph_{d_2}(X)$ 分别表示 d_1 和 d_2 在 X 上引导的粒度空间。则 $d_1 \leqslant d_2 \Leftrightarrow \aleph_{d_1}(X) \leqslant \aleph_{d_2}(X)$。特别地，$d_1 < d_2 \Leftrightarrow \aleph_{d_1}(X) < \aleph_{d_2}(X)$。

证明　当 $d_1, d_2 \in D(X)$ 时，记 $\aleph_{d_i}(X) = \{X_i(\lambda) \mid 0 \leqslant \lambda \leqslant 1\}$（$i = 1, 2$）。

"$\Rightarrow$"：$\forall \lambda \in [0,1]$，$x, y \in X$，由 $d_1 \leqslant d_2 \to d_1(x,y) \leqslant d_2(x,y)$，即 $\forall x \in X$，$a = [x]_{2,\lambda} = \{y \mid d_2(x,y) \leqslant \lambda, y \in X\} \subseteq \{y \mid d_1(x,y) \leqslant \lambda, y \in X\} = [x]_{1,\lambda} \in X_1(\lambda)$，即 $X_1(\lambda) \leqslant X_2(\lambda)$，由定义 2.4.1 可得 $\aleph_{d_1}(X) \leqslant \aleph_{d_2}(X)$。

"$\Leftarrow$"：由条件可得 $\forall \lambda \in [0,1]$，$X_1(\lambda) \leqslant X_2(\lambda)$，即 $\forall x, y \in X$，$[x]_{2,\lambda} \subseteq [x]_{1,\lambda}$。由定理 2.2.1，$d_1(x,y) = \inf\limits_{\lambda \in [0,1]} \{\lambda \mid y \in [x]_{1,\lambda}\} \leqslant \inf\limits_{\lambda \in [0,1]} \{\lambda \mid y \in [x]_{2,\lambda}\} = d_2(x,y)$，即 $d_1 \leqslant d_2$。

因此，$d_1 \leqslant d_2 \Leftrightarrow \aleph_{d_1}(X) \leqslant \aleph_{d_2}(X)$。

当 $d_1, d_2 \in WD(X)$ 时，同理可证，此略。

进一步，由定义 2.4.1 和定义 2.1.7、性质 2.2.1，可直接证明

$$d_1 < d_2 \Leftrightarrow \aleph_{d_1}(X) < \aleph_{d_2}(X)$$

定理 2.4.1 表明了等腰归一化(伪)距离与其引导的粒度空间之间具有一致的序关系，即对等腰归一化(伪)距离而言，由其引导的粒度空间保持相同的序关系，即保序性。类似地，这一结论可推广到模糊等价关系引导的模糊粒度空间上去。

定义 2.4.2　设 R_1, R_2 是 X 上的两个模糊等价关系（或模糊邻近关系）。

(1) 若 $\forall x, y \in X$，$R_1(x,y) \leqslant R_2(x,y)$，则称 R_1 不比 R_2 细，记为 $R_1 \leqslant R_2$；

(2) 若 $R_1 \leqslant R_2$，且存在 $x_0, y_0 \in X$，使得 $R_1(x_0,y_0) < R_2(x_0,y_0)$，则称 R_2 比 R_1 细，记为 $R_1 < R_2$。

定理 2.4.2　设 R_1, R_2 是 X 上的两个模糊等价关系，相应的粒度空间分别记为 $\aleph_{R_1}(X)$ 和 $\aleph_{R_2}(X)$。则有

$$R_1 \leqslant R_2 \Leftrightarrow \aleph_{R_2}(X) \leqslant \aleph_{R_1}(X)，并且 R_1 < R_2 \Leftrightarrow \aleph_{R_2}(X) < \aleph_{R_1}(X)。$$

证明　由定义 2.4.1 和定义 2.4.2、性质 2.3.1 和性质 2.3.2 可直接证明，且其证明过程类似于定理 2.4.1 的证明，此略。

这一定理表明了模糊等价关系与其引导的粒度空间之间具有相反的序关系。粒度空间的有序性及其作用将在第 4 章中看到。

2.5　本　章　小　结

在商空间的基础上，本章介绍了与粒度空间相关的一些基本概念，并构建了粒度空间理论。主要采用两条平行的路线来介绍粒度空间理论，即基于等腰归一化(伪)距离的粒度空间基本理论和基于模糊等价关系的粒度空间理论。具体结论如下：

(1)2.1 节：引入一些基本概念，如等腰归一化(伪)距离、归一化(伪)距离、模糊等价关系、模糊邻近关系、普通等价关系、普通邻近关系等，研究了它们的性质。重点研究了等腰归一化(伪)距离的序的性质，即等腰归一化(伪)距离集构成了一个完备的半序格(定理 2.1.1)。

(2)2.2 节：通过引入等腰归一化(伪)距离引导的粒度空间的概念，研究了等腰归一化(伪)距离诱导的粒度空间的基本性质，如有序性等,构建等腰归一化(伪)距离的粒度空间基本理论，包括粒度空间上距离的度量问题。获得的主要结论：基本定理 1(定理 2.2.6)，即给定 X 上满足最细条件的模糊等价关系，给定 X 上的等腰归一化距离，给定 X 上包含最细粒度的有序粒度空间(或包含最细结构的分层递阶结构)和给定 X 上包含最细等价关系的有序等价关系集四个命题是等价的。无论是由 X 上的等腰归一化距离，还是由等腰归一化伪距离来引导有序粒度空间(或分层递阶结构)，都不影响其粒度空间的有序性。此结论表明：在一般概念描述作用上，模糊等价关系比普通等价关系具有更细化的特点，因此在这一点上，普通等价关系是无法与模糊等价关系相比拟的。同时，关于"有序等价关系集"与"等腰归一化距离"之间的等价性，也给出了" X 上序结构"与" X 上距离"之间关系的一个重要诠释，即由"序结构"可产生"距离"。进一步，粒度空间不仅具有序结构，而且具有拓扑结构，并且这种拓扑结构是通过距离来引导的，因此它具有更优越的性质；在有序粒度空间中，如果已知某一粒度上的度量是等腰归一化(伪)距离，则通过压缩(或投影)距离可确定任一粗粒度上的度量——等腰归一化距离，且向细粒度上的扩张距离可确定任一细粒度上的度量——等腰归一化伪距离(定理 2.2.7 和性质 2.2.3)。

(3)2.3 节：在基本定理 1 的基础上，研究等腰归一化(伪)距离与模糊等价关系之间的相互转换关系(定理 2.3.1~定理 2.3.4，推论 2.3.1 和推论 2.3.2)，并获得了一个重要结果——基本定理 2(定理 2.3.5)，即给定 X 上的模糊等价关系，给定 X 上的等腰归一化伪距离，给定 X 上的有序粒度空间(或分层递阶结构)和给定 X 上的有序等价关系集四个命题是等价的。并给出了等腰归一化(伪)距离、模糊等价关系和满足最细条件的模糊等价关系之间的关系图(图 2.3.1)；引入基于模糊等价关系的有序粒度空间的概念，研究表明，在有序性上，与等腰归一化(伪)距离与其引导的粒度空间的序关系相比，模糊等价关系与其引导的粒度空间之间的序关系刚好相反(性质 2.3.2)，这也体现了模糊等价关系与等腰归一化(伪)距离在它们的量值间所具有的"互补关系"。并给出了等腰归一化(伪)距离、模糊等价关系和满足最细条件的模糊等价关系等引导的粒度空间之间的关系图(图 2.3.2)；最后，在 2.2.2 节研究的基础上，进行了基于模糊等价关系的模糊粒度空间上距离度量的研究。

(4)2.4 节：引进粒度空间的序关系概念，进行了粒度空间的序关系研究。研究表明，在有序性上，当阈值从 0 到 1 变化时，基于模糊等价关系引导的粒度空间与基于等腰归一化(伪)距离引导的粒度空间的序关系刚好相反(定理 2.4.1 和定理 2.4.2)，即当阈值从 0 到 1 变化时，基于模糊等价关系引导的粒度由粗向细变化，而基于等腰归一化(伪)距离引导的粒度由细向粗变化。

这些研究建立了在粒度空间(或分层递阶结构)之上的粒度计算理论体系，为粒度空间的理论及应用研究提供基础。特别地，为复杂系统的粒度描述提供了坚实的数学基础。相关发表的研究结果参见研究文献[30]~[33]。

第3章 粒度空间的结构聚类与融合

在第 2 章中，本书分别引入了基于等腰归一化(伪)距离的粒度空间和基于模糊等价关系的粒度空间，研究了有序粒度空间的性质。在那里，我们已经知道：一旦给定了论域 X 上的等腰归一化(伪)距离(或模糊等价关系)，就给定了它的一个有序粒度空间，从而给定了它的一个分层递阶结构，即有序粒度空间理论正好描述了复杂系统的分层递阶结构。同时，也给定了有序粒度空间中每个粒度上的距离度量，即等腰归一化(伪)距离在它引导的粒度上的投影(或压缩)距离，并保持了等腰归一化距离的特征。

在第 2 章的基础上，本章将进一步研究有序粒度空间的几何特征，即提出了复杂系统的有序粒度空间(或分层递阶结构)所对应的结构聚类特征，以及结构聚类的融合技术问题等研究。

3.1 粒度空间的结构聚类特征

聚类(分类)问题一直是一个古老而又活跃的研究内容[34-36]，特别是建立在结构上的聚类(即结构聚类)，是很多研究课题的核心问题。例如，层次分析方法[21]，将整个目标 G 依某种关系分解成若干 n_1 个子目标，而第 i 个子目标又可分解成 m_i 个子子目标($i = 1, 2, \cdots, n_1$, $\sum_{i=1}^{n_1} m_i > n_1$)，……，如此继续下去，直到整个目标 G 分解成若干个依据所给条件能达到的子目标。这一过程就是整个目标 G 依某种关系的结构分类问题。相反地，对于复杂系统 S 来说，如果已知它由 N 个小系统构成，依某种关系合并成 M_1 个较大系统($M_1 < N$)，……，如此继续下去，直到合并成复杂系统 S (图 3.1.1)。这样就构成了复杂系统 S 的一个分层递阶结构，这一过程也就是依某种关系的结构聚类问题，它能有效降低系统的复杂度。在图 3.1.1 中，每个横断的子系统为元素的集合就相当于复杂系统 S 的某个粒度(或商空间)，或者说相当于复杂系统 S 的一个聚类，而有序粒度空间(或分层递阶结构)正好描述了复杂系统 S 的结构聚类。事实上，结构分类和结构聚类都是有序粒度空间(或分层递阶结构)在实际应用中的体现,其中结构分类过程是从粗粒度向细粒度变化的过程，结构聚类的过程则刚好相反。

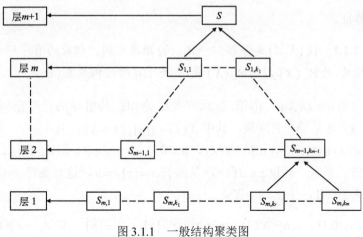

图 3.1.1　一般结构聚类图

因此，基于等腰归一化(伪)距离 d 的粒度空间正好描述了 X 上依据距离的结构聚类的特征。事实上，若 $d \in D(X)$，则有

$$\forall x, y, z \in X, \quad d(x,y) \leqslant \lambda, \quad d(y,z) \leqslant \lambda \rightarrow d(x,z) \leqslant \max\{d(x,y), d(y,z)\} \leqslant \lambda$$

即 $x \in [y]_\lambda, y \in [z]_\lambda \rightarrow x \in [z]_\lambda$，此表明：当 $X(\lambda)$ 为有限集时，粒度(或商空间) $X(\lambda)$ 为 X 上半径为 λ 闭圆(平面)或球(空间)的有限覆盖，且是互不相容的、满足传递性(依据距离)，这正是文献[37]中所提到的一致分类问题。下面，这里从严格数学角度给出结构聚类(分类)的定义。

定义 3.1.1　给定一个距离空间 (X, d)，若给定 X 的一个聚类 $A(X) = \{C_\alpha(X) \mid \alpha \in I\}$，其中 $C_\alpha(X) = \{a_{\alpha\beta} \mid \beta \in I_\alpha\}$，且满足：

(1) $\forall a_{\alpha\beta_1}, a_{\alpha\beta_2} \in C_\alpha(X)$，$\beta_1 \neq \beta_2$，$a_{\alpha\beta_1} \bigcap a_{\alpha\beta_2} = \varnothing$；

(2) $\bigcup\limits_{\beta \in I_\alpha} a_{\alpha\beta} = X$；

(3) $\forall a_{\alpha\beta_1}, a_{\alpha\beta_2} \in C_\alpha(X)$，$\beta_1 \neq \beta_2$，存在 $d_0 \geqslant 0$，使得 $\forall x, y \in a_{\alpha\beta_1}, d(x,y) \leqslant d_0$，且 $\forall x \in a_{\alpha\beta_1}, y \in a_{\alpha\beta_2}, d(x,y) > d_0$；

(4) $A(X)$ 是一个有序集，

则称 $A(X)$ 是 X 关于 d 的结构聚类(分类)(或分层聚类(分类))。

在定义 3.1.1 中：条件(1)和(2)说明 $C_\alpha(X)$ 是 X 的一个聚类(分类)；条件(3)说明此聚类(分类)是依据距离来进行的；条件(4)说明这种依据距离的聚类(分类)具有一致性，因此条件(4)也称为一致性条件。正因为有一致性条件，结构聚类(分类)有时也称为一致聚类(分类)。称为"结构聚类(分类)"是突出这里的聚类(分类)是带结构的，而称为"分层聚类(分类)"是突出这里的聚类(分类)具有分层递阶结构的特征。

性质 3.1.1 设 (X,d) 是等腰归一化(伪)距离空间，相应的有序粒度空间(或分层递阶结构)为 $\aleph_d(X)$，则 $\aleph_d(X)$ 是 X 关于 d 的结构聚类(分类)。

证明 当 $d \in D(X)$，由第 2 章有关结论知：其引导的粒度空间 $\aleph_d(X) = \{X(\lambda) \mid 0 \leqslant \lambda \leqslant 1\}$ 是一个有序集，其中 $X(\lambda) = \{[x]_\lambda \mid x \in X\}$，且

(1) $\forall X(\lambda) \in \aleph_d(X)$，$a,b \in X(\lambda)$，$a \neq b$，$x \in a, y \in b$，即 $a = [x]_\lambda$，$b = [y]_\lambda$，则 $a \bigcap b = \varnothing$。否则，假设 $z \in a \bigcap b$，从而有 $a = [z]_\lambda = b$，这与条件 $a \neq b$ 矛盾。

(2) $\forall \lambda \in [0,1]$，$\bigcup\limits_{a \in X(\lambda)} a = X$。

(3) $\forall \lambda \in [0,1]$，$a,b \in X(\lambda)$，$a \neq b$，$a = [x]_\lambda$，$b = [y]_\lambda$。取 $d_0 = \lambda \geqslant 0$，由 a 的定义 $a = [x]_\lambda = \{z \mid d(z,x) \leqslant \lambda, z \in X\}$ 可知：$\forall z_1, z_2 \in a$，$d(z_1,z_2) \leqslant d_0$，且 $\forall z_1 \in a, z_2 \in b$，$d(z_1,z_2) > d_0$。否则，如果存在 $z_1 \in a, z_2 \in b$，$d(z_1,z_2) \leqslant d_0$，则有 $a = [z_1]_\lambda = [z_2]_\lambda = b$，此与 $a \neq b$ 矛盾。

因此由定义 3.1.1 知：$\aleph_d(X)$ 是 X 关于 d 的结构聚类(分类)。

同理可证，当 $d \in WD(X)$ 时，此结论仍成立。

性质 3.1.1 表明：由等腰归一化(伪)距离诱导的有序粒度空间就是相应的一致聚类(或分类)。由基本定理 1、定义 3.1.1、性质 3.1.1 可直接推得下面的推论成立。

推论 3.1.1 给定论域 X 上的一个等腰归一化(伪)距离，则给定了论域 X 上的一个结构聚类(分类)。

推论 3.1.1 表明：给定一个等腰归一化(伪)距离就给定了一个结构聚类(分类)。那么，结构聚类(分类)的几何特征又如何呢？

定义 3.1.2 设 d 是论域 X 上的等腰归一化(伪)距离。若以 X 中点为顶点，X 中任意两点间的距离作为无向弧，则所得到的图就称为等腰归一化距离空间 (X,d) 的距离图，记为 $G(X,d)$。

性质 3.1.2 设 d 是 X 上的一个等腰归一化(伪)距离，对应的粒度空间为 $\aleph_d(X)$，$\forall X(\lambda) \in \aleph_d(X)$，$d_\lambda$ 是 d 在粒度 $X(\lambda)$ 上的投影(或压缩)距离，则 d_λ 的取值正是 $X(\lambda)$ 对应的距离图中的弧，记为 $G(X(\lambda), d_\lambda)$。

证明 由定义 3.1.2、性质 3.1.1、定理 2.2.7 和定义 2.2.8 直接推得，此略。

通过定义 3.1.2，就给出了粒度空间中粒度的几何解释。性质 3.1.2 表明基于等腰归一化距离的粒度 $X(\lambda)$ 对应的距离图由投影距离 d_λ 来确定。

定理 3.1.1　设 d 是论域 X 上的等腰归一化(伪)距离，相应的粒度空间记为 $\aleph_d(X)$。$\forall \lambda_1, \lambda_2 \in [0,1]$，$\lambda_1 < \lambda_2$，$a,b \in X(\lambda_1)$，$a \neq b$，若存在 $x \in a, y \in b$ 使得 $d(x,y) \leq \lambda_2$，则 $a \bigcup b \subseteq [x]_{\lambda_2} = [y]_{\lambda_2}$。

证明　当 $d \in D(X)$ 时，由 $a,b \in X(\lambda_1)$ 和 $a \neq b$ 可知：$\forall z_1 \in a, z_2 \in b$，$d(z_1,z_2) > \lambda_1$，且 $d(z_1,x) \leq \lambda_1$，$d(z_2,y) \leq \lambda_1$。则 $\forall z \in a \bigcup b$，有

(1) 当 $z \in a$ 时，$d(z,x) \leq \lambda_1 < \lambda_2$，即 $z \in [x]_{\lambda_2}$；

(2) 当 $z \in b$ 时，$d(y,z) \leq \lambda_1 < \lambda_2$。再由 $d(x,y) \leq \lambda_2$ 及 d 是论域 X 上的等腰归一化距离，可得 $d(x,z) \leq \max\{d(x,y),d(y,z)\} \leq \lambda_2$，即仍然有 $z \in [x]_{\lambda_2}$。

综合(1)和(2)，可得 $\forall z \in a \bigcup b \to z \in [x]_{\lambda_2}$，即 $a \bigcup b \subseteq [x]_{\lambda_2}$。至于 $[x]_{\lambda_2} = [y]_{\lambda_2}$ 是显然的。

同理可证，当 $d \in WD(X)$ 时，此结论仍成立。

定理 3.1.1 给出了随着 λ 的增大，相应粒度中等价类的变化情况，即是一个合并的过程。同时注意到：定理 3.1.1 中，当阈值 λ 从 $0 \to 1$ 变化时，只有当 λ 落在 $D = \{d(x,y) \mid x,y \in X\}$ 中，粒度 $X(\lambda)$ 才会发生变化，因此求等腰归一化(伪)距离所对应的粒度空间，考察 λ 在 $D = \{d(x,y) \mid x,y \in X\}$ 上的情形就可以了。性质 3.1.2 说明粒度空间 $\aleph_d(X)$ 上的等腰归一化距离集(即 d 在所有粒度上的投影距离的集合)正好描述了一致聚类的过程。如此可以通过由等腰归一化距离 d 引导的粒度空间 $\aleph_d(X)$ 中每个粒度上的投影距离 d_λ 得到粒度空间 $\aleph_d(X)$ 的顺序距离图和结构聚类图。相应的结构聚类算法如下：

设 d 是有限论域 $X = \{x_1, x_2, \cdots, x_n\}$ 上的等腰归一化距离，记

$$D = \{d(x,y) \mid x,y \in X\} = \{d_0, d_1, \cdots, d_m\}$$

其中 $d_0 = 0 < d_1 < \cdots < d_m$，可得求 d 引导的粒度空间的算法 A。

算法 A：

Step 1. $i \Leftarrow 0, X(d_i) = \{a_1, a_2, \cdots, a_N\} = X(0)$ $(N \leq n)$；

Step 2. Output $X(d_i)$；

Step 3. $A \Leftarrow X(d_i)$, $i \Leftarrow i+1$, $C \Leftarrow \varnothing$；

Step 4. $B \Leftarrow \varnothing$；

Step 5. Taken $a_j \in A$, $B \Leftarrow B \bigcup a_j, A \Leftarrow A \setminus a_j$；

Step 6. For $\forall a_k \in A$, if there exists $x_j \in a_j, y_k \in a_k$ such that $d(x_j, y_k) \leq d_i$, then $B \Leftarrow B \bigcup a_k, A \Leftarrow A \setminus a_k$, otherwise go to Step 7；

Step 7. $C \Leftarrow \{B\} \bigcup C$；

Step 8. If $A = \varnothing$, output $X(d_i) = C$, otherwise go to Step 4；

Step 9. If $i = m$ or $C = \{X\}$, go to Step 10, otherwise go to Step 3;

Step 10. End。

按算法 A 可计算论域 X 依据等腰归一化(伪)距离 d 所引导的粒度空间,即 d 引导的全部聚类结构,其中程序的终止条件" $i = m$ "表示所有可能分层的阈值都已经取完,而条件" $C = \{X\}$ "表示:若某个 $X(d_i) = \{X\}$,则对一切 $\lambda > d_i$, $X(\lambda) = \{X\}$,即没有必要再继续运行下去。而 Step 3 表示每向下求一个阈值的粒度都是在前一个粒度的基础上按定理 3.1.1 进行的。

【**例 3.1.1**】 设 $X = \{1,2,3,4,5\}$,给定 d_1 是 X 上的等腰归一化距离,且

$$d_1(i,i) = 0, \quad i = 1,2,3,4,5, \qquad d_1(1,2) = 0.2, \qquad d_1(3,4) = 0.4$$
$$d_1(1,3) = d_1(1,4) = d_1(2,3) = d_1(2,4) = 0.5$$
$$d_1(1,5) = d_1(2,5) = d_1(3,5) = d_1(4,5) = 0.7$$

由算法 A,可得 d_1 引导的粒度空间是 $\aleph_{d_1}(X)$:

$$X_1(0) = \{\{1\},\{2\},\{3\},\{4\},\{5\}\}, \qquad X_1(0.2) = \{\{1,2\},\{3\},\{4\},\{5\}\}$$
$$X_1(0.4) = \{\{1,2\},\{3,4\},\{5\}\}, \qquad X_1(0.5) = \{\{1,2,3,4\},\{5\}\}, \qquad X_1(0.7) = \{\{X\}\}$$

可画出其粒度空间的顺序距离图 3.1.2 及结构聚类图 3.1.3。

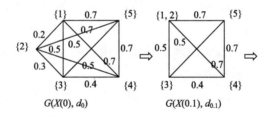

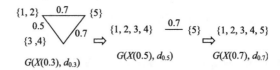

图 3.1.2 例 3.1.1 中 d_1 所对应粒度空间的顺序距离图

由基本定理 2,很容易将本节中所建立的理论推广到模糊粒度空间上去,这里不再赘述。由基本定理 2 和推论 3.1.1 可直接推得下面的结论。

推论 3.1.2 给定论域 X 上的一个模糊等价关系,则给定了论域 X 上的一个结构聚类(分类)。

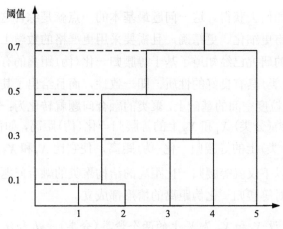

图 3.1.3　例 3.1.1 中 d_1 所对应的结构聚类图

注 3.1.1　类似于算法 A，可获得基于论域 X 上的模糊等价关系 R 的模糊粒度空间的算法，只需注意：其阈值 λ 从最大的 1 开始，从大到小依次在 $\{R(x,y)\,|\,x,y\in X\}$ 中取。同时也可以类似获得 R 的结构聚类图和顺序距离图。

推论 3.1.2 从另一个侧面说明了基于模糊等价关系的聚类(分类)分析比一般的等价关系的商空间具有更好的聚类(分类)性质，即具有一致性，因而受到研究者的重视。同时，在实际应用中在复杂系统上建立一个关系比建立一个距离要容易得多。

3.2　基于等腰归一化距离的结构聚类融合技术

聚类(分类)的融合技术也是近年来比较热门的研究领域之一。Pedrycz[38]曾进行了协同模糊聚类(collaborative fuzzy clustering)问题研究，Devillez 等[39]提出过聚类融合技术的研究，Miyamoto[40]提出过多重模糊集(fuzzy multisets)的信息聚类研究。他们所提出的这些聚类(分类)融合方法研究都是基于这样一个共同的问题，即对于同一论域上两个不同的聚类(分类)，如何去获取更为完善(或更细)的聚类(分类)问题，所采用的方法就是基于模糊规则的 FCM 或基于距离规则的 CM 方法去构造两两互不相交的聚类(分类)。这些方法对于具体的两个聚类(分类)的融合是有效的，但不具有一般性，同时也不是建立在结构意义下的聚类(分类)方法。事实上，这个问题具有更一般性，正如人们就某个信息可以获得论域的一个聚类(分类)，而由若干个信息就可以获得这个论域的若干个聚类(分类)。如此就面临这样一个问题：综合这若干个信息，其结构聚类(分类)又将如何，或者说这样的结构聚类(分类)如何去获得。这一问题最基本的一点就是综合这若干个信息所获得的聚类(分类)将更细化、更精确,且需要采用更严格的数学工具来描述。

通过 3.1 节的研究已经知道了基于等腰归一化(伪)距离的有序粒度空间所对应的结构聚类(分类)具有良好的性质,即一致性,而且给出了其结构聚类(分类)的算法。因此,在粒度空间的基础上,聚类的融合问题就转化为:分别给定论域 X 上的两个结构聚类(分类) X_1 和 X_2 上的等腰归一化(伪)距离,如何去构造 X 上的一个结构聚类(分类)上的等腰归一化(伪)距离,使它比 X_1 和 X_2 上的等腰归一化(伪)距离更细。以下仅就等腰归一化距离的结构聚类的融合问题进行研究,但所获得的所有结论对等腰归一化伪距离的情形都成立。

定理 3.2.1 设 X_1 和 X_2 是 X 上的两个聚类(分类), d_1 和 d_2 分别是 X_1 和 X_2 上的等腰归一化距离, $X_1 \bigcap X_2 = \{a \bigcap b \mid a \in X_1, b \in X_2\}$。定义 $d: \forall a, b \in X_1 \bigcap X_2$,

$$d(a,b) = \max\{d_1(a_1,b_1), d_2(a_2,b_2)\} \tag{3.2.1}$$

其中 $a \subseteq a_i \in X_i$, $b \subseteq b_i \in X_i$, $i = 1,2$ 。则 d 是 $X_1 \bigcap X_2$ 上的等腰归一化距离。

若定理 3.2.1 成立, 等腰归一化距离 d 也称为是由 d_1 和 d_2 通过交运算而获得的, 记为 $d = d_1 \bigcap d_2$ 。

证明 由 d 的定义易知 d 满足归一化条件及对称性, 且

(1) $\forall a \in X_1 \bigcap X_2$, $a \subseteq a_i \in X_i$, $i = 1,2$, $d(a,a) = \max\{d_1(a_1,a_1), d_2(a_2,a_2)\} = 0$ 。且 $\forall a,b \in X_1 \bigcap X_2$, $d(a,b) = \max\{d_1(a_1,b_1), d_2(a_2,b_2)\} = 0 \leftrightarrow a_1 = b_1, a_2 = b_2 \leftrightarrow a = b$, 其中 $a \subseteq a_i \in X_i$, $b \subseteq b_i \in X_i$, $i = 1,2$ 。

(2) $\forall a,b,c \in X_i \bigcap X_2$, $a \subseteq a_i \in X_i$, $b \subseteq b_i \in X_i$, $c \subseteq c_i \in X_i$, $i = 1,2$, 于是

$$\max\{d(a,c), d(c,b)\} = \max\{\max\{d_1(a_1,c_1), d_2(a_2,c_2)\}, \max\{d_1(c_1,b_1), d_2(c_2,b_2)\}\}$$
$$= \max\{\max\{d_1(a_1,c_1), d_1(c_1,b_1)\}, \max\{d_2(a_2,c_2), d_2(c_2,b_2)\}\}$$
$$\geqslant \max\{d_1(a_1,b_1), d_2(a_2,b_2)\} = d(a,b)$$

同理可证: $\max\{d(a,b), d(b,c)\} \geqslant d(a,c)$, $\max\{d(a,b), d(a,c)\} \geqslant d(b,c)$ 。

因此 d 是 $X_1 \bigcap X_2$ 上的等腰归一化距离。

在定理 3.2.1 中, 等腰归一化距离 d_1 和 d_2 的交运算与定义 2.1.8 中所定义的交运算是不同的, 前者是定义在同一空间的不同粒度(即相当于定义在不同一空间)上的, 后者是定义在同一空间上的。

定理 3.2.2 设 X_1 和 X_2 是 X 上的两个聚类(分类), d_1 和 d_2 分别是 X_1 和 X_2 上的等腰归一化距离, d_1^* 和 d_2^* 分别表示等腰归一化距离 d_1 和 d_2 在 $X_1 \bigcap X_2$ 上的扩张距离, 则 $d = d_1 \bigcap d_2 = d_1^* \bigcap d_2^*$, 其中 $d_1^* \bigcap d_2^*$ 的定义见定义 2.1.8。

证明 因为 $\forall c_1, c_2 \in X_1 \bigcap X_2$，

$$d(c_1,c_2) = \max\{d_1^*(c_1,c_2), d_2^*(c_1,c_2)\} = \max\{d_1(a_1,b_1), d_2(a_2,b_2)\} = d_1 \bigcap d_2(c_1,c_2)$$

其中 $c_1 \subseteq a_i \in X_i$，$c_2 \subseteq b_i \in X_i$，$i=1,2$，因此 $d = d_1 \bigcap d_2$。

至于后一等式 $d = d_1^* \bigcap d_2^*$，可由定义 2.1.8 直接验证可得。

由定理 3.2.2 可知，在定理 3.2.1 中 $d_i^* \leqslant d$（$i=1,2$）。

定理 3.2.3 设 X_1 和 X_2 是 X 上的两个聚类（分类），d_1 和 d_2 分别是 X_1 和 X_2 上的等腰归一化距离，$d = d_1 \bigcap d_2$。记 $\aleph_{d_1}(X_1)$、$\aleph_{d_2}(X_2)$ 和 $\aleph_d(X_1 \bigcap X_2)$ 分别表示 d_1（在 X_1 上）、d_2（在 X_2 上）和 d（在 $X_1 \bigcap X_2$ 上）所引导的粒度空间。则有 $\aleph_{d_i}(X_i) \leqslant \aleph_d(X_1 \bigcap X_2)$，$i=1,2$。

证明 由定理 3.2.2、定理 2.2.9 和定理 2.4.1 直接推得。

定理 3.2.4 设 X_1 和 X_2 是 X 上的两个聚类（分类），d_1 和 d_2 分别是 X_1 和 X_2 上的等腰归一化距离，$d \in D(X_1 \bigcap X_2)$，$\aleph_{d_1}(X_1)$、$\aleph_{d_2}(X_2)$ 和 $\aleph_d(X_1 \bigcap X_2)$ 分别表示 d_1（在 X_1 上）、d_2（在 X_2 上）和 d（在 $X_1 \bigcap X_2$ 上）所引导的粒度空间。若 $\aleph_{d_i}(X_i) \leqslant \aleph_d(X_1 \bigcap X_2)$，$i=1,2$，则有 $d_1 \bigcap d_2 \leqslant d$。

证明 记 d_1^* 和 d_2^* 分别表示 d_1 和 d_2 在 $X_1 \bigcap X_2$ 上的扩张距离，$\aleph_{d_1^*}(X_1 \bigcap X_2)$ 和 $\aleph_{d_2^*}(X_1 \bigcap X_2)$ 分别表示 d_1^* 和 d_2^* 在 $X_1 \bigcap X_2$ 上所引导的粒度空间。由定理 2.2.9 知 $\aleph_{d_i^*}(X_1 \bigcap X_2) = \aleph_{d_i}(X_i) \leqslant \aleph_d(X_1 \bigcap X_2)$，$i=1,2$。由定理 2.4.1，$d_i^* \leqslant d$，$i=1,2$。再由定理 3.2.2 容易推得 $d_1 \bigcap d_2 = d_1^* \bigcap d_2^* \leqslant d$。

由定理 3.2.2 和定理 3.2.4 可直接推得下面的结论成立。

推论 3.2.1 在定理 3.2.1 中，等腰归一化距离 $d = d_1 \bigcap d_2$ 是 d_1 和 d_2 在 $X_1 \bigcap X_2$ 上的上确界。

定理 3.2.3 说明：对于给定 X 上的两个聚类（分类），按照定理 3.2.1 可以构造一个聚类（分类）（即由 d 所对应的），满足 $\aleph_{d_i}(X_i) \leqslant \aleph_d(X_1 \bigcap X_2)$，$i=1,2$，此表明 d 所对应的粒度空间比 d_1 和 d_2 所对应的粒度空间都要细。而由推论 3.2.1 可知：$d = d_1 \bigcap d_2$ 所对应的粒度空间是从 d_1（在 X_1 上）与 d_2（在 X_2 上）所获得的 $X_1 \bigcap X_2$ 上最细的粒度空间，且由定理 3.2.2 知 $d_1 \bigcap d_2 = d_1^* \bigcap d_2^*$。同时，定理 3.2.1 和定理 3.2.2 也给出了 d 的构造方法，即 X 上两个粒度 X_1 和 X_2 的融合可通过 d_1（在 X_1 上）与 d_2（在 X_2 上）的交运算来获得，也可等价地通过给出 d_1 与 d_2 在相交论域 $X_1 \bigcap X_2$ 上的扩张距离 d_1^* 与 d_2^* 的交运算来获得。

事实上，由定理 3.2.2 和定理 2.1.1，这些结论可以推广到任意多个 X 上的聚类(分类)的融合问题上去，即有下列定理成立。

定理 3.2.5　对于 X 上任意聚类(分类)集合 $\{X_\alpha \mid \alpha \in I\}$，$d_\alpha$ 是 X_α 上的等腰归一化距离，d_α^* 表示等腰归一化距离 d_α 在 $\bigcap\limits_{\alpha \in I} X_\alpha$ 上的扩张距离，则

(1) $d = \bigcap\limits_{\alpha \in I} d_\alpha$ 是 $\{d_\alpha \mid \alpha \in I\}$ 在 $\bigcap\limits_{\alpha \in I} X_\alpha$ 上的上确界，且 $\bigcap\limits_{\alpha \in I} d_\alpha = \sup\{d_\alpha^* \mid \alpha \in I\}$；

(2) $\aleph_{d_\alpha}(X_\alpha) \leqslant \aleph_d(\bigcap\limits_{\alpha \in I} X_\alpha)$ $(\alpha \in I)$，其中 $\aleph_{d_\alpha}(X_\alpha)$ 是 d_α 在 X_α 上引导的粒度空间 $(\alpha \in I)$，$\aleph_d(\bigcap\limits_{\alpha \in I} X_\alpha)$ 是 d 在 $\bigcap\limits_{\alpha \in I} X_\alpha$ 上引导的粒度空间。

注 3.2.1　定理 3.2.5 保证了对于 X 上任意粒度集合 $\{X_\alpha \mid \alpha \in I\}$ 及每个聚类(分类)上的等腰归一化距离，通过等腰归一化距离在相交聚类(分类)上的扩张距离的交运算所对应的粒度即为它们在 X 上所确定的最细粒度。

这些结论不仅提供了结构聚类(分类)的融合技术问题的方法(即交运算方法)，而且从严格的理论上保证了这一方法可以获得最细的结构聚类(分类)。

【例 3.2.1】　设

$$X_1 = \{a_1 = \{1,2\}, a_2 = \{3,4\}, a_3 = \{5\}\}$$
$$X_2 = \{b_1 = \{1,2\}, b_2 = \{3\}, b_3 = \{4,5\}\}$$

是 $X = \{1,2,3,4,5\}$ 的两个粒度，d_1 和 d_2 分别是 X_1 和 X_2 上的等腰归一化距离，其中：

d_1：$d_1(a_i, a_i) = 0, i = 1,2,3$；$d_1(a_1, a_2) = 0.3$；$d_1(a_1, a_3) = d_1(a_2, a_3) = 0.4$。

d_2：$d_2(b_i, b_i) = 0, i = 1,2,3$；$d_2(b_2, b_3) = 0.2$；$d_2(b_1, b_2) = d_2(b_1, b_3) = 0.5$。

d_1 和 d_2 所引导的粒度空间分别是

$\aleph_{d_1}(X_1)$：$X_1(0) = \{\{a_1\}, \{a_2\}, \{a_3\}\}$，$X_1(0.3) = \{\{a_1, a_2\}, \{a_3\}\}$，$X_1(0.4) = X_1$；

$\aleph_{d_2}(X_2)$：$X_2(0) = \{\{b_1\}, \{b_2\}, \{b_3\}\}$，$X_2(0.2) = \{\{b_1\}, \{b_2, b_3\}\}$，$X_2(0.5) = X_2$。

由定理 3.2.1 中的计算可得：$X_1 \bigcap X_2 = \{c_1 = \{1,2\}, c_2 = \{3\}, c_3 = \{4\}, c_4 = \{5\}\}$。

按公式 (3.2.1) 可得等腰归一化距离 $d = d_1 \bigcap d_2$ 如下：

$d(c_i, c_i) = 0, i = 1,2,3,4$；$d(c_2, c_3) = 0.2$；$d(c_2, c_4) = d(c_3, c_4) = 0.4$；

$d(c_1, c_2) = d(c_1, c_3) = d(c_1, c_4) = 0.5$。

其引导的粒度空间是

$\aleph_d(X_1 \bigcap X_2)$：$X(0) = \{\{c_1\}, \{c_2\}, \{c_3\}, \{c_4\}\}$；$X(0.2) = \{\{c_1\}, \{c_2, c_3\}, \{c_4\}\}$；

$X(0.4) = \{\{c_1\}, \{c_2, c_3, c_4\}\}$；$X(0.5) = X_1 \bigcap X_2$。

d_1、d_2 和 d 所对应的结构聚类比较见图 3.2.1。

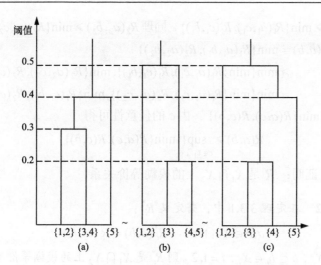

图 3.2.1　例 3.2.1 中 d_1、d_2 和 d 所对应的结构聚类比较图

(a)、(b)、(c) 分别是 d_1、d_2、d 对应的结构聚类图

从图 3.2.1 中可以看到：$\aleph_{d_i}(X_i) \leqslant \aleph_d(X_1 \bigcap X_2)$，$i = 1, 2$。

3.3　基于模糊等价关系的结构聚类融合技术

类似于 3.2 节，以下来研究基于模糊等价关系的结构聚类融合技术问题。

定理 3.3.1　设 X_1 和 X_2 是 X 上的两个聚类（分类），R_1 和 R_2 分别是 X_1 和 X_2 上的模糊等价关系，$X_1 \bigcap X_2 = \{a \bigcap b \mid a \in X_1, b \in X_2\}$。定义 R：$\forall a, b \in X_1 \bigcap X_2$，

$$R(a, b) = \min\{R_1(a_1, b_1), R_2(a_2, b_2)\} \tag{3.3.1}$$

其中 $a \subseteq a_i \in X_i$，$b \subseteq b_i \in X_i$，$i = 1, 2$。则 R 是 $X_1 \bigcap X_2$ 上的模糊等价关系。

如果定理 3.3.1 成立，则称 R 是 R_1（在 X_1 上）与 R_2（在 X_2 上）通过交运算所获得的 $X_1 \bigcap X_2$ 上的模糊等价关系，记为 $R = R_1 \bigcap R_2$。

证明　由 R 的定义易知，R 满足对称性和 $\forall a, b \in X_1 \bigcap X_2$，$0 \leqslant R(a, b) \leqslant 1$，且

(1) $\forall a \in X_1 \bigcap X_2$，$a \subseteq a_i \in X_i$，$i = 1, 2$，$R(a, a) = \min\{R_1(a_1, a_1), R_2(a_2, a_2)\} = 1$；

(2) $\forall a, b, c \in X_1 \bigcap X_2$，$a \subseteq a_i \in X_i$，$b \subseteq b_i \in X_i$，$c \subseteq c_i \in X_i$，$i = 1, 2$。

由条件 R_1 和 R_2 分别是 X_1 和 X_2 上的模糊等价关系和推论 2.3.2 知：$1 - R_1$ 和 $1 - R_2$ 分别是 X_1 和 X_2 上的等腰归一化伪距离，于是

$$1 - R_1(a_1, b_1) \leqslant \max\{1 - R_1(a_1, c_1), 1 - R_1(c_1, b_1)\} = 1 - \min\{R_1(a_1, c_1), R_1(c_1, b_1)\}$$

即有 $R_1(a_1,b_1) \geqslant \min\{R_1(a_1,c_1), R_1(c_1,b_1)\}$。同理 $R_2(a_2,b_2) \geqslant \min\{R_2(a_2,c_2), R_2(c_2,b_2)\}$。

因此，　$R(a,b) = \min\{R_1(a_1,b_1), R_2(a_2,b_2)\}$

$$\geqslant \min\{\min\{R_1(a_1,c_1), R_1(c_1,b_1)\}, \min\{R_2(a_2,c_2), R_2(c_2,b_2)\}\}$$

$$= \min\{\min\{R_1(a_1,c_1), R_2(a_2,c_2)\}, \min\{R_1(c_1,b_1), R_2(c_2,b_2)\}\}$$

从而 $R(a,b) \geqslant \min\{R(a,c), R(c,b)\}$。由 c 的任意性可得

$$R(a,b) \geqslant \sup_{c \in X_1 \cap X_2}\{\min\{R(a,c), R(c,b)\}\}$$

综合以上证明：R 是 $X_1 \cap X_2$ 上的模糊等价关系。

定理 3.3.2　在定理 3.3.1 中，若定义 R_i^*：

$$\forall a,b \in X_1 \cap X_2, \quad R_i^*(a,b) = R_i(a_i, b_i) \tag{3.3.2}$$

其中 $a \subseteq a_i \in X_i$，$b \subseteq b_i \in X_i$，$i=1,2$。则 R_i^* 是 $X_1 \cap X_2$ 上的模糊等价关系（$i=1,2$）。

如果定理 3.3.2 成立，则称 R_i^* 是 R_i 在 $X_1 \cap X_2$ 上扩张的模糊等价关系（$i=1,2$）。

证明　由 R_i^* 的定义和 R_i 是 X_i 上的模糊等价关系（$i=1,2$），易知 R_i^* 满足对称性和 $\forall a,b \in X_1 \cap X_2$，$0 \leqslant R_i^*(a,b) \leqslant 1$，且

(1) $\forall a \in X_1 \cap X_2$，$a \subseteq a_i \in X_i$，$i=1,2$，$R_i^*(a,a) = R_i(a_i,a_i) = 1$；

(2) $\forall a,b,c \in X_1 \cap X_2$，$a \subseteq a_i \in X_i$，$b \subseteq b_i \in X_i$，$c \subseteq c_i \in X_i$，$i=1,2$，有

$$R_i^*(a,b) = R_i(a_i,b_i) \geqslant \sup_{c \subseteq c_i \in X_1 \cap X_2}\{\min\{R_i(a_i,c_i), R_i(c_i,b_i)\}\}$$

从而 $R_i^*(a,b) = R_i(a_i,b_i) \geqslant \sup_{c \in X_1 \cap X_2}\{\min\{R_i^*(a,c), R_i^*(c,b)\}\}$。

因此，由定义 2.1.6，R_i^* 是 $X_1 \cap X_2$ 上的模糊等价关系（$i=1,2$）。

由定理 3.3.2 可直接推得下面的结论成立。

定理 3.3.3　设 X_1 和 X_2 是 X 上的两个聚类（分类），R_1 和 R_2 分别是 X_1 和 X_2 上的模糊等价关系，R_1^* 和 R_2^* 分别是 R_1 和 R_2 在 $X_1 \cap X_2$ 上扩张的模糊等价关系。则 $R_1 \cap R_2 = R_1^* \cap R_2^*$，其中 $R_1^* \cap R_2^*$ 中的"$\cap$"就是普通模糊集中的取小运算。

由定理 3.3.3 可知，在定理 3.3.1 中 $R \leqslant R_i^*$（$i=1,2$）。

定理 3.3.4　设 X_1 和 X_2 是 X 上的两个聚类（分类），R_1 和 R_2 分别是 X_1 和 X_2 上的模糊等价关系，R_1^* 和 R_2^* 分别是 R_1 和 R_2 在 $X_1 \cap X_2$ 上扩张的模糊等价关系，$R = R_1 \cap R_2$。$\aleph_{R_1^*}(X_1 \cap X_2)$、$\aleph_{R_2^*}(X_1 \cap X_2)$ 和 $\aleph_R(X_1 \cap X_2)$ 分别表示 R_1^*、R_2^* 和 R

在 $X_1 \bigcap X_2$ 上所引导的粒度空间，$\aleph_{R_1^*}(X_1)$ 和 $\aleph_{R_2^*}(X_2)$ 分别表示 R_1 (在 X_1 上) 和 R_2 (在 X_2 上) 所引导的粒度空间。则有

(1) $\aleph_{R_i^*}(X_1 \bigcap X_2) = \aleph_{R_i}(X_i)$，$i = 1, 2$；

(2) $\aleph_{R_i}(X_i) \leqslant \aleph_R(X_1 \bigcap X_2)$，$i = 1, 2$。

证明　(1) 的证明类似于定理 2.2.9，此略；由结论 (1) 和定理 2.4.2 直接推得结论 (2)。

定理 3.3.5　设 X_1 和 X_2 是 X 上的两个聚类 (分类)，R_1 和 R_2 分别是 X_1 和 X_2 上的模糊等价关系。如果存在 $X_1 \bigcap X_2$ 上的模糊等价关系 R，且满足 $\aleph_{R_i}(X_i) \leqslant \aleph_R(X_1 \bigcap X_2)$，$i = 1, 2$，则有 $R \leqslant R_1 \bigcap R_2$，其中 $\aleph_{R_1}(X_1)$、$\aleph_{R_2}(X_2)$ 和 $\aleph_R(X_1 \bigcap X_2)$ 分别表示 R_1 (在 X_1 上)、R_2 (在 X_2 上) 和 R (在 $X_1 \bigcap X_2$ 上) 所引导的粒度空间。

证明　记 R_1^* 和 R_2^* 分别是 R_1 和 R_2 在 $X_1 \bigcap X_2$ 上扩张的模糊关系，$\aleph_{R_1^*}(X_1 \bigcap X_2)$ 和 $\aleph_{R_2^*}(X_1 \bigcap X_2)$ 分别表示 R_1^* 和 R_2^* 在 $X_1 \bigcap X_2$ 上所引导的粒度空间。由定理 3.3.4 及定理条件可知 $\aleph_{R_i^*}(X_1 \bigcap X_2) = \aleph_{R_i}(X_i) \leqslant \aleph_R(X_1 \bigcap X_2)$，$i = 1, 2$。由定理 2.4.2，$R \leqslant R_i^*$，$i = 1, 2$。再由模糊集交运算和定理 3.3.3 推得 $R \leqslant R_1^* \bigcap R_2^* = R_1 \bigcap R_2$。

由定理 3.3.3 和定理 3.3.5 可直接推得下面的结论成立。

推论 3.3.1　在定理 3.3.1 中，模糊等价关系 R 是 R_1 (在 X_1 上) 和 R_2 (在 X_2 上) 在 $X_1 \bigcap X_2$ 上的下确界。

定理 3.3.4 说明：对于给定 X 上的两个聚类 (分类)，按照定理 3.3.1 可以构造一个结构聚类 (分类) (即由 R 所对应的)，满足 $\aleph_{R_i}(X_i) \leqslant \aleph_R(X_1 \bigcap X_2)$，$i = 1, 2$，此表明 R 所对应的粒度空间比 R_1 和 R_2 所对应的粒度空间都要细。而由推论 3.3.1 知：$R = R_1 \bigcap R_2$ 所对应的粒度空间是从 R_1 (在 X_1 上) 和 R_2 (在 X_2 上) 所获得的 $X_1 \bigcap X_2$ 上最细的粒度空间，且由定理 3.3.3 知 $R_1 \bigcap R_2 = R_1^* \bigcap R_2^*$。同时定理 3.3.1 和定理 3.3.3 也给出了 R 的构造方法，即通过给出 R_1 与 R_2 在相交聚类 (分类) (即指 $X_1 \bigcap X_2$) 上的扩张模糊关系 R_1^* 与 R_2^* 的交运算而获得。类似于定理 3.2.5，可平行地获得下面的定理成立。

定理 3.3.6　对于 X 上任意聚类 (分类) 集合 $\{X_\alpha \mid \alpha \in I\}$，$R_\alpha$ 是 X_α 上的模糊等价关系，R_α^* 分别表示模糊等价关系 R_α 在 $\bigcap_{\alpha \in I} X_\alpha$ 上扩张的模糊等价关系，则

(1) $R = \bigcap_{\alpha \in I} R_\alpha$ 是 $\{R_\alpha \mid \alpha \in I\}$ 在 $\bigcap_{\alpha \in I} X_\alpha$ 上的下确界，且 $\bigcap_{\alpha \in I} R_\alpha = \bigcap_{\alpha \in I} R_\alpha^*$ (注：等式右边的 "$\bigcap$" 就是普通模糊集中的取小运算)；

(2) $\aleph_{R_\alpha}(X_\alpha) \leqslant \aleph_R(\bigcap_{\alpha \in I} X_\alpha)$ $(\alpha \in I)$，其中 $\aleph_{R_\alpha}(X_\alpha)$ 是 R_α 在 X_α 上引导的粒度空间 $(\alpha \in I)$，$\aleph_R(\bigcap_{\alpha \in I} X_\alpha)$ 是 R 在 $\bigcap_{\alpha \in I} X_\alpha$ 上引导的粒度空间。

注 3.3.1　定理 3.3.6 保证了对于 X 上任意粒度集合 $\{X_\alpha \mid \alpha \in I\}$ 及每个聚类(分类)上的模糊等价关系，通过模糊等价关系在相交聚类(分类)上的扩张模糊关系的交运算可获得 X 上最细的粒度的方法。

这些结论从理论上解决了模糊等价关系的结构聚类(分类)的融合技术问题，同时给出了求解的方法。

【例 3.3.1】　设 $X = \{1,2,3,4,5,6,7,8\}$ 上的两个粒度分别是

$$X_1 = \{a_1 = \{1,2\}, a_2 = \{3,4\}, a_3 = \{5,6\}, a_4 = \{7,8\}\}$$
$$X_2 = \{b_1 = \{1,2\}, b_2 = \{3,4,5\}, b_3 = \{6,7,8\}\}$$

R_1 和 R_2 分别是 X_1 和 X_2 上的模糊等价关系，其中：

R_1：$R_1(a_i, a_i) = 0$, $i = 1,2,3,4$；$R_1(a_1, a_2) = R_1(a_1, a_3) = R_1(a_1, a_4) = 0.3$；
　　　$R_1(a_2, a_3) = R_1(a_2, a_4) = 0.5$；$R_1(a_3, a_4) = 0.7$。

R_2：$R_2(b_i, b_i) = 0$, $i = 1,2,3$；$R_2(b_1, b_2) = 0.8$；$R_2(b_1, b_3) = R_2(b_2, b_3) = 0.2$。

R_1 和 R_2 所引导的粒度空间分别是

$\aleph_{R_1}(X_1)$：$X_1(1) = \{\{a_1\}, \{a_2\}, \{a_3\}, \{a_4\}\}$，$X_1(0.7) = \{\{a_1\}, \{a_2\}, \{a_3, a_4\}\}$，
　　　$X_1(0.5) = \{\{a_1\}, \{a_2, a_3, a_4\}\}$，$X_1(0.3) = X_1$；

$\aleph_{R_2}(X_2)$：$X_2(1) = \{\{b_1\}, \{b_2\}, \{b_3\}\}$，$X_2(0.8) = \{\{b_1, b_2\}, \{b_3\}\}$，$X_2(0.2) = X_2$。

由定理 3.3.1 中的计算可得

$$X_1 \bigcap X_2 = \{c_1 = \{1,2\}, c_2 = \{3,4\}, c_3 = \{5\}, c_4 = \{6\}, c_5 = \{7,8\}\}$$

按公式(3.3.1)可得模糊等价关系 $R = R_1 \bigcap R_2$ 如下：

$R(c_i, c_i) = 0$, $i = 1,2,3,4,5$；$R(c_1, c_4) = R(c_1, c_5) = R(c_2, c_4) = R(c_3, c_4) = R(c_3, c_5) = 0.2$；$R(c_1, c_2) = R(c_1, c_3) = R(c_2, c_3) = 0.3$；$R(c_2, c_3) = 0.5$；$R(c_4, c_5) = 0.7$。

对应的 R 引导的粒度空间是

$\aleph_R(X_1 \bigcap X_2)$：$X(1) = \{\{c_1\}, \{c_2\}, \{c_3\}, \{c_4\}, \{c_5\}\}$；$X(0.7) = \{\{c_1\}, \{c_2\}, \{c_3\}, \{c_4, c_5\}\}$；$X(0.5) = \{\{c_1\}, \{c_2, c_3\}, \{c_4, c_5\}\}$；$X(0.3) = \{\{c_1, c_2, c_3\}, \{c_4, c_5\}\}$；$X(0.2) = X_1 \bigcap X_2$。

R_1、R_2 和 R 所对应的结构聚类比较见图 3.3.1。

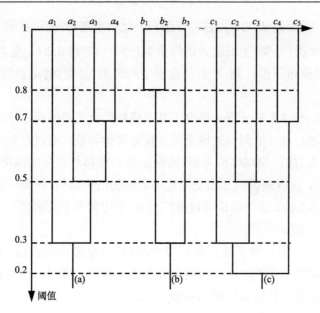

图 3.3.1　例 3.3.1 中 R_1、R_2 和 R 所对应的结构聚类比较图

(a)、(b)、(c) 分别是 R_1、R_2、R 对应的结构聚类图

从图 3.3.1 中可以看到：$\aleph_{R_i}(X_i) \leqslant \aleph_R(X_1 \bigcap X_2)$，$i = 1, 2$。

3.4　本　章　小　结

在第 2 章有序粒度空间(或分层递阶结构)理论的基础上，通过引入结构聚类(分类)概念，本章开展了基于粒度空间的结构聚类(分类)特征和结构聚类融合技术问题的研究。具体获得的结论如下：

(1)3.1 节：通过引入结构聚类(分类)的基本概念，进行了基于等腰归一化(伪)距离的有序粒度空间的结构聚类(分类)的特征研究。获得了基于等腰归一化(伪)距离的有序粒度空间具有依据距离的结构聚类(分类)特征(性质 3.1.1)；同时，引进距离图的概念，研究表明，等腰归一化(伪)距离在其粒度空间上的投影(或压缩距离)过程正好描述了复杂系统的结构聚类(分类)过程(性质 3.1.2)，相应地给出了求等腰归一化(伪)距离相对应的结构聚类(分类)的算法(算法 A)。这些结论同样适用于模糊等价关系引导的有序粒度空间。

(2)3.2 节：在 3.1 节的基础上，进行了基于等腰归一化(伪)距离的两个聚类(分类)融合技术问题的研究。论域 X 上两个粒度 X_1 和 X_2 的融合可通过 d_1(在 X_1 上)与 d_2(在 X_2 上)的交运算来获得，也可等价地通过给出 d_1 与 d_2 在相交论域

$X_1 \cap X_2$ 上的扩张距离 d_1^* 与 d_2^*（注：等腰归一化伪距离）的交运算来获得，且这样获得的是相交聚类（分类）上最细的结构聚类（分类）（定理 3.2.1、定理 3.2.3、推论 3.2.1）。这一结论可以推广到 X 上任意多个的聚类（分类）的融合问题上去（定理 3.2.5）。

（3）3.3 节：与 3.2 节平行，研究了基于模糊等价关系的两个结构聚类（分类）的融合技术问题。对任给同一论域上两个模糊等价关系，通过它们在相交粒度上的扩张模糊关系（注：模糊等价关系）的交运算去获得其对应的两个结构聚类（分类）的融合技术，这样获得的是相交粒度上最细的结构聚类（分类）（定理 3.3.1、定理 3.3.4、推论 3.3.1）。这一结论可以推广到 X 上任意多个的聚类（分类）的融合问题上去（定理 3.3.6）。

这些研究进一步完善了建立在粒度空间（或分层递阶结构）之上的粒度计算理论体系，为粒度空间的理论及应用研究提供了基础。同时，也为复杂系统的深入研究提供了理论、分析和应用的基础工具。

第4章 结构聚类问题研究

4.1 引 言

数据的聚类(分类)是一个古老而又活跃的研究领域[34-36]，它是研究离散数据之间规律的一个重要方法。在一般的数据分析中，如基于距离的或随机的或模糊的数据分析，数据的聚类或分类都得到了广泛应用。事实上，通过第 2 章和第 3 章的研究，已经知道：给定论域 X 上的一个等腰归一化距离或模糊等价关系，就已经确定了 X 上的一个有序粒度空间(或分层递阶结构)，有了粒度空间(或分层递阶结构)就给出了 X 上所有可能聚类(分类)分析的基础，且这一聚类(或分类)具有一致性特征。同时也将了解到(注：第 5 章)对具有相同或相似的粒度空间的等腰归一化距离(或模糊等价关系)，也具有相同或相似的聚类(分类)分析结果。至于选择合理的聚类数问题仅是认识水平(即所取阈值)问题，它仅是在建立合适的择优原则的基础上来选取，而不是通过附加的模糊规则(或其他规则)来完成。因此，结构聚类(分类)的本质就是如何去获取论域 X 上基于某种关系的有序粒度空间。通过前面的分析已经知道：在现实问题中，即使 X 是有限论域，其上的等腰归一化距离中的等腰条件或模糊等价关系中的传递性都是难于验证的，更不用说对连续型论域了，但论域 X 上距离(或归一化距离)或模糊邻近关系却比较容易获得。这正是本章研究的目的。

目前数据的聚类(分类)分析的研究途径很多，主要有理论分析的方法和机器学习方法等。其中理论分析的方法大致可分为两类。

第一类是传统的聚类(分类)分析方法，这是基于等价关系或模糊等价关系等价类的一种研究方法[41-45]。例如，模糊数据的聚类或分类，其研究思路是用截关系(注：普通等价关系)的等价类来进行聚类(分类)分析[43, 46, 47]。但由于模糊等价关系定义中传递性条件难以验证，而在实际问题中由于模糊邻近关系容易获得，如可通过距离或归一化(伪)距离来产生，因此转而研究模糊邻近关系 R 的传递闭包 $t(R)$，进而去求模糊邻近关系 R 相对应的聚类或分类分析[15, 44, 47]。这类分析存在以下缺点：

(1)若有了模糊等价关系或模糊邻近关系 R 的传递闭包，如何去选取合适的聚类问题？即如何确定阈值 λ_0 的问题。

(2)邻近关系的传递闭包或等价关系中传递性不能保证其等价类中任何两个元素的相关程度很大。如将距离相近的点放在一类,若取阈值 d_0 ,当

$$d(x_1, x_2) \leqslant d_0, d(x_2, x_3) \leqslant d_0, \cdots, d(x_{n-1}, x_n) \leqslant d_0$$

则依传递性可知 $x_1, x_2, \cdots, x_n$ 应在一个等价类中,但不能保证 $d(x_1, x_n) \leqslant d_0$ 。这就是等腰归一化距离(或模糊等价关系)与一般距离(或归一化距离,或模糊邻近关系)之间的本质差异。

第二类研究思路是面向大量的(模糊)数据的模糊 C-均值(FCM)或 C-均值(CM)聚类(分类)分析方法及各种变形形式的 FCM 或 CM 方法[38, 39, 48-50],以进行数据的聚类(分类)分析研究,其基本思路是将 n 个数据依据距离相关性分成 k 类($k < n$),使第 i 类数据在第 i 类形心 C_i 附近($i = 1, 2, \cdots, k$),并且在事先给定与距离相关的目标下达到最优或局部最优。但其缺点也很突出,就是基于某些复杂的规则(或模糊规则),且仅对数据趋于相同类型时效果较好。

在文献[43]中,He 等提出了基于模糊邻近关系的模糊摄动的聚类方法(perturbation fuzzy clustering method),Fu[51]提出了基于模糊邻近关系的模糊聚类的最优化方法(optimization method for fuzzy clustering),但其中的计算复杂度都很大。Tsekouras 等[16]也提出了基于模糊邻近关系的分层聚类方法(hierarchical fuzzy clustering approach)。Devillez 等[39]进行了混合分层聚类方法(hybrid hierarchical clustering approach)的研究。这些研究的基本思路都是基于模糊推理规则以进行结构聚类(分类)分析方法的研究,这是所有建立在结构聚类(分类)之上的其他相关问题的研究基础,如聚类(分类)的融合技术和最佳聚类(分类)确定等问题等。

此外,Kamimura 和 Yang 等曾提出过基于距离的聚类(分类)研究,这类方法通过具体的实例建立相对应的归一化距离,再利用基于模糊邻近关系的聚类(分类)方法进行相关的分析和研究[47, 52, 53]。

近年来有关机器学习方法的分类(聚类)研究文献很多,如支持向量机(SVM)和覆盖算法(CA)等[17-19, 54-56],以及许多分类学习的新方法和各种机器学习方法的比较研究,通过无监督的学习算法进行问题的分类(聚类)研究。通常情况下,对于具体的实验数据,通过对其他算法的研究而得到一个改进的新算法以降低它的复杂度与提高实验结果的有效率总是比较容易实现的。那么,人们自然要问:一个分类(聚类)算法的好坏,除了其计算复杂度和具体的实验结果的有效率,还有什么其他的评判标准?事实上,很多算法的实验结果的有效率依赖所进行实验的数据类型。那么,一个算法的好坏到底是由算法本身带来的,还是由所选择的实验数据类型带来的?为了回答这些问题,需要引进基于距离的结构聚类问题研究。

首先，引入下列引理。

引理 4.1.1　假设 d 是 X 上的一个距离（或伪距离）。定义 d_1：$d_1 = 1 - \exp(-d)$，则 d_1 是 X 上的一个归一化距离（或归一化伪距离），即 $d_1 \in ND(X)$（或 $d_1 \in WND(X)$）。

证明　不妨设 d 是 X 上的一个距离。由 d_1 的定义易知：d_1 满足对称性，且

(1) $\forall x, y \in X$，$0 \leqslant d_1(x, y) \leqslant 1$。

(2) $\forall x \in X$，$d_1(x, x) = 1 - \exp(-d(x, x)) = 0$。并且，$\forall x, y \in X$，$d_1(x, y) = 0 \Leftrightarrow d(x, y) = 0 \Leftrightarrow x = y$。

(3) $\forall x, y, z \in X$，$d(x, y) \leqslant d(x, z) + d(z, y)$，可得

$$1 - \exp(-d(x, y)) \leqslant 1 - \exp(-d(x, z) - d(z, y))$$
$$\leqslant [1 - \exp(-d(x, z))] + [1 - \exp(-d(z, y))]$$

从而 $d_1(x, y) \leqslant d_1(x, z) + d_1(z, y)$，即 d_1 在 X 上满足三角不等式。

综上可知 $d_1 \in ND(X)$。

类似地，可证明：当 d 是 X 上的一个伪距离时，$d_1 \in WND(X)$。

引理 4.1.1 表明：对于空间 X 上的任意一个距离（或伪距离），都可以转化为 X 上的一个归一化距离（归一化伪距离）。从而，基于距离（或伪距离）的结构聚类问题研究就可以转化为基于归一化距离（或归一化伪距离）的结构聚类问题研究。以下为研究方便，本章将开展基于归一化距离（或归一化伪距离）的结构聚类问题研究。与此研究内容平行的是基于模糊邻近关系的结构聚类问题研究。

因此，本章和第 5 章的中心任务是讨论基于归一化（伪）距离（或模糊邻近关系）的粒度空间的结构聚类（或分类）问题，以及基于归一化（伪）距离（或模糊邻近关系）的复杂系统粒度空间之间的结构分析。同时，对目前大多数分类算法中所选择的 Gauss 型实验数据给出其数据特征的一个说明。

在第 2 章和第 3 章的理论研究的基础上，本章给出了基于粒度空间的结构聚类（分类）问题研究。

4.2　基于归一化(伪)距离的结构聚类

由推论 2.1.1 知：给定 X 上的一个归一化（伪）距离 d，$\forall \lambda \in [0, 1]$，则关系 B_λ 是 X 上的一个普通邻近关系，其中 $\forall x, y \in X$，$(x, y) \in B_\lambda \leftrightarrow d(x, y) \leqslant \lambda$，称 B_λ 为 d 引导的截邻近关系。

性质 4.2.1 设 B_1 和 B_2 是 X 上的普通邻近关系，$t(B_1)$ 和 $t(B_2)$ 分别表示 B_1 和 B_2 的传递闭包（注：是 X 上的普通等价关系）。若 $B_1 \subseteq B_2$，则 $t(B_1) \subseteq t(B_2)$。

证明 $t(B_1)$ 和 $t(B_2)$ 显然都满足对称性和自反性。由 $t(B_1)$ 和 $t(B_2)$ 分别是 B_1 和 B_2 的传递闭包知：$t(B_1)$ 和 $t(B_2)$ 也都满足传递性，即

$\forall (x,y) \in t(B_1)$，由 $t(B_1)$ 是 B_1 的传递闭包，存在 $x = x_1, x_2, \cdots, x_m = y$，使得 $(x_i, x_{i+1}) \in B_1$，$i = 1, 2, \cdots, m-1$，其中 $x_i \in X$，$i = 1, 2, \cdots, m$。由条件 $B_1 \subseteq B_2$ 知：存在 $x = x_1, x_2, \cdots, x_m = y$，使得 $(x_i, x_{i+1}) \in B_2$，$i = 1, 2, \cdots, m-1$，即 $(x,y) \in t(B_2)$。从而 $t(B_1) \subseteq t(B_2)$。

注 4.2.1 性质 4.2.1 的逆是不成立的。

定义 4.2.1 给定 B_λ 是 X 上的普通邻近关系，若定义一个关系 D_λ：$\forall x \in X$，
$$D_\lambda = \{(x,y) \mid \exists x = x_1, x_2, \cdots, x_m = y, (x_i, x_{i+1}) \in B_\lambda, i = 1, 2, \cdots, m-1, y \in X\}$$
则 D_λ 称为以 B_λ 为基的诱导关系。

性质 4.2.2 定义 4.2.1 中的诱导关系 D_λ 是 X 上的一个普通等价关系。

证明 D_λ 显然满足对称性和自反性，下面证明 D_λ 满足传递性。

$\forall x, y \in X$，$(x,y),(y,z) \in D_\lambda$，由定义 4.2.1：存在 $x = x_1, x_2, \cdots, x_m = y$，$y = y_1, y_2, \cdots, y_n = z$，使得
$$(x_i, x_{i+1}) \in B_\lambda, \quad (y_j, y_{j+1}) \in B_\lambda, \quad i = 1, 2, \cdots, m-1, \quad j = 1, 2, \cdots, n-1$$
记 $z_i = \begin{cases} x_i, & 1 \leqslant i \leqslant m \\ y_{i-m+1}, & m < i \leqslant m+n-1 \end{cases}$，则存在 $x = z_1, z_2, \cdots, z_{m+n-1} = z$ 使得 $(z_i, z_{i+1}) \in B_\lambda$，$i = 1, 2, \cdots, m+n-2$，即 $(x,z) \in D_\lambda$。

因此，D_λ 是 X 上的一个普通等价关系。

性质 4.2.1 和性质 4.2.2 表明：D_λ 就是 B_λ 按传递性构造的一个传递闭包，即 $D_\lambda = t(B_\lambda)$。

定义 4.2.2 给定 X 上的归一化距离 d。$\forall \lambda \in [0,1]$，$B_\lambda$ 是由 d 诱导的普通邻近关系。由所有 B_λ 传递闭包构成等价关系的集合 $\{D_\lambda \mid 0 \leqslant \lambda \leqslant 1\}$ 称为由归一化距离 d 引导的等价关系集。进一步，由 D_λ 引导的关于 x 的等价类记为 $[x]_\lambda$，即
$$[x]_\lambda = \{y \mid \exists x = x_1, x_2, \cdots, x_m = y, d(x_i, x_{i+1}) \leqslant \lambda, i = 1, 2, \cdots, m-1, y \in X\}$$
相应的粒度记为 $X(\lambda)$，即 $X(\lambda) = \{[x]_\lambda \mid x \in X\}$，则称 $\{X(\lambda) \mid 0 \leqslant \lambda \leqslant 1\}$ 为由归一化距离 d 引导的粒度空间，记为 $\aleph_{Td}(X)$，即 $\aleph_{Td}(X) = \{X(\lambda) \mid 0 \leqslant \lambda \leqslant 1\}$。

在定义 4.2.2 中，符号 $\aleph_{Td}(X)$ 的下标中"T"表示传递性，即 $\aleph_{Td}(X)$ 是由归一化距离 d 经过传递性引导的粒度空间。

性质 4.2.3　设 d 是 X 上的归一化距离，其引导的等价关系集 $\{D_\lambda \mid 0 \leqslant \lambda \leqslant 1\}$ 是一个有序集，且 $\forall \lambda_1, \lambda_2 \in [0,1]$，$\lambda_1 \leqslant \lambda_2 \rightarrow D_{\lambda_2} \leqslant D_{\lambda_1}$。特别地，若 $\lambda_1 < \lambda_2$，$D_{\lambda_2} \neq D_{\lambda_1}$，则有 $D_{\lambda_2} < D_{\lambda_1}$。

证明　$\forall \lambda_1, \lambda_2 \in [0,1]$，$\lambda_1 \leqslant \lambda_2$，若 $(x,y) \in B_{\lambda_1}$，则 $d(x,y) \leqslant \lambda_1 \rightarrow d(x,y) \leqslant \lambda_2$，可得 $(x,y) \in B_{\lambda_2}$，即 $B_{\lambda_1} \subseteq B_{\lambda_2}$。由性质 4.2.1 知：$D_{\lambda_1} = t(B_{\lambda_1}) \subseteq t(B_{\lambda_2}) = D_{\lambda_2}$。再由定义 2.2.5 得 $D_{\lambda_2} \leqslant D_{\lambda_1}$。

性质 4.2.3 表明：由归一化距离诱导的等价关系集是反序的，但不具有严格的反序性，即 $\forall \lambda_1, \lambda_2 \in [0,1]$，$\lambda_1 < \lambda_2 \rightarrow D_{\lambda_2} < D_{\lambda_1}$ 是不成立的。由性质 4.2.3 和性质 2.2.1 可直接推得下面的结论。

性质 4.2.4　设 d 是 X 上的归一化距离，$\aleph_{Td}(X)$ 为 d 经过传递性引导的粒度空间，则 $\aleph_{Td}(X)$ 是一个有序集，且 $\forall \lambda_1, \lambda_2 \in [0,1]$，$\lambda_1 \leqslant \lambda_2 \rightarrow X(\lambda_2) \leqslant X(\lambda_1)$。特别地，若 $\lambda_1 < \lambda_2$ 且 $X(\lambda_2) \neq X(\lambda_1)$，则有 $X(\lambda_2) < X(\lambda_1)$。

定理 4.2.1　设 d 是 X 上的归一化距离，其引导的有序粒度空间为 $\aleph_{Td}(X)$，在 X 上定义 d^*：$\forall x, y \in X$，

$$d^*(x,y) = \inf_{\lambda \in [0,1]} \{\lambda \mid \exists x = x_1, x_2, \cdots, x_m = y, d(x_i, x_{i+1}) \leqslant \lambda, i = 1, 2, \cdots, m-1\}$$

则 d^* 是 X 上的一个等腰归一化距离。

证明　只要注意 $d^*(x,y) = \inf_{\lambda \in [0,1]} \{\lambda \mid (x,y) \in D_\lambda\} = \inf_{\lambda \in [0,1]} \{\lambda \mid y \in [x]_\lambda\}$，类似定理 2.2.1 的证明可直接推得，此略。

定义 4.2.3　在定理 4.2.1 中，d^* 称为由归一化距离 d 按传递性引导的 X 上的等腰归一化距离，记为 $d^* = t(d)$。

在定义 4.2.3 中，记号"$t(d)$"中的"t"仍表示"传递性"，$t(d)$ 是由归一化距离 d 经过增加传递性得到的等腰归一化距离。这样就能更好地理解归一化距离与等腰归一化距离之间的本质差异，以及它们诱导的有序粒度空间之间在所满足性质上的差异。进一步，比较性质 4.2.4 和性质 2.2.1 可知：由等腰归一化距离诱导的有序粒度空间在其取值的集合 D 上具有严格的反序性，但是由归一化距离诱导的有序粒度空间在其取值的集合 D 上只满足反序性，而不具有严格的反序性。

【例 4.2.1】　　设 d 是 $X = \{1, 2, 3, 4\}$ 上归一化距离，且 d 定义如下：

d：$d(i, i) = 0, i = 1, 2, 3, 4$；$d(1, 2) = 0.1$，$d(1, 3) = 0.2$；$d(2, 3) = d(1, 4) = 0.3$；$d(2, 4) = 0.4$；$d(3, 4) = 0.5$。

于是，由定义 4.2.2 可得 d 引导的粒度空间 $\aleph_{Td}(X)$ 为：$X(0) = \{\{1\}, \{2\}, \{3\}, \{4\}\}$，$X(0.1) = \{\{1, 2\}, \{3\}, \{4\}\}$，$X(0.2) = \{\{1, 2, 3\}, \{4\}\}$，$X(0.3) = \{X\}$。

由定理 4.2.1 可得 d 引导的 X 上的等腰归一化距离 d^*：$d^*(i, i) = 0, i = 1, 2, 3, 4$；$d^*(1, 2) = 0.1$；$d^*(1, 3) = d^*(2, 3) = 0.2$；$d^*(1, 4) = d^*(2, 4) = d^*(3, 4) = 0.3$。

定理 4.2.2　　给定 X 上的归一化距离 d，d^* 是由 d 引导的 X 上的等腰归一化距离，对应的粒度空间分别是 $\{X(\lambda) \mid 0 \leqslant \lambda \leqslant 1\}$ 和 $\{X^*(\lambda) \mid 0 \leqslant \lambda \leqslant 1\}$。则一定有 $\forall \lambda \in [0, 1]$，$X^*(\lambda) \leqslant X(\lambda)$；特别地，若 X 是有限集，则 $\forall \lambda \in [0, 1]$，$X^*(\lambda) = X(\lambda)$。

证明　　$\forall \lambda \in [0, 1]$，由 d 和 d^* 引导的等价类分别是 $[x]_\lambda$ 和 $[x]_\lambda^*$，则

$\forall a \in X(\lambda), x \in a$，则 $a = [x]_\lambda$。$\forall y \in a$

$$\exists x = x_1, x_2, \cdots, x_m = y, \quad d(x_i, x_{i+1}) \leqslant \lambda, \quad i = 1, 2, \cdots, m - 1 \to [x]_\lambda \subseteq [x]_\lambda^*$$

因此，$X^*(\lambda) \leqslant X(\lambda)$，即定理前一部分已经证明。

反过来，$\forall b \in X^*(\lambda)$，记 $b = [x]_\lambda^*$，则 $\forall y \in b = [x]_\lambda^*$，

$$\inf_{\lambda \in [0,1]} \{\lambda \mid \exists x = x_1, x_2, \cdots, x_m = y, d(x_i, x_{i+1}) \leqslant \lambda, i = 1, 2, \cdots, m - 1\} = d^*(x, y) \leqslant \lambda。$$

(1) 当 $\inf\limits_{\lambda \in [0,1]} \{\lambda \mid \exists x = x_1, x_2, \cdots, x_m = y, d(x_i, x_{i+1}) \leqslant \lambda, i = 1, 2, \cdots, m - 1\} < \lambda$，存在 $\lambda_1 < \lambda$ 及 $x = x_1, x_2, \cdots, x_m = y$，使 $d(x_i, x_{i+1}) \leqslant \lambda_1 < \lambda, i = 1, 2, \cdots, m - 1 \to y \in [x]_\lambda$。

(2) 当 $\inf\limits_{\lambda \in [0,1]} \{\lambda \mid \exists x = x_1, x_2, \cdots, x_m = y, d(x_i, x_{i+1}) \leqslant \lambda, i = 1, 2, \cdots, m - 1\} = \lambda$，由下确界定义知：$\forall \varepsilon > 0, \exists \lambda_1 \in [0, 1]$，使得 $y \in [x]_{\lambda_1}$ 且 $\lambda_1 < \lambda + \varepsilon$，即存在 $x = x_1, x_2, \cdots, x_m = y$，使 $d(x_i, x_{i+1}) \leqslant \lambda_1 < \lambda + \varepsilon, i = 1, 2, \cdots, m - 1$。由 $\varepsilon \to 0^+$ 及 X 是有限集，可得存在 $x = x_1, x_2, \cdots, x_m = y$ 使 $d(x_i, x_{i+1}) \leqslant \lambda, i = 1, 2, \cdots, m - 1 \to y \in [x]_\lambda$。

综合 (1) 和 (2)，得 $X(\lambda) \leqslant X^*(\lambda)$。

因此，定理已被证明。

由定理 4.2.2 可直接推得下列推论成立。

推论 4.2.1　　设 d 是有限集 X 上的归一化距离，d^* 是由 d 引导的 X 上的等腰归一化距离，B_λ 是 d 关于 λ 的截相似关系，D_λ^* 是 d^* 关于 λ 的截等价关系。则有

$$\forall \lambda \in [0, 1], \quad D_\lambda^* = t(B_\lambda)$$

由定理 4.2.2 知道，当 X 是有限集时，X 上的归一化距离引导的有序粒度空

间完全可以由其截关系的传递闭包过程去获得。同时由定理 4.2.1 给出了从 d 去获得具有相同的粒度空间的等腰归一化距离，再通过定理 2.2.7 就解决了粒度空间的度量问题。这样得到的有序粒度空间正是所提到的结构分类(聚类)。一旦给定了 X 上的归一化距离，推论 4.2.1 保证了用传递闭包运算所获得的 X 上的有序粒度空间和等腰归一化距离是唯一的。

定理 4.2.3 设 $\forall \lambda_1, \lambda_2 \in [0,1]$，$\lambda_1 < \lambda_2$，$D_{\lambda_1}$ 和 D_{λ_2} 是由归一化距离 d 按定义 4.2.1 引导的等价关系，它们对应的粒度为 $X(\lambda_1)$ 和 $X(\lambda_2)$。$\forall [x]_{\lambda_1}, [y]_{\lambda_1} \in X(\lambda_1)$，$[x]_{\lambda_1} \neq [y]_{\lambda_1}$，若存在 $x_0 \in [x]_{\lambda_1}, y_0 \in [y]_{\lambda_1}$，使得 $d(x_0, y_0) \leqslant \lambda_2$，则 $[x]_{\lambda_1} \bigcup [y]_{\lambda_1} \subseteq [x]_{\lambda_2} = [y]_{\lambda_2}$。

证明 由 $[x]_{\lambda_1} \neq [y]_{\lambda_1}$ 可知：$\forall z_1 \in [x]_{\lambda_1}, z_2 \in [y]_{\lambda_1}$，$d(z_1, z_2) > \lambda_1$。$\forall z \in [x]_{\lambda_1} \bigcup [y]_{\lambda_1}$，

(1) 当 $z \in [x]_{\lambda_1}$ 时，$z \in [x]_{\lambda_1} \subseteq [x]_{\lambda_2}$；

(2) 当 $z \in [y]_{\lambda_1}$ 时，存在 $y = y_1, y_2, \cdots, y_{m_1} = z$，使得

$$d(y_i, y_{i+1}) \leqslant \lambda_1 < \lambda_2, \quad i = 1, 2, \cdots, m_1 - 1 \tag{4.2.1}$$

由 $x_0 \in [x]_{\lambda_1}$，可知：存在 $x = x_1, x_2, \cdots, x_{m_2} = x_0$，使得

$$d(x_j, x_{j+1}) \leqslant \lambda_1 < \lambda_2, \quad j = 1, 2, \cdots, m_2 - 1 \tag{4.2.2}$$

同样，由 $y_0 \in [y]_{\lambda_1}$，可知：存在 $y_0 = z_1, z_2, \cdots, z_{m_3} = y$，使得

$$d(z_k, z_{k+1}) \leqslant \lambda_1 < \lambda_2, \quad k = 1, 2, \cdots, m_3 - 1 \tag{4.2.3}$$

而由 $d(x_0, y_0) \leqslant \lambda_2$，可知：存在 $y_0 = l_1, l_2, \cdots, l_m = x_0$，使得

$$d(l_s, l_{s+1}) \leqslant \lambda_2, \quad s = 1, 2, \cdots, m - 1 \tag{4.2.4}$$

综合式(4.2.1)~式(4.2.4)，可得 $z \in [x]_{\lambda_2}$。

故 $[x]_{\lambda_1} \bigcup [y]_{\lambda_1} \subseteq [x]_{\lambda_2}$。至于 $[x]_{\lambda_2} = [y]_{\lambda_2}$ 是显然的。

定理 4.2.3 给出了随着 λ 的增大，粒度 $X(\lambda)$ 的等价类的变化情况，即一个合并的过程。

注 4.2.2 在定理 4.2.3 中，当阈值 λ 从 $0 \to 1$ 变化时，只有 B_λ 发生变化，D_λ 才会发生变化，以至于粒度 $X(\lambda)$ 才会发生变化。因此求归一化距离所对应的粒度空间，就是要考察 λ 在 $D = \{d(x,y) | (x,y) \in X\}$ 上的情形就可以了。

注 4.2.3 本节和以下的 4.3 节和 4.4 节中，为方便起见，都是在归一化距离上来讨论，但获得的所有结论在归一化伪距离上也成立，只需要将"归一化距离"与"等腰归一化距离"分别替换为"归一化伪距离"与"等腰归一化伪距离"即可。

由定理 4.2.1～定理 4.2.3 和注 4.2.2，可得到下列求有限论域 X 上归一化（伪）距离 d 引导的粒度空间算法。

设 d 是有限论域 $X = \{x_1, x_2, \cdots, x_n\}$ 上的归一化（伪）距离，记 $D = \{d(x,y) \mid (x,y) \in X\} = \{d_0, d_1, \cdots, d_m\}$，其中 $d_0 = 0 < d_1 < \cdots < d_m$。设计求 d 引导的粒度空间 $\aleph_{Td}(X)$ 及等腰归一化（伪）距离 d^* 的算法如下：

算法 B:

Step 1. $i \Leftarrow 0, X(d_i) = C = \{a_1, a_2, \cdots, a_N\}$ （$N \leqslant n$）. For $i = 1$ to N, if $x_j, x_k \in a_i$, $d^*(x_j, x_k) = 0$;

Step 2. Output $X(d_i)$;

Step 3. $A \Leftarrow C, i \Leftarrow i+1, C \Leftarrow \varnothing$;

Step 4. $B \Leftarrow \varnothing$;

Step 5. Taken $a_j \in A$, $B \Leftarrow B \bigcup a_j, A \Leftarrow A \backslash a_j$;

Step 6. For any $a_k \in A$, if there exists $x_j \in a_j, y_k \in a_k$ such that $d(x_j, y_k) \leqslant d_i$, $B \Leftarrow B \bigcup a_k, A \Leftarrow A \backslash a_k$, $\forall x_j \in a_j, y_k \in a_k, d^*(x_j, y_k) \Leftarrow d_i$, otherwise go to Step 7;

Step 7. $C \Leftarrow \{B\} \bigcup C$;

Step 8. If $A \neq \varnothing$, go to Step 4; otherwise, if $X(d_i) \neq X(d_{i-1})$, output $X(d_i) = C$;

Step 9. If $i = m$ or $C = \{X\}$, go to Step 10, otherwise go to Step 3;

Step 10. Output $d^* = (d^*(x_i, y_j))_{n \times n}$;

Step 11. End。

由算法 B，可以快速获得归一化（伪）距离 d 引导的粒度空间 $\aleph_{Td}(X) = \{X(d_i) \mid d_i \in D\}$，即 d 引导的全部聚类结构，其中 Step 4～Step 7 是依据定理 4.2.3 求给定 d_i 的粒度（或商空间），其复杂度不超过 $n(n-1)/2$，因此求整个粒度的复杂度不超过 $mn(n-1)/2$。程序的终止条件 " $i = m$ " 表示所有可能的阈值都已取完，而条件 " $C = \{X\}$ " 表示：若某个 $X(d_i) = \{X\}$，则对一切 $\lambda > d_i$，$X(\lambda_i) = \{X\}$，即没有必要再继续运行下去。Step 3 中赋值 " $A \Leftarrow C$ " 表示将 C 赋给 A。而 Step 10 给出了 d 引导的 X 上的等腰归一化（伪）距离 d^*。

这种做法可以克服在距离空间中 "利用距离作为阈值进行聚类时不能保证其等价类中任何两个元素间的距离都不超过这个阈值（即不满足传递性）" 的缺点。

【**例 4.2.2**】 （注：数据来源于文献[39]，这里的 $d_{ij} = 1 - R_{ij}$，论域中元素 $a, b, \cdots, l$ 在这里分别用 $1, 2, \cdots, 12$ 来替代）给定 $X = \{1, 2, \cdots, 12\}$ 上的归一化距离 d

组成的矩阵为(注：其中数值".9856"为"0.9856"，余类推)

$$d = (d_{ij})_{12 \times 12} =$$

$$
\begin{bmatrix}
.0000 \\
.9856 & .0000 \\
.9947 & .9795 & .0000 \\
.9932 & .9840 & .8850 & .0000 \\
.9658 & .9829 & .9957 & .9955 & .0000 \\
.9800 & .9626 & .9829 & .9721 & .9901 & .0000 \\
.9894 & .9596 & .9510 & .9165 & .9929 & .8550 & .0000 \\
.9488 & .9718 & .9905 & .9864 & .9849 & .8440 & .9671 & .0000 \\
.9864 & .9421 & .9915 & .9922 & .8920 & .9848 & .9875 & .9820 & .0000 \\
.8750 & .9878 & .9960 & .9954 & .8490 & .9895 & .9931 & .9814 & .9703 & .0000 \\
.9927 & .9060 & .8950 & .9691 & .9930 & .9760 & .9430 & .9863 & .9828 & .9942 & .0000 \\
.9569 & .9107 & .9914 & .9909 & .9500 & .9658 & .9804 & .9513 & .9274 & .9632 & .9832 & .0000
\end{bmatrix}
$$

经算法 B 运行，可得相应的粒度空间 $\aleph_{Td}(X)$ 是

$X(0.8440) = \{\{1\},\{2\},\{3\},\{4\},\{5\},\{6\},\{7\},\{8\},\{9\},\{10\},\{11\},\{12\}\}$；

$X(0.8490) = \{\{1\},\{2\},\{3\},\{4\},\{5,10\},\{6,8\},\{7\},\{9\},\{11\},\{12\}\}$；

$X(0.8550) = \{\{1\},\{2\},\{3\},\{4\},\{5,10\},\{6,7,8\},\{9\},\{11\},\{12\}\}$；

$X(0.8750) = \{\{1,5,10\},\{2\},\{3\},\{4\},\{6,7,8\},\{9\},\{11\},\{12\}\}$；

$X(0.8850) = \{\{1,5,10\},\{2\},\{3,4\},\{6,7,8\},\{9\},\{11\},\{12\}\}$；

$X(0.8920) = \{\{1,5,9,10\},\{2\},\{3,4\},\{6,7,8\},\{11\},\{12\}\}$；

$X(0.8950) = \{\{1,5,9,10\},\{2\},\{3,4,11\},\{6,7,8\},\{12\}\}$；

$X(0.9060) = \{\{1,5,9,10\},\{2,3,4,11\},\{6,7,8\},\{12\}\}$；

$X(0.9107) = \{\{1,5,9,10\},\{2,3,4,11,12\},\{6,7,8\}\}$；

$X(0.9165) = \{\{1,5,9,10\},\{2,3,4,6,7,8,11,12\}\}$；

$X(0.9274) = \{X\}$。

同时也给出了 d 在 X 上引导的等腰归一化距离 d^*。d 引导的粒度空间的结构聚类如图 4.2.1 所示。

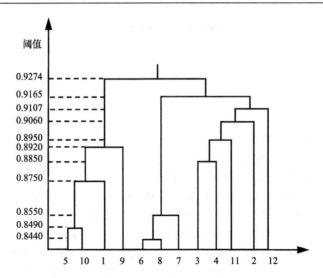

图 4.2.1　例 4.2.2 中的归一化距离 d 所对应的粒度空间的结构聚类图

$$d^* = (d_{ij}^*)_{12\times12} =$$

$$
\begin{bmatrix}
.0000 \\
.9274 & .0000 \\
.9274 & .9060 & .0000 \\
.9274 & .9060 & .8850 & .0000 \\
.8750 & .9274 & .9274 & .9274 & .0000 \\
.9274 & .9165 & .9165 & .9165 & .9274 & .0000 \\
.9274 & .9165 & .9165 & .9165 & .9274 & .8550 & .0000 \\
.9274 & .9165 & .9165 & .9165 & .9274 & .8440 & .8550 & .0000 \\
.8920 & .9274 & .9274 & .9274 & .8920 & .9274 & .9274 & .9274 & .0000 \\
.8750 & .9274 & .9274 & .9274 & .8490 & .9274 & .9274 & .9274 & .8920 & .0000 \\
.9274 & .9060 & .8950 & .9274 & .9274 & .9165 & .9165 & .9165 & .9274 & .9274 & .0000 \\
.9274 & .9107 & .9107 & .9274 & .9274 & .9165 & .9165 & .9165 & .9274 & .9274 & .9107 & .0000
\end{bmatrix}
$$

　　注 4.2.4　文献[39]中结构聚类图 Fig. 2 是错误的，正确的结构聚类图应该将其元素 i 与 j 的位置相互交换。

4.3　最佳聚类(分类)确定问题

　　在 4.2 节，已经研究了如何从 X 上的归一化(伪)距离确定 X 的结构聚类，并且指明了此结构聚类具有结构聚类(分类)的特点。现在的问题是如何在这些聚类结构中确定最佳聚类(分类)，这是利用结构聚类(分类)方法研究聚类问题必须要解决的问题，即最佳聚类(分类)数的确定问题。

在最近的二十多年里，已经有许多学者提出了有关聚类(分类)有效性指标的研究[51, 57, 58]，这些有效性指标来自不同研究问题中数据集合的分类数问题研究，解决起来较为困难。Hardy 提出了在给定聚类数目的条件下的比较评价方法[59]，Kim 等提出过基于聚类结构确定最佳聚类(分类)的问题研究[60-62]，Bezdek 等提出过基于模糊规则的均值聚类方法[46, 48, 57, 63, 64]。这些方法本质上就是依据模糊规则确定一个聚类(分类)的优化原则或标准，依此来确定最佳聚类，并已广泛应用于模糊问题最佳分类数的研究[65-67]。目前，用于确定聚类(分类)数的有效性指标方法是基于模糊 C-均值算法，主要有系数分类(partition coefficient)指标[67]、比例分类(proportion partition)指标[68]、熵分类(partition entropy)指标[69]、F-S 分类指标[70]、可分离性紧致(compactness separability)指标[71]、CWB 指标[63]、K_c 指标和模糊超体指标(fuzzy hypervolume)[39]。这些有效性指标最终提供了获得确定最佳聚类(分类)的目标函数，以确定最佳聚类(分类)数，且这些有效性指标的确定都是基于大量的(模糊)推理规则。这些指标的函数描述及优化聚类数的目标函数见表4.3.1。

表 4.3.1　指标的函数描述及优化聚类数的目标函数表

有效性指标	指标函数描述	聚类数优化目标
K_c 指标	$K_c = 1 - CO_{av}/CO_{gl}$	$\min\{K_c, U, c\}$
系数分类指标	$F = \sum_{k=1}^{n} \sum_{i=1}^{c} u_{ik}^2 / n$	$\max\{F, U, c\}$
熵分类指标	$H = -\sum_{k=1}^{n} \sum_{i=1}^{c} u_{ik} \cdot \log u_{ik} / n$	$\max\{H, U, c\}$
模糊超体指标	$F_{hv} = \sum_{i=1}^{c} \det(\Sigma_i)^{1/2}$	$\min\{F_{hv}, U, c\}$
可分离性紧致指标	$CS(U)$	$\min\{CS, U, c\}$
F-S 分类指标	$FS = \sum_{k=1}^{n} \sum_{i=1}^{c} u_{ik}^2 \cdot (d_{ki}^2 - \|v_i - \bar{v}\|^2)$	$\min\{FS, U, c\}$
CWB 指标	$CWB = \alpha \cdot Scat(c) + Dist(c)$	$\min\{CWB, U, c\}$

在表 4.3.1 中：$\bar{v}$ 表示全部数据的中心，v_i 表示类 C_i 的中心，d_{ki} 表示点 x_k 到类 C_i 中心 v_i 的距离，Σ_i 是类 C_i 的模糊协方差矩阵，其计算式为

$$\Sigma_i = \frac{S_i}{\sum_{k=1}^{c} u_{ik}^2}, \qquad S_i = \sum_{k=1}^{c} u_{ik}^2 (x_k - v_i) \cdot (x_k - v_i)^{\mathrm{T}}$$

$$Scat(c) = \frac{\sum_{i=1}^{c} [\sigma^{\mathrm{T}}(v_i)\sigma(v_i)]^{1/2}}{c[\sigma^{\mathrm{T}}(X)\sigma(X)]^{1/2}}$$

$$\text{Dist}(c) = \frac{D_{\max}}{D_{\min}} \sum_{i=1}^{c} \frac{1}{\sum_{z=1}^{c} \min_{v_l \in C_i, v_m \in C_z, l=1\sim c, m=1\sim c, l \neq m} \{\|v_l - v_m\|\}}$$

$$\sigma(X) = \left[\frac{1}{n} \sum_{k=1}^{n} (x_k^1 - \overline{x^1})^2, \cdots, \frac{1}{n} \sum_{k=1}^{n} (x_k^p - \overline{x^p})^2 \right]^{\mathrm{T}}$$

$$\sigma(v_i) = \left[\frac{1}{n} \sum_{k=1}^{n} (x_k^1 - v_i^1)^2, \cdots, \frac{1}{n} \sum_{k=1}^{n} (x_k^p - v_i^p)^2 \right]^{\mathrm{T}}$$

$$D_{\max} = \max_{i=1\sim c, z=1\sim c} \{ \min_{v_l \in C_i, v_m \in C_z, l=1\sim c, m=1\sim c, l \neq m} \{\|v_l - v_m\|\} \}$$

$$D_{\min} = \min_{i=1\sim c, z=1\sim c} \{ \min_{v_l \in C_i, v_m \in C_z, l=1\sim c, m=1\sim c, l \neq m} \{\|v_l - v_m\|\} \}$$

$$\alpha = \text{Dist}(c_{\max}); \quad CS(U) = \frac{\sum_{i=1}^{c} \sum_{k=1}^{n} u_{ik}^2 \cdot d_{ki}^2}{n \cdot \min_{v_i \in C_i, v_j \in C_j, i \neq j} \{\|v_i - v_j\|\}}$$

$$CO_{av} = \frac{\sum_{i=1}^{c} \sum_{k=1}^{n} u_{ik}^2 \cdot d_{ki}^2}{n}, \qquad CO_{gl} = \frac{\sum_{i=1}^{c} \sum_{k=1}^{n} u_{ik}^2 \cdot d_{ki}^2}{c \cdot \sum_{k=1}^{n} u_{ik}}$$

在 4.2 节讨论的归一化(伪)距离确定 X 的结构聚类的基础上,本节给出确定最佳聚类(分类)的问题研究。最基本的思路就是充分利用聚类的结构信息,构建最佳聚类(分类)的指标和选取的模型。下面来讨论基于结构的最佳聚类(分类)择优指标。

设 d 是有限论域 $X = \{x_1, x_2, \cdots, x_n\}$ 上的归一化距离,其引导的粒度空间为 $\aleph_{Td}(X)$。记 $d_i = (d(x_i, x_1), d(x_i, x_2), \cdots, d(x_i, x_n))$,表示 x_i 到 X 上所有元素的距离构成的 n 维向量,$i = 1, 2, \cdots, n$。记 $\overline{a} = \sum_{i=1}^{n} d_i / n$ 表示这 n 个距离向量构成的形心。

对于给定的 $X(\lambda) \in \aleph_{Td}(X)$,记 $X(\lambda) = \{a_1, a_2, \cdots, a_{C_\lambda}\}$,$a_k = \{x_{k1}, x_{k2}, \cdots, x_{kJ_k}\}$,$k = 1, 2, \cdots, C_\lambda$,且 $\sum_{k=1}^{J_k} J_k = n$。记 $\overline{a_k} = \sum_{i=1}^{J_k} d_{ki} / J_k$ $(k = 1, 2, \cdots, C_\lambda)$ 表示第 a_k 类的形心。如此可构造 $X(\lambda)$ 的类间偏差 S_{between} 和类内偏差 S_{in} 如下:

$$S_{\text{between}}(X(\lambda)) = \frac{1}{n} \sum_{i=1}^{C_\lambda} J_k \|a_i - \overline{a}\|_2^2, \quad S_{\text{in}}(X(\lambda)) = \sum_{i=1}^{C_\lambda} \frac{1}{J_i} \sum_{j=1}^{J_i} \|d_{i_j} - \overline{a}\|_2^2 \quad (4.3.1)$$

其中 $\|\cdot\|_2$ 表示 2–范数,于是总偏差为

$$S(X(\lambda)) = S_{\text{between}}(X(\lambda)) + S_{\text{in}}(X(\lambda))$$

$$= \frac{1}{n} \sum_{i=1}^{C_\lambda} J_k \|a_i - \overline{a}\|_2^2 + \sum_{i=1}^{C_\lambda} \frac{1}{J_i} \sum_{j=1}^{J_i} \|d_{i_j} - \overline{a}\|_2^2 \quad (4.3.2)$$

从分类角度来说,$X(\lambda)$ 越细,则类内偏差 S_{in} 越小,类间偏差 S_{between} 越大。特别地,将整个 X 划分为一个类,$S_{\text{between}}(X(\lambda)) = 0$,$S_{\text{in}}(X(\lambda)) = \frac{1}{n} \sum_{i=1}^{n} \|d_i - \overline{a}\|_2^2$;

而将整个 X 划分为 n 类时，$S_{\text{between}}(X(\lambda)) = \dfrac{1}{n}\sum_{i=1}^{n}\left\|d_i - \overline{a}\right\|_2^2$，$S_{\text{in}}(X(\lambda)) = 0$。因此将整个 X 划分为一个类或 n 类时，其总偏差是相同的，且有如下定理。

定理 4.3.1　$\forall X(\lambda) \in \aleph_{\mathrm{T}d}(X)$，$S(X(\lambda)) \geqslant \dfrac{1}{n}\sum_{i=1}^{n}\left\|d_i - \overline{a}\right\|_2^2$。

证明
$$S(X(\lambda)) = \frac{1}{n}\sum_{i=1}^{C_\lambda} J_k \left\|a_i - \overline{a}\right\|_2^2 + \sum_{i=1}^{C_\lambda}\frac{1}{J_i}\sum_{j=1}^{J_i}\left\|d_{i_j} - \overline{a}\right\|_2^2$$
$$\geqslant \frac{1}{n}\sum_{i=1}^{C_\lambda} J_k \left\|a_i - \overline{a}\right\|_2^2 + \sum_{i=1}^{C_\lambda}\frac{1}{n}\sum_{j=1}^{J_i}\left\|d_{i_j} - \overline{a}\right\|_2^2$$
$$= \frac{1}{n}\sum_{i=1}^{C_\lambda}\sum_{j=1}^{J_i}\left[\left\|a_i - \overline{a}\right\|_2^2 + \left\|d_{i_j} - \overline{a}\right\|_2^2\right]$$
$$= \frac{1}{n}\sum_{i=1}^{n}\left\|d_i - \overline{a}\right\|_2^2$$

定理 4.3.1 告诉我们 X 分成 n 类或 1 类时，总偏差最小，显然这不是我们希望的结果。从合理分类角度来说，任何一种合理的分类应体现其最大分类能力。因此基于结构聚类的最优化原则就是在 $\aleph_{\mathrm{T}d}(X)$ 中确定使 $S(X(\lambda))$ 达到最大的那个聚类。按照这一原则可建立如下的数学模型：
$$X(\lambda_0) = \max_{X(\lambda) \in \aleph_{\mathrm{T}d}(X)}\{S(X(\lambda))\} \tag{4.3.3}$$

【例 4.3.1】　在例 4.2.2 中，由式 (4.3.2) 构造总偏差，并建立优化模型式 (4.3.3)，编程可算得 $S(X(\lambda))$ 的所有值，与其他分类指标关于聚类数的比较可得表 4.3.2。

表 4.3.2　例 4.3.1 的 $S(X(\lambda))$ 与其他分类指标关于聚类数的比较表

聚类数	2	3	4	5	6	7	8	9	10	11	12
$S(X(\lambda))$	1.57	2.12	2.14	2.12	2.03	2.00	1.67	1.57	1.47	1.17	0.87
K_c	0.05	0.003	0.065	0.095	0.122	0.086	0.110	0.065	0.032	0.013	0.010
F	0.887	0.782	0.765	0.746	0.725	0.702	0.688	0.659	0.623	0.601	0.572
H	0.207	0.417	0.485	0.551	0.614	0.680	0.726	0.799	0.894	0.954	1.03
F_{hv}	0.033	0.047	0.061	0.072	0.082	0.094	0.103	0.116	0.128	0.139	0.150
CS	0.087	0.092	0.088	0.084	0.080	0.077	0.083	0.078	0.110	0.105	0.107
FS	−78	−164	−163	−160	−153	−147	−140	−131	−128	−120	−119
CWB	4.39	4.26	4.10	5.41	6.07	5.86	6.19	6.52	7.37	7.21	7.48

注：表 4.3.2 中其他指标的计算数据来自文献[39]。

从表 4.3.2 可以看到指标 $S(X(\lambda))$ 对应的最佳分类数是 4，且对应的分类是 $X(0.9060)$。而其他分类指标对应的最佳分类数：指标 F 和 F_{hv} 对应的都是 2 类，

指标 K_c 和 FS 对应的都是 3 类，指标 CS 对应的是 7 类，指标 H 对应的是 12 类，指标 CWB 对应的与 $S(X(\lambda))$ 相同，都是 4 类。从图 4.2.1 又可以看到，这 4 类所对应的分类是 $X(0.9060)$ ，即 $C_1 = \{1,5,9,10\}$ ， $C_2 = \{2,3,4,11\}$ ， $C_3 = \{6,7,8\}$ ， $C_4 = \{12\}$ 。从文献[39]的 Fig.4 可看到：将 C_4 单独作为一类比将 C_3 和 C_4 合并成一类更合理，并且当阈值 $\lambda \in [0.9060, 0.9107)$ 时，其聚类结构都是合理的。同时 $S(X(\lambda))$ 计算复杂度比文献[63]中 CWB 方法要小得多，且容易理解。

由于这种方法是在所有聚类结构中选取最优的(即全局最优)，因此新方法具有较大的优越性。同时通过上面的例子也可以看到此方法具有很强的可操作性。

4.4　基于归一化(伪)距离的结构聚类的融合技术

在 3.2 节，已经讨论了基于等腰归一化(伪)距离的结构聚类的融合技术问题，接下来研究基于归一化(伪)距离的结构聚类的融合技术。以下仅研究基于归一化距离的结构聚类的融合技术问题，但所获得的所有结论对基于归一化伪距离的结构聚类的融合技术问题研究都成立。

定理 4.4.1　设 X_1 和 X_2 是 X 的两个结构聚类(分类)，d_1 和 d_2 分别是 X_1 和 X_2 上的归一化距离，$X_1 \bigcap X_2 = \{a \bigcap b \mid a \in X_1, b \in X_2\}$ 。定义 d：$\forall a, b \in X_1 \bigcap X_2$ ，
$$d(a,b) = \max\{d_1(a_1,b_1), d_2(a_2,b_2)\} \tag{4.4.1}$$
其中 $a \subseteq a_i \in X_i$ ， $b \subseteq b_i \in X_i$ ， $i = 1, 2$ 。则 d 是 $X_1 \bigcap X_2$ 上的归一化距离。

证明　由 d 的定义易知 d 满足归一化条件及对称性，且

(1) $\forall a \in X_1 \bigcap X_2$ ， $a \subseteq a_i \in X_i, i = 1, 2$ ， $d(a,a) = \max\{d_1(a_1,a_1), d_2(a_2,a_2)\} = 0$ 。且 $\forall a, b \in X_1 \bigcap X_2$ ， $d(a,b) = \max\{d_1(a_1,b_1), d_2(a_2,b_2)\} = 0 \leftrightarrow a_1 = b_1, a_2 = b_2 \leftrightarrow a = b$ ，其中 $a \subseteq a_i \in X_i$ ， $b \subseteq b_i \in X_i$ ， $i = 1, 2$ 。上面推导的最后一步推导是基于

$$a = a_1 \bigcap a_2 = b_1 \bigcap b_2 = b$$

此表明 d 满足距离的可分离条件。

(2) $\forall a, b, c \in X_1 \bigcap X_2$ ， $a \subseteq a_i \in X_i, b \subseteq b_i \in X_i, c \subseteq c_i \in X_i, i = 1, 2$ ，于是

$$d(a,b) = \max\{d_1(a_1,b_1), d_2(a_2,b_2)\} \leqslant \max\{d_1(a_1,c_1) + d_1(c_1,b_1), d_2(a_2,c_2) + d_2(c_2,b_2)\}$$
$$\leqslant \max\{d_1(a_1,c_1), d_2(a_2,c_2)\} + \max\{d_1(c_1,b_1), d_2(c_2,b_2)\}$$
$$= d(a,c) + d(c,b)$$

即 d 在 $X_1 \bigcap X_2$ 上满足三角不等式。

故 d 是 $X_1 \bigcap X_2$ 上的归一化距离。

定义 4.4.1　在定理 4.4.1 中，归一化距离 d 也称为由 d_1 和 d_2 通过交运算而获得的，记为 $d = d_1 \bigcap d_2$。

定理 4.4.2　设 X_1 和 X_2 是 X 的两个结构聚类(分类)，d_1 和 d_2 分别是 X_1 和 X_2 上的归一化距离，$d = d_1 \bigcap d_2$，$d_1^* = t(d_1)$，$d_2^* = t(d_2)$，$d^* = t(d)$，$\aleph_{d_1^*}(X_1)$、$\aleph_{d_2^*}(X_2)$ 和 $\aleph_{d^*}(X_1 \bigcap X_2)$ 分别表示 d_1^* (在 X_1 上)、d_2^* (在 X_2 上) 和 d^* (在 $X_1 \bigcap X_2$ 上) 的粒度空间，相应的粒度分别表示为 $X_1^*(\lambda)$、$X_2^*(\lambda)$ 和 $X^*(\lambda)$。则

(1) $\aleph_{d_i}(X_i) \leqslant \aleph_{Td_i}(X_i) \leqslant \aleph_{d^*}(X_1 \bigcap X_2) \leqslant \aleph_{Td}(X_1 \bigcap X_2)$，$i = 1, 2$；

(2) $d_1^* \bigcap d_2^* \leqslant d^*$，即 $t(d_1) \bigcap t(d_2) \leqslant t(d_1 \bigcap d_2)$。

证明　(1) 由定理 4.2.2 易知：

$$\aleph_{d_i^*}(X_i) \leqslant \aleph_{Td_i}(X_i) \ (i = 1, 2), \quad \aleph_{d^*}(X_1 \bigcap X_2) \leqslant \aleph_{Td}(X_1 \bigcap X_2)。$$

$\forall \lambda \in [0,1]$，$D_{1\lambda}$、$D_{2\lambda}$ 和 D_λ 分别表示按定义 4.2.1 由 d_1、d_2 和 d 通过 λ 的截关系引导的等价关系，$[x]_{1\lambda}, [x]_{2\lambda}$ 和 $[x]_\lambda$ 分别表示 d_1、d_2 和 d 的 x 关于 λ 的等价类，相应的粒度分别记为 $X_1(\lambda)$、$X_2(\lambda)$ 和 $X(\lambda)$；d^* 的 x 关于 λ 的等价类记为 $[x]_\lambda^*$。

$\forall x \in X$，记 $a = [x]_\lambda^* \in X^*(\lambda)$。由 $d^* = t(d)$，$d = d_1 \bigcap d_2$ 和推论 2.2.4 知：

$\forall y \in a$，存在 $x = x_1, x_2, \cdots, x_m = y$，$x_i \in c_i \in X_1 \bigcap X_2$ ($i = 1, 2, \cdots, m$) 使得

$$d(x_i, x_{i+1}) = d(c_i, c_{i+1}) \leqslant \lambda, \quad i = 1, 2, \cdots, m-1$$

记 $x_i \in c_i \subseteq a_i \in X_1$ ($i = 1, 2, \cdots, m$)，再由 $d = d_1 \bigcap d_2$ 知：对 $x = x_1, x_2, \cdots, x_m = y$，有

$$d_1(x_i, x_{i+1}) = d_1(a_i, a_{i+1}) \leqslant \lambda, \quad i = 1, 2, \cdots, m-1$$

即 $y \in [x]_{1\lambda}$，从而有：$\forall \lambda \in [0,1]$，$x \in X$，$[x]_\lambda^* \subseteq [x]_{1\lambda}$。

因此，$\forall \lambda \in [0,1]$ $X_1(\lambda) \leqslant X^*(\lambda)$，即 $\aleph_{Td_1}(X_1) \leqslant \aleph_{d^*}(X_1 \bigcap X_2)$。

同理可证另一半。

(2) 由结论(1)及定理 3.2.4 直接推得。

对于给定 X 上的两个结构聚类(分类)及它们相应的归一化距离，按照定理 4.4.1 可以构造一个归一化距离 $d = d_1 \bigcap d_2$，并且给出了它的构造方法。进一步通过 4.2 节结果可得 d 所对应的结构聚类，且由定理 4.4.2 知：它比 d_1 和 d_2 所对应的结构聚类都要细。按照 4.3 节的研究方法可确定 d 所对应的最佳聚类。这种通过交运算进行聚类融合技术问题的研究方法具有较好的全局性，比一般的基于算法的聚类融合技术研究具有更多的优势。

【**例 4.4.1**】　设 $X_1 = \{a_1 = \{1,2\}, a_2 = \{3,4\}, a_3 = \{5\}\}$ 和 $X_2 = \{b_1 = \{1,2\}, b_2 = \{3\},$ $b_3 = \{4,5\}\}$ 是 $X = \{1,2,3,4,5\}$ 的两个粒度，d_1 和 d_2 分别是 X_1 和 X_2 上的归一化距

离，其中：

d_1：$d_1(a_i,a_i)=0,i=1,2,3$；$d_1(a_1,a_2)=0.3$；$d_1(a_1,a_3)=0.4$；$d_1(a_2,a_3)=0.5$；

d_2：$d_2(b_i,b_i)=0,i=1,2,3$；$d_2(b_1,b_2)=0.4$；$d_2(b_1,b_3)=0.5$；$d_2(b_2,b_3)=0.7$。

d_1 和 d_2 所引导的粒度空间和等腰归一化距离分别是

$\aleph_{Td_1}(X_1)$：$X_1(0)=X_1$；$X_1(0.3)=\{\{a_1,a_2\},\{a_3\}\}$；$X_1(0.4)=\{X\}$；

d_1^*：$d_1^*(a_i,a_i)=0,i=1,2,3$；$d_1^*(a_1,a_2)=0.3$；$d_1^*(a_1,a_3)=d_1^*(a_2,a_3)=0.4$。

$\aleph_{Td_2}(X_2)$：$X_2(0)=X_2$；$X_2(0.4)=\{\{b_1,b_2\},\{b_3\}\}$；$X_2(0.5)=\{X\}$；

d_2^*：$d_2^*(b_i,b_i)=0,i=1,2,3$；$d_2^*(b_1,b_2)=0.4$；$d_2^*(b_1,b_3)=d_2^*(b_2,b_3)=0.5$。

由定理 4.4.1，$X_1\bigcap X_2=\{c_1=\{1,2\},c_2=\{3\},c_3=\{4\},c_4=\{5\}\}$。按式(4.4.1)可得归一化距离 $d=d_1\bigcap d_2$ 如下：

$d(c_i,c_i)=\max\{d_1(a_3,a_3),d_2(b_3,b_3)\}=0,i=1,2,3,4$；

$d(c_1,c_2)=\max\{d_1(a_1,a_2),d_2(b_1,b_2)\}=\max\{0.3,0.4\}=0.4$。

同理可得：$d(c_1,c_3)=d(c_1,c_4)=d(c_3,c_4)=0.5$；$d(c_2,c_3)=d(c_2,c_4)=0.7$。

d 所引导的粒度空间和等腰归一化距离分别是

$\aleph_{Td}(X_1\bigcap X_2)$：$X(0)=X_1\bigcap X_2$；$X(0.4)=\{\{c_1,c_2\},\{c_3\},\{c_4\}\}$；$X(0.5)=\{X\}$。

d^*：$d^*(c_i,c_i)=0,i=1,2,3,4$；$d^*(c_1,c_2)=0.4$；

$d^*(c_1,c_3)=d^*(c_1,c_4)=d^*(c_2,c_3)=d^*(c_2,c_4)=d^*(c_3,c_4)=0.5$。

而 $\overline{d}=d_1^*\bigcap d_2^*$ 为

$\overline{d}(c_i,c_i)=0,i=1,2,3,4$；$\overline{d}(c_1,c_2)=\overline{d}(c_3,c_4)=0.4$；

$\overline{d}(c_1,c_3)=\overline{d}(c_1,c_4)=\overline{d}(c_2,c_3)=\overline{d}(c_2,c_4)=0.5$。

$\overline{d}$ 引导的粒度空间 $\aleph_{Td^*}(X_1\bigcap X_2)$ 为

$X^*(0)=X_1\bigcap X_2$；$X(0.4)=\{\{c_1,c_2\},\{c_3,c_4\}\}$；$X(0.5)=\{X\}$。

不难看到：$\forall\lambda\in[0,1]$，$X_i(\lambda)\leqslant X(\lambda)$，$i=1,2$，即有 $\aleph_{Td_i}(X_i)\leqslant\aleph_{Td}(X_1\bigcap X_2)$，$i=1,2$。但 $t(d_1)\bigcap t(d_2)=d_1^*\bigcap d_2^*<d^*=t(d_1\bigcap d_2)$。

例 4.4.1 也说明：一般地，定理 4.4.2 的(2)中命题"$t(d_1)\bigcap t(d_2)=t(d_1\bigcap d_2)$"不一定成立，但定理 4.4.2 中(2)足以说明在传递闭包运算下，基于归一化(伪)距离的结构聚类融合所呈现出的规律性,即不具有严格的保序性,但可满足半保序性。

4.5　基于模糊邻近关系的结构聚类表示与聚类融合

自从 1965 年 Zadeh 提出模糊集以来，模糊技术和方法已经广泛应用于许多领域，其中模糊聚类(分类)技术，作为研究系统的结构分析的基本工具，已经在实际中得到了广泛的应用。通常的模糊聚类(分类)分析基于模糊等价关系[44, 45]。但在一般情况下，模糊聚类(分类)分析更多地基于模糊邻近关系[43, 51, 53]，这是因为模糊等价关系中的传递性是难以验证的，同时模糊邻近关系却比较容易获得。基于模糊邻近关系的模糊聚类问题的最基本研究思路是基于模糊邻近关系的传递闭包[44, 45]，其处理过程包括下列三个步骤：

Step1. 基于实际问题，提取论域 X 上的模糊邻近关系 R；

Step2. 利用传递性去构造 R 的传递闭包 $R^* = t(R)$，其中 R^* 是 X 上的一个模糊等价关系；

Step3. 利用模糊等价关系 R^* 的聚类去获取模糊邻近关系 R 所对应的聚类。

为克服模糊摄动的聚类方法[43]和模糊聚类的最优化方法[51]计算复杂度过大的缺陷，近年来，分层聚类方法[16]和混合分层聚类方法[39]被用于模糊邻近关系的聚类研究。这些研究是基于结构聚类(分类)的，为模糊邻近关系的聚类研究提供了新的思路。

在本节中，在模糊粒度空间的基础上，给出基于模糊邻近关系的模糊结构聚类(分类)表示及相应的基于模糊邻近关系的模糊结构聚类(分类)的算法。以下假定论域 X 是有限集。

引理 4.5.1[29]　设 R 是 X 上的一个模糊邻近关系。则

(1) $R \subseteq R^2$；

(2) $t(R) = \bigcup\limits_{k=1}^{\infty} R^k$；

(3) $t(R)$ 是 X 上的一个模糊等价关系。

为了研究基于模糊邻近关系的结构聚类问题，引进下面的截关系定义。

定义 4.5.1　设 R 是 X 上的一个模糊邻近关系。任给 $\lambda \in [0,1]$，R_λ 表示 R 关于 λ 的截关系，即 R_λ：$(x,y) \in R_\lambda \leftrightarrow R(x,y) \geqslant \lambda$。定义 X 上的一个关系 D_λ：

$$D_\lambda = \{(x,y) \mid \exists x = x_1, x_2, \cdots, x_m = y, R(x_i, x_{i+1}) \geqslant \lambda, i = 1, 2, \cdots, m-1\}$$

则称 D_λ 是以 R_λ 为基在 X 上诱导的一个关系。

引理 4.5.2　在定义 4.5.1 中，D_λ 是 X 上的一个普通等价关系。

定理 4.5.1　设 R 是有限集 X 上的一个模糊邻近关系。R_1 是模糊邻近关系 R 的传递闭包，即 $R_1 = t(R)$（注：R_1 是 X 上的一个模糊等价关系），它所对应的粒度空间记为 $\{X_1(\lambda) \mid 0 \leqslant \lambda \leqslant 1\}$。$\forall \lambda \in [0,1]$，$D_\lambda$ 是以 R_λ 为基在 X 上诱导的一个等价

关系，记 D_λ 对应的粒度为

$$X_2(\lambda) = \{[x]_{2\lambda} \mid x \in X\}，其集合记为 \{X_2(\lambda) \mid 0 \leqslant \lambda \leqslant 1\}$$

其中 $[x]_{2\lambda} = \{y \mid (x,y) \in D_\lambda\}$。则有 $\forall \lambda \in [0,1]$，$X_1(\lambda) = X_2(\lambda)$。

证明 $\forall \lambda \in [0,1]$，

(1) $\forall a \in X_1(\lambda), x \in a$，即 $a = [x]_{1\lambda} = \{y \mid R_1(x,y) \geqslant \lambda\}$。若 $\forall y \in a$，由引理 4.5.1

可得：$\lambda \leqslant R_1(x,y) = \bigcup_{k=1}^{\infty} R^k(x,y) = \lim_{k \to \infty} R^k(x,y)$，即 $\forall \varepsilon > 0$，存在正整数 N 使得

$R^N(x,y) \geqslant R_1(x,y) - \varepsilon$，即

$$\sup_{x_1,\cdots,x_{N-1} \in X} \{R(x,x_1) \wedge R(x_1,x_2) \wedge \cdots \wedge R(x_{N-1},y)\} > \lambda - \varepsilon \qquad (4.5.1)$$

因此，存在 $y_1, y_2, \cdots, y_{N-1} \in X$ 使得

$$R(x,y_1) \wedge R(y_1,y_2) \wedge \cdots \wedge R(y_{N-1},y) > \lambda - \varepsilon \qquad (4.5.2)$$

在式 (4.5.2) 中，当 $\varepsilon \to 0^+$，由于 X 是有限集，从而有

$$R(x,y_1) \wedge R(y_1,y_2) \wedge \cdots \wedge R(y_{N-1},y) \geqslant \lambda$$

即存在 $x = y_0, y_1, y_2, \cdots, y_{N-1}, y_N = y$ 使得 $(y_i, y_{i+1}) \in R_\lambda$（$i = 0,1,2,\cdots,N-1$）。

由定义 4.5.1 知：$(x,y) \in D_\lambda$，即 $[x]_{1\lambda} = a \subseteq [x]_{2\lambda}$，因此 $X_2(\lambda) \leqslant X_1(\lambda)$。

(2) $\forall b \in X_2(\lambda), x \in b$，即 $a = [x]_{1\lambda}$，$b = [x]_{2\lambda}$。若 $\forall y \in b$，由定义 4.5.1 知：

$$存在 x = x_0, x_1, x_2, \cdots, x_m = y 使得 (x_i, x_{i+1}) \in R_\lambda，\quad i = 0,1,2,\cdots,m-1$$

从而有 $R(x,x_1) \wedge R(x_1,x_2) \wedge \cdots \wedge R(x_{m-1},y) \geqslant \lambda$。进一步，由 X 是有限集

$$R_1(x,y) = \sup_k \{R^k(x,y)\} \geqslant R^m(x,y)$$

$$\geqslant R(x,x_1) \wedge R(x_1,x_2) \wedge \cdots \wedge R(x_{m-1},y) \geqslant \lambda \to y \in [x]_{1\lambda}$$

即 $[x]_{2\lambda} = b \subseteq [x]_{1\lambda} = a$。因此 $X_1(\lambda) \leqslant X_2(\lambda)$。

综合 (1) 和 (2)，定理得证。

定理 4.5.1 显示：当 X 为有限集时，以截关系 R_λ 为基在 X 上诱导的一个等价关系 D_λ 所构成的等价关系集与模糊邻近关系 R 的传递闭包所生成的模糊等价关系 $t(R)$ 之间，在诱导的粒度空间上是等价的。定理 4.5.1 表明：当 X 为有限集时，在获取粒度空间上模糊邻近关系的截运算与传递闭包运算是可交换的。由定理 4.5.1 可直接推得下面的推论 4.5.1。

推论 4.5.1 在定理 4.5.1 中，$\{X_2(\lambda) \mid 0 \leqslant \lambda \leqslant 1\}$ 就是模糊邻近关系 R 的传递闭包 $R_1 = t(R)$ 所对应的 X 上的一个有序粒度空间。即若 R_2 是 $\{X_2(\lambda) \mid 0 \leqslant \lambda \leqslant 1\}$ 为粒度空间的模糊等价关系，则 $R_2 = R_1$，其中 $\{X_2(\lambda) \mid 0 \leqslant \lambda \leqslant 1\}$ 也称为模糊邻近关系 R

所引导的粒度空间，记为 $\aleph_{TR}(X)$。

推论 4.5.2　设 R 是 X 上的一个模糊相似关系，$[t(R)]_\lambda$ 表示 $t(R)$ 的截关系。则 $\forall \lambda \in [0,1]$，$[t(R)]_\lambda = t(R_\lambda)$。

证明　由定理 4.5.1 和推论 4.5.1 知：$\forall \lambda \in [0,1]$，

$$[t(R)]_\lambda = R_{1\lambda} = R_{2\lambda} = D_\lambda = t(R_\lambda)$$

推论 4.5.2 显示的就是模糊邻近关系的传递闭包运算与截关系运算是可交换的。定理 4.5.1 和推论 4.5.1 表明一个模糊邻近关系 R 所对应的结构聚类（分类）（或粒度空间）可由 R 的截关系集 $\{R_\lambda \mid 0 \leqslant \lambda \leqslant 1\}$ 通过传递运算来获得，即由以 R_λ（$0 \leqslant \lambda \leqslant 1$）为基在 X 上诱导的一个等价关系集 $\{D_\lambda \mid 0 \leqslant \lambda \leqslant 1\}$ 来获取。因此，定理 4.5.1 保证了下列求模糊邻近关系 R 所对应的结构聚类（分类）（或粒度空间）算法的合理性，这一算法类似于算法 B。

设 R 是 X 上的一个模糊邻近关系，且 $X = \{x_1, x_2, \cdots, x_n\}$。记

$$D = \{R(x,y) \mid x,y \in X\} = \{\lambda_1, \lambda_2, \cdots, \lambda_m\}$$

其中 $\lambda_1 = 1 > \lambda_2 > \cdots > \lambda_m$。基于定理 4.5.1，可得获取模糊邻近关系 R 所对应的结构聚类（分类）（或粒度空间）$\aleph_{TR}(X)$ 算法如下：

算法 C：

Step 1. $i \Leftarrow 0, C \Leftarrow X(\lambda_i) = \{a_1, a_2, \cdots, a_N\}$（$N \leqslant n$）；

Step 2. Output $X(\lambda_i)$；

Step 3. $i \Leftarrow i+1, A \Leftarrow C, C \Leftarrow \varnothing$；

Step 4. $B \Leftarrow \varnothing$；

Step 5. Taken $a_j \in A$，$B \Leftarrow B \bigcup a_j, A \Leftarrow A \setminus a_j$；

Step 6. For any $a_k \in A$，if there exists $x_j \in a_j, y_k \in a_k$ such that $R(x_j, y_k) \geqslant \lambda_i$，$B \Leftarrow B \bigcup a_k, A \Leftarrow A \setminus a_k$，otherwise go to Step 7；

Step 7. $C \Leftarrow \{B\} \bigcup C$；

Step 8. If $A \neq \varnothing$，go to Step 5；otherwise，if $X(\lambda_i) \neq X(\lambda_{i-1})$，output $X(\lambda_i) = C$，go to Step 9；

Step 9. If $i = m$ or $C = X$，go to Step 10；otherwise go to Step 3；

Step 10. End。

通过算法 C 可快速获得模糊邻近关系 R 所对应的结构聚类（分类）（或粒度空间）$\aleph_{TR}(X)$，其计算复杂度不超过 $mn(n-1)/2$。相应地，$\forall \lambda \in [0,1]$，计算 R 相对应的粒度 $X(\lambda)$ 的计算复杂度不超过 $n(n-1)/2$。

有了模糊邻近关系 R 所对应的粒度空间 $\aleph_{TR}(X)$，按照第 3 章理论，就可进行模糊邻近关系 R 相应的结构聚类(分类)分析，且这个结构聚类(分类)具有一致性。从而可以克服"模糊邻近关系 $\forall x, y \in X, 0 \leqslant R(x, y) = f(d(x, y)) \leqslant 1$ 传递闭包中传递性不能保证其等价类中任何两个元素的相关程度很大"的缺点。

【例 4.5.1】 　设 $X = \{1, 2, \cdots, 14\}$，R 是 X 上的一个模糊邻近关系，其对应的矩阵表示如下：

$$R = \begin{bmatrix} 1.0 & 0.5 & 0.9 & 0.6 & 0.7 & 0.7 & 0.4 & 0.6 & 0.5 & 0.6 & 0.2 & 0.6 & 0.4 & 0.3 \\ 0.5 & 1.0 & 0.4 & 0.9 & 0.4 & 0.5 & 0.7 & 0.5 & 0.5 & 0.5 & 0.3 & 0.3 & 0.2 & 0.2 \\ 0.9 & 0.4 & 1.0 & 0.5 & 0.6 & 0.5 & 0.4 & 0.4 & 0.4 & 0.5 & 0.4 & 0.4 & 0.3 & 0.2 \\ 0.6 & 0.9 & 0.5 & 1.0 & 0.9 & 0.2 & 0.8 & 0.3 & 0.2 & 0.3 & 0.3 & 0.4 & 0.4 & 0.1 \\ 0.7 & 0.4 & 0.6 & 0.9 & 1.0 & 0.6 & 0.7 & 0.2 & 0.3 & 0.3 & 0.2 & 0.5 & 0.2 & 0.1 \\ 0.7 & 0.5 & 0.5 & 0.2 & 0.6 & 1.0 & 0.8 & 0.4 & 0.3 & 0.4 & 0.4 & 0.5 & 0.4 & 0.3 \\ 0.4 & 0.7 & 0.4 & 0.8 & 0.7 & 0.8 & 1.0 & 0.4 & 0.5 & 0.1 & 0.6 & 0.3 & 0.2 \\ 0.6 & 0.5 & 0.4 & 0.3 & 0.2 & 0.4 & 0.4 & 1.0 & 0.6 & 0.7 & 0.2 & 0.7 & 0.1 & 0.1 \\ 0.5 & 0.5 & 0.4 & 0.2 & 0.3 & 0.3 & 0.5 & 0.6 & 1.0 & 0.8 & 0.3 & 0.6 & 0.4 & 0.2 \\ 0.6 & 0.5 & 0.5 & 0.3 & 0.3 & 0.4 & 0.5 & 0.7 & 0.8 & 1.0 & 0.4 & 0.8 & 0.3 & 0.4 \\ 0.2 & 0.3 & 0.4 & 0.3 & 0.2 & 0.4 & 0.1 & 0.2 & 0.3 & 0.4 & 1.0 & 0.3 & 0.9 & 0.8 \\ 0.6 & 0.3 & 0.4 & 0.4 & 0.5 & 0.5 & 0.6 & 0.7 & 0.6 & 0.8 & 0.3 & 1.0 & 0.3 & 0.4 \\ 0.4 & 0.2 & 0.3 & 0.4 & 0.2 & 0.4 & 0.3 & 0.1 & 0.4 & 0.3 & 0.9 & 0.3 & 1.0 & 0.9 \\ 0.3 & 0.2 & 0.2 & 0.1 & 0.1 & 0.3 & 0.2 & 0.1 & 0.2 & 0.4 & 0.8 & 0.4 & 0.9 & 1.0 \end{bmatrix}$$

由算法 C，可获得模糊邻近关系 R 所对应的粒度空间 $\aleph_{TR}(X)$ 如下：

$X(1) = \{\{1\}, \{2\}, \cdots, \{14\}\}$；$X(0.9) = \{\{1, 3\}, \{2, 4, 5\}, \{6\}, \cdots, \{10\}, \{11, 13, 14\}, \{12\}\}$；

$X(0.8) = \{\{1, 3\}, \{2, 4, 5, 6, 7\}, \{8\}, \{9, 10, 12\}, \{11, 13, 14\}\}$；

$X(0.7) = \{\{1, 2, \cdots, 7\}, \{8, 9, 10, 12\}, \{11, 13, 14\}\}$；

$X(0.6) = \{\{1, 2, \cdots, 10, 12\}, \{11, 13, 14\}\}$；　$X(0.4) = \{X\}$。

同时可获得 R 所对应的结构聚类图(图 4.5.1)。

注 4.5.1 　类似于 4.3 节的研究，可引入基于粒度空间的模糊邻近关系的最佳聚类(分类)确定问题和结构聚类(分类)的融合问题研究。只需注意在最佳聚类(分类)确定问题中将"距离值"改成"关系值"即可。这里不再赘述。

类似于 4.4 节研究内容，也可以给出研究基于模糊邻近关系的结构聚类(分类)的融合问题研究。以下不加证明直接给出相关的结论。

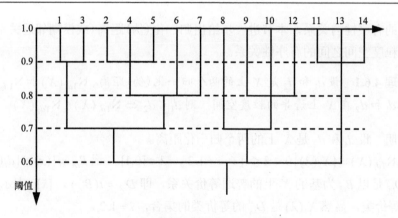

图 4.5.1　例 4.5.1 中 R 所对应的结构聚类图

定理 4.5.2　设 X_1 和 X_2 是 X 的两个聚类(分类)，R_1 和 R_2 分别是 X_1 和 X_2 上的模糊邻近关系，$X_1 \bigcap X_2 = \{a \bigcap b \,|\, a \in X_1, b \in X_2\}$。定义 R：

$$\forall a, b \in X_1 \bigcap X_2, \qquad R(a, b) = \min\{R_1(a_1, b_1), R_2(a_2, b_2))\} \qquad (4.5.3)$$

其中 $a \subseteq a_i \in X_i$，$b \subseteq b_i \in X_i$，$i = 1, 2$。则 R 是 $X_1 \bigcap X_2$ 上的模糊邻近关系。

若定理成立，则称模糊邻近关系 R 为 R_1 和 R_2 的交，记为 $R = R_1 \bigcap R_2$。

定理 4.5.3　设 X_1 和 X_2 是 X 的两个聚类(分类)，R_1 和 R_2 是 X_1 和 X_2 上的模糊邻近关系，$R = R_1 \bigcap R_2$，$R_1^* = t(R_1)$，$R_2^* = t(R_2)$，$R^* = t(R)$。$\aleph_{R_1^*}(X_1)$、$\aleph_{R_2^*}(X_2)$ 和 $\aleph_{R^*}(X_1 \bigcap X_2)$ 分别表示 R_1^*(在 X_1 上)、R_2^*(在 X_2 上)和 R^*(在 $X_1 \bigcap X_2$ 上)引导的粒度空间。则

(1) $\aleph_{R_i^*}(X_i) \leqslant \aleph_{R^*}(X_1 \bigcap X_2)$，$i = 1, 2$；

(2) $R^* \leqslant R_1^* \bigcap R_2^*$，即 $t(R_1 \bigcap R_2) \leqslant t(R_1) \bigcap t(R_2)$。

对于给定 X 上的两个聚类(分类)及它们相应的模糊邻近关系，按照定理 4.5.2 可以构造一个模糊邻近关系 $R = R_1 \bigcap R_2$，并且给出了它的构造方法。进一步通过本节的研究结果可获得 R 所对应的结构聚类(分类)，且由定理 4.5.3 保证了它比 R_1 和 R_2 所对应的结构聚类(分类)都要细。进一步，由注 4.5.1，可研究 R 所对应的最佳聚类的确定问题。

4.6　归一化(伪)距离与粒度空间有序性的关系

在 2.3 节中，已经研究了等腰归一化(伪)距离(或模糊等价关系)与引导的粒

度空间的有序性的关系，本节进一步给出归一化(伪)距离(或模糊邻近关系)与所诱导的粒度空间之间的有序性关系。

定理 4.6.1　设d_1和d_2是X上的两个归一化(伪)距离，$\aleph_{Td_1}(X)$和$\aleph_{Td_2}(X)$分别是由d_1和d_2在X上诱导的粒度空间。则$d_1 \leqslant d_2 \Leftrightarrow \aleph_{Td_1}(X) \leqslant \aleph_{Td_2}(X)$。

证明　设d_1和d_2是X上的两个归一化距离。

记$\aleph_{Td_i}(X) = \{X_i(\lambda) \mid 0 \leqslant \lambda \leqslant 1\}$，$i = 1,2$。$\lambda \in [0,1]$，记$B_{i\lambda} = \{(x,y) \mid d_i(x,y) \leqslant \lambda\}$，$D_{i\lambda}$是以$B_{i\lambda}$为基的$X$上的普通等价关系，即$D_{i\lambda} = t(B_{i\lambda})$，$[x]_{i\lambda}$表示$x$关于$D_{i\lambda}$的等价类，显然$X_i(\lambda)$是$D_{i\lambda}$的等价类的集合，$i = 1,2$。

由$d_1 \leqslant d_2 \leftrightarrow \forall x,y \in X, d_1(x,y) \leqslant d_2(x,y)$知：$\forall \lambda \in [0,1], x \in X, B_{2\lambda} \subseteq B_{1\lambda}$
$\Leftrightarrow \forall \lambda \in [0,1], D_{2\lambda} \subseteq t(B_{2\lambda}) \subseteq t(B_{1\lambda}) = D_{1\lambda} \Leftrightarrow \forall \lambda \in [0,1], x \in X, [x]_{2\lambda} \subseteq [x]_{1\lambda}$
$\Leftrightarrow \forall \lambda \in [0,1], X_1(\lambda) \leqslant X_2(\lambda) \Leftrightarrow \aleph_{Td_1}(X) \leqslant \aleph_{Td_2}(X)$。

同理可证：当d_1和d_2是X上的两个归一化伪距离时，结论仍然成立。

定理 4.6.1 说明基于归一化(伪)距离与它所诱导的粒度空间之间具有良好的保序性。

【例 4.6.1】　给定d_1和d_2分别是$X = \{1,2,3,4\}$上的归一化距离，其中：

$d_1 : d_1(i,i) = 0, i = 1,2,3,4$；$d_1(1,2) = 0.2$；$d_1(1,4) = 0.3$；$d_1(2,3) = 0.4$；$d_1(1,3) = d_1(2,4) = 0.5$；$d_1(3,4) = 0.7$；

$d_2 : d_2(i,i) = 0, i = 1,2,3,4$；$d_2(1,2) = 0.2$；$d_2(1,4) = 0.3$；$d_2(2,3) = 0.4$；$d_2(1,3) = d_2(2,4) = 0.5$；$d_2(3,4) = 0.8$。

显然有$d_1 < d_2$，但d_1和d_2所诱导的粒度空间有

$$\aleph_{Td_1}(X) = \{\{\{1\},\{2\},\{3\},\{4\}\}, \{\{1,2\},\{3\},\{4\}\}, \{\{1,2,3\},\{4\}\}, \{X\}\} = \aleph_{Td_2}(X)$$

例 4.6.1 说明了：若$d_1 < d_2$，则$\aleph_{Td_1}(X) < \aleph_{Td_2}(X)$是不成立的，反之亦然。

定理 4.6.2　设d_1和d_2是X上的两个归一化(伪)距离，则有
$$d_1 \leqslant d_2 \Leftrightarrow t(d_1) \leqslant t(d_2)$$

证明　设d_1和d_2是X上的两个归一化距离。记$t(d_1) = d_1^*, t(d_2) = d_2^*$，$d_1$和$d_2$诱导的粒度空间分别是$\aleph_{Td_1}(X)$和$\aleph_{Td_2}(X)$，于是由定理 4.6.1 和定理 2.4.1 可得，$d_1 \leqslant d_2 \Leftrightarrow \aleph_{Td_1}(X) \leqslant \aleph_{Td_2}(X) \Leftrightarrow d_1^* \leqslant d_2^*$，即$d_1 \leqslant d_2 \Leftrightarrow t(d_1) \leqslant t(d_2)$。

同理可证：当d_1和d_2是X上的两个归一化伪距离时，结论仍然成立。

定理 4.6.3　设R_1和R_2是X上的两个模糊邻近关系，相应的粒度空间分别记为$\aleph_{TR_1}(X)$、$\aleph_{TR_2}(X)$。则下列三个命题是等价的：

(1) $R_1 \leqslant R_2$；

(2) $\aleph_{TR_2}(X) \leqslant \aleph_{TR_1}(X)$；

(3) $t(R_1) \leqslant t(R_2)$。

证明　由定理 2.4.2，类似于定理 4.6.1 和定理 4.6.2 的证明，此略。

这样就给出了归一化(伪)距离(或模糊相似关系)与它们诱导的粒度空间之间的有序性关系。同时说明传递闭包运算保持了归一化(伪)距离空间(或模糊相似关系集)与它们诱导的粒度空间之间的有序性关系，且归一化(伪)距离空间与模糊相似关系诱导的粒度空间的序关系刚好相反。

4.7　本章小结

在第 2 章和第 3 章的理论基础上，本章进行了基于粒度空间的归一化(伪)距离和模糊相似关系的结构聚类(分类)问题研究，包括最佳聚类(分类)的确定问题和结构聚类(分类)的融合技术问题的研究。获得了一些很好的结论，具体的结果如下：

(1) 4.2 节：在粒度空间理论的基础上，给出了基于归一化(伪)距离结构聚类(分类)问题的研究，获得了基于归一化(伪)距离结构聚类(分类)的快速算法(算法 B)，同时也提供了由归一化距离获取对应的等腰归一化距离的方法和算法。

(2) 4.3 节：给出了基于粒度空间的归一化(伪)距离的最佳聚类(分类)问题研究。提出了基于粒度空间的、获取最佳聚类(分类)的新方法，并与其他获取最佳聚类(分类)的方法进行了比较研究，说明了新方法是在所有聚类结构中选取最优的，表明此方法具有较好的全局性，同时通过实例也可以看到此方法具有很强的可操作性。

(3) 4.4 节：给出了基于粒度空间的归一化(伪)距离空间的结构聚类(分类)的融合技术的研究，结合 4.2 节和 4.3 节的结论，给出了求解基于粒度空间的归一化(伪)距离空间的结构聚类(分类)的融合技术的具体方法，这种通过交运算进行聚类(分类)融合技术问题的研究方法具有较好的全局性。

(4) 4.5 节：在模糊粒度空间理论的基础上，给出了基于模糊邻近关系结构聚类(分类)问题的研究，获得了基于归一化距离结构聚类(分类)的快速算法(算法 C)。同时，指出了可将 4.2 节和 4.3 节的有关结论直接推广到基于模糊邻近关系结构聚类(分类)分析中，以解决诸如最佳聚类(分类)和结构聚类(分类)的融合技术等问题的研究。

　　(5)4.6 节：获得了归一化(伪)距离(或模糊邻近关系)与它们诱导的粒度空间之间的有序性关系定理，以及与传递闭包间的有序性关系定理(定理 4.6.1、定理 4.6.2、定理 4.6.3)，说明了基于归一化(伪)距离(或模糊邻近关系)与它所诱导的粒度空间之间具有保序性。

　　这些结论一方面使得粒度计算可以在归一化(伪)距离和模糊邻近关系的范畴内进行，完善了基于粒度空间的结构聚类(分类)分析的理论和方法；另一方面也为基于粒度空间的结构聚类(分类)分析提供了一整套实用可行的有效算法，便于在实际问题研究中应用。相关发表的研究论文参见文献[25]、[26]、[30]、[72]~[76]，进一步扩充的研究文献参见文献[77]~[79]。

第5章 粒度空间的聚类结构分析理论

自 1965 年 Zadeh 提出模糊集理论以来[80]，模糊集理论在众多领域(如控制论、社会科学等)得到了广泛的应用。但在实际问题研究中一直存在这样一个问题，即由于人们在同一模糊概念的认识上存在差异，他(她)们选取不同类型的隶属度函数去描述同一模糊概念，但所获得的结论却是相同的或相似的，这是为什么？事实上，这在实际问题中广泛存在。对于这一问题的研究一直都没有停止过，有很多学者曾提出过模糊集的各种解释以期望解决这个问题。有些学者提出过隶属度函数的概率解释，例如，Lin[81]用概率来解释隶属度，认为每个样本空间都有一个概率，同时每个样本点都与样本空间相联系；Liang 和 Song[82]将隶属度函数看成具有期望的独立同分布的随机变量，将若干个对某客观概念的认知的抽样均值当作这一概念的隶属度函数。但是，这些解释都是建立在"隶属度函数是独立同分布的随机变量"这一假设基础上，都难以解释对同一模糊概念在认识上存在的差异性。Lin[83, 84]通过邻域系给出了模糊集的拓扑定义，提出了两个模糊集等价的定义与判定。随后，他也讨论了模糊集粒度(granular fuzzy set)的概念[85]和弹性隶属度函数(elastic membership function)[86, 87]，这些工作提供了隶属度函数的结构性解释的可能。张铃教授和张钹院士提出了基于模糊商空间理论的模糊集的结构分析，第一次在结构意义下给出了模糊集结构分析理论，即模糊集的同构原理和相似性原理[10, 13]，用以解释：尽管每个人用不同的隶属函数类型去描述相同的概念，但所获得的结论却是相同的或相似的原因。

人们知道"人类能从极不同的粒度上观察和分析同一问题，且能从不同粒度世界上进行问题求解"[10]，而粒度空间(或分层递阶结构)正好描述了求解问题的不同层面。基于不同的人对同一问题的认识是有差异的，建立在空间上的关系或距离是不同的，如建立的等腰归一化距离是不同的，因此它们所对应的聚类结构也是有差异的。通过第 3 章和第 4 章的研究，已经知道等腰归一化距离与满足最细条件的模糊等价关系，以及等腰归一化伪距离与模糊等价关系之间是等价的且都是一对多的对应关系，同时它们引导的有序粒度空间(或分层递阶结构)都具有结构聚类(分类)的一致性。正因为存在着各种度量或关系描述上的差异，那么建立在结构聚类上的聚类结构分析就显得非常的重要，本章将在文献[13]的基础上，研究这种影响的数学描述。

5.1　基于等腰归一化(伪)距离的聚类结构分析

在本节中，将分成同一论域的不同有序粒度空间(或分层递阶结构)聚类结构分析和不同论域的有序粒度空间的结构分析这两部分来介绍。

5.1.1　同一论域的不同有序粒度空间的聚类结构分析

由第 2 章和第 3 章的有关结论，可将文献[13]中的有关两个模糊等价关系同构的概念赋予一定的含义，并进行扩充和推广，即可获取两个模糊等价关系关于聚类(分类)结构的同构和 ε-相似的相关概念，以及取得相关的结论。这些相关的概念和结论也可平行移植到等腰归一化(伪)距离空间中去，如此就可获得基于粒度空间的聚类(分类)结构分析理论。本节仅讨论基于等腰归一化距离引导的有序粒度空间的情形进行相关概念的引入和结论的获取，且所有结果对等腰归一化伪距离的情形也都成立。

定义 5.1.1　给定 X 上的两个等腰归一化距离 d_1 和 d_2，它们诱导的粒度空间分别记为：$\aleph_{d_1}(X)=\{X_1(\lambda)\,|\,\lambda\in[0,1]\}$，$\aleph_{d_2}(X)=\{X_2(\lambda)\,|\,\lambda\in[0,1]\}$。若 d_1 和 d_2 的粒度空间(或分层递阶结构)对应相同，即 $\forall\lambda\in[0,1]$，存在 $\mu\in[0,1]$，使得 $X_2(\mu)=X_1(\lambda)$，且 $\forall\mu\in[0,1]$，存在 $\lambda\in[0,1]$，使得 $X_1(\lambda)=X_2(\mu)$，则称 d_1 与 d_2 关于结构聚类(分类)是同构的，简称 d_1 与 d_2 是同构的，记为 $d_1\cong d_2$。

在定义 5.1.1 中，X 上的两个等腰归一化距离同构是指它们具有相同的有序粒度空间(或分层递阶结构)。由定义 5.1.1 和文献[13]中的相关结论，可直接获得下面的判别定理。

定理 5.1.1(同构性判别定理 I)　设 d_1 和 d_2 是 X 上的两个等腰归一化距离，则 $d_1\cong d_2$ 的充分必要条件：$\forall x,y,u,v\in X$，$d_1(x,y)<d_1(u,v)\leftrightarrow d_2(x,y)<d_2(u,v)$ 且 $d_1(x,y)=d_1(u,v)\leftrightarrow d_2(x,y)=d_2(u,v)$。

在定理 5.1.1 中，条件" $\forall x,y,u,v\in X$，$d_1(x,y)<d_1(u,v)\leftrightarrow d_2(x,y)<d_2(u,v)$ 且 $d_1(x,y)=d_1(u,v)\leftrightarrow d_2(x,y)=d_2(u,v)$ "也称为等腰归一化距离 d_1 和 d_2 之间保持了严格的序关系，即定理 5.1.1 表明两个等腰归一化距离关于结构聚类(分类)是同构的本质就是它们之间能保持严格的序关系。但在实际应用中，定理 5.1.1 用于判别 X 上两个等腰归一化距离关于结构聚类(分类)同构条件的验证是十分烦琐的，对于有限离散型论域 X 来说都不易进行，更不用说对连续型的论域了，为

此进行以下改进。

定理 5.1.2(同构性判别定理 Ⅱ)　设 d_1 和 d_2 是 X 上的两个等腰归一化距离，记 $D_1 = \{d_1(x,y)\,|\,x,y \in X\}$，$D_2 = \{d_2(x,y)\,|\,x,y \in X\}$，则 $d_1 \cong d_2$ 的充要条件是存在从 D_1 到 D_2 上的一对一且严格单调增加映射 f，满足 $f(0) = 0$，使得

$$\forall x,y \in X，\quad d_2(x,y) = f(d_1(x,y))$$

证明　记 d_1 和 d_2 诱导的粒度空间分别为

$$\aleph_{d_1}(X) = \{X_1(\lambda)\,|\,\lambda \in [0,1]\}，\quad \aleph_{d_2}(X) = \{X_2(\lambda)\,|\,\lambda \in [0,1]\}$$

由于 d_1 和 d_2 是 X 上的两个等腰归一化距离，则它们诱导的粒度空间可以改写为

$$\aleph_{d_1}(X) = \{X_1(\lambda)\,|\,\lambda \in D_1\}，\quad \aleph_{d_2}(X) = \{X_2(\lambda)\,|\,\lambda \in D_2\}$$

其中，$X_1(\lambda) = \{[x]_{1\lambda}\,|\,x \in X\}$，$X_2(\lambda) = \{[x]_{2\lambda}\,|\,x \in X\}$。由性质 2.2.1 知：这种等价表示的优点是粒度空间 $\aleph_{d_1}(X)$(或 $\aleph_{d_2}(X)$)在 D_1(或 D_2)上是一一对应的。

"$\Rightarrow$"由 d_1 与 d_2 是同构的及定义 5.1.1 知：$\forall \lambda \in D_1$，存在 $\mu \in D_2$ 使得 $X_2(\mu) = X_1(\lambda)$，即存在从 D_1 到 D_2 的映射 f，使得 $\mu = f(\lambda)$。由于 $\lambda \in D_1$，即存在 $x,y \in X$，使得 $d_1(x,y) = \lambda$，从而一定有 $d_2(x,y) = \mu$。否则，若 $d_2(x,y) > \mu$，则 $y \notin [x]_{2\mu}$，而 $y \in [x]_{1\lambda}$，此与 $X_2(\mu) = X_1(\lambda)$ 矛盾；若 $d_2(x,y) < \mu$，由 $\mu \in D_2$，即存在 $u,v \in X$，使得 $d_2(u,v) = \mu$，也即 $d_2(x,y) < d_2(u,v)$。由定理 5.1.1 知 $d_1(x,y) < d_1(u,v)$，即 $v \in [u]_{2\mu}$ 且 $v \notin [u]_{1\lambda}$，此与 $X_2(\mu) = X_1(\lambda)$ 矛盾。因此，$\forall x,y \in X$，有

$$d_2(x,y) = \mu = f(\lambda) = f(d_1(x,y))$$

由性质 2.2.1，类似于上面的过程容易证明：映射 f 是 D_1 和 D_2 上一对一的、严格单调增加的映射。至于满足 $f(0) = 0$，这是由于：d_1 和 d_2 是 X 上的两个等腰归一化距离，从而 $X_2(0) = X = X_1(0)$，相当于 $0 = d_2(x,x) = f(d_1(x,x))$，即 $f(0) = 0$。

"$\Leftarrow$"若存在从 D_1 到 D_2 上的一对一且严格单调增加映射 f，满足 $f(0) = 0$，使得 $\forall x,y \in X$，$d_2(x,y) = f(d_1(x,y))$，要证明 d_1 与 d_2 关于结构聚类(分类)是同构的。

任给 $\lambda \in D_1$，存在 $x,y \in X$，使得 $d_1(x,y) = \lambda$，记 $\mu = d_2(x,y)$，且 $\mu = f(\lambda) \in D_2$。$\forall a \in X_1(\lambda) \in \aleph_{d_1}(X)$，记 $u \in a, a = [u]_{1\lambda}$，则由 f 是 D_1 和 D_2 上严格单调增加映射可知：

$$\forall v \in a, d_1(u,v) \leqslant \lambda \leftrightarrow d_2(u,v) = f(d_1(u,v)) \leqslant f(\lambda) = \mu$$

即 $v \in [u]_{2\mu}$，可得 $[u]_{1\lambda} \subseteq [u]_{2\mu}$。因此 $X_2(\mu) \leqslant X_1(\lambda)$。

　　类似地，任给 $\mu \in D_2$，存在 $x, y \in X$，使得 $d_2(x, y) = \mu$，记 $\lambda = d_1(x, y) \in D_1$，且 $\mu = f(\lambda)$。$\forall b \in X_2(\lambda) \in \aleph_{d_2}(X)$，记 $u \in b, b = [u]_{2\mu}$，则由 f 满足的条件可知 f 的逆映射 f^{-1} 是存在的，且 f^{-1} 也是从 D_1 到 D_2 上的一对一且严格单调增加映射，并满足 $f^{-1}(0) = 0$，于是

$$\forall v \in b, d_2(u, v) \leqslant \mu \leftrightarrow d_1(u, v) = f^{-1}(d_2(u, v)) \leqslant f^{-1}(\mu) = \lambda$$

即 $v \in [u]_{1\lambda}$，可得 $[u]_{2\mu} \subseteq [u]_{1\lambda}$，因此 $X_1(\lambda) \leqslant X_2(\mu)$。

　　综上可得：$\forall \lambda \in D_1$，存在 $\mu \in D_2$ 使得 $X_2(\mu) = X_1(\lambda)$。同理可得：$\forall \mu \in D_2$，存在 $\lambda \in D_1$ 使得 $X_1(\lambda) = X_2(\mu)$。

　　因此，$\aleph_{d_1}(X) = \aleph_{d_2}(X)$，即 d_1 与 d_2 关于结构聚类(分类)是同构的。

　　为以下应用上的方便，将定理 5.1.2 改写成以下定理 5.1.3，其证明类似于定理 5.1.2。

　　定理 5.1.3　设 d_1 和 d_2 是 X 上的两个等腰归一化距离，则 $d_1 \cong d_2$ 的充要条件是存在从 $[0,1]$ 到 $[0,1]$ 的一对一、严格单调增加映射 f，满足 $f(0) = 0$，使得 $\forall x, y \in X$，$d_2(x, y) = f(d_1(x, y))$。

　　定理 5.1.1 和定理 5.1.2(或定理 5.1.3)表明：只要不影响两个等腰归一化距离的元素之间距离的排列次序，在此基础上所得到它们的结构聚类就是相同的，即它们是同构的。由于两个等腰归一化距离的同构要求太高了，以下进一步放宽条件，引进两个等腰归一化距离的 ε-相似概念。

　　定义 5.1.2　给定 X 上的两个等腰归一化距离 d_1 和 d_2，及 $\varepsilon > 0$，若存在 X 上的等腰归一化距离 d_3，使：(1) $d_1 \cong d_3$；(2) $\forall x, y \in X$，$\left| d_2(x, y) - d_3(x, y) \right| \leqslant \varepsilon$；或者(1) $d_2 \cong d_3$；(2) $\forall x, y \in X$，$\left| d_1(x, y) - d_3(x, y) \right| \leqslant \varepsilon$。则称 d_1 与 d_2 关于结构聚类(分类)是 ε-相似的，简称 d_1 与 d_2 是 ε-相似的。

　　由定理 5.1.3 和定义 5.1.2 容易看到，两个等腰归一化距离 d_1 与 d_2 是同构的充分必要条件：$\forall \varepsilon > 0$，d_1 与 d_2 关于结构聚类(分类)是 ε-相似的。此表明：d_1 与 d_2 是 ε-相似比 d_1 与 d_2 是同构的条件要弱。由定义 5.1.2 和文献[13]的相关结论，很容易获得下列的定理成立。

　　定理 5.1.4(ε-相似性判别定理 I)　设 $d_1, d_2 \in D(X)$，对应的粒度空间分别记为 $\aleph_{d_1}(X) = \{X_1(\lambda) \mid \lambda \in [0,1]\}$ 和 $\aleph_{d_2}(X) = \{X_2(\lambda) \mid \lambda \in [0,1]\}$，则 d_1 与 d_2 是 ε-相似的 $\Leftrightarrow \forall \lambda \in [0,1]$，存在 $\mu \in [0,1]$ 使得 $X_2(\mu + \varepsilon) \leqslant X_1(\lambda) \leqslant X_2(\mu - \varepsilon)$，或 $\forall \mu \in [0,1]$，存在 $\lambda \in [0,1]$ 使得 $X_1(\lambda + \varepsilon) \leqslant X_2(\mu) \leqslant X_1(\lambda - \varepsilon)$。

定理 5.1.4 表明两个等腰归一化距离 ε-相似意味着它们对应的结构聚类(分类)存在着其中一个对另一个起到限定的作用,即可以从其中一个对应的结构次序中找到另一个结构的位置。由于定理 5.1.4 的判别条件验证烦琐,为此介绍下面的判别定理。

定理 5.1.5(ε-相似性判别定理 Ⅱ)　设 $d_1, d_2 \in D(X)$。则 d_1 与 d_2 是 ε-相似的 $\Leftrightarrow$ 存在 $[0,1]$ 到 $[0,1]$ 的一对一、严格单调增加映射 f,满足 $f(0)=0$,使得 $\forall x, y \in X$,$|f(d_1(x,y)) - d_2(x,y)| \leqslant \varepsilon$;或者存在 $[0,1]$ 到 $[0,1]$ 的一对一、严格单调增加映射 g,满足 $g(0)=0$,使得 $\forall x, y \in X, |g(d_2(x,y)) - d_1(x,y)| \leqslant \varepsilon$。

证明　只需定义 $d_3(x,y) = f(d_1(x,y))$,由定理 5.1.3 和定义 5.1.2 直接推得,此略。

【例 5.1.1】　设 $X = \{1,2,3,4,5\}$,给定 X 上的两个等腰归一化距离 d_1 和 d_2 如下:

d_1:$d_1(i,i) = 0, i = 1,2,3,4,5$;$d_1(1,3) = d_1(1,4) = d_1(2,3) = d_1(2,4) = 0.5$;$d_1(1,2) = 0.2$;$d_1(3,4) = 0.4$;$d_1(1,5) = d_1(2,5) = d_1(3,5) = d_1(4,5) = 0.7$。

d_2:$d_2(i,i) = 0, i = 1,2,3,4,5$;$d_2(1,5) = d_2(2,5) = d_2(3,5) = d_2(4,5) = 0.5$;$d_2(1,3) = d_2(1,4) = d_2(2,3) = d_2(2,4) = d_2(3,4) = 0.4$;$d_2(1,2) = 0.3$。

相应的粒度空间(或分层递阶结构)是

$\aleph_{d_1}(X)$:　$X_1(0) = \{\{1\},\{2\},\{3\},\{4\},\{5\}\}$;　$X_1(0.2) = \{\{1,2\},\{3\},\{4\},\{5\}\}$;
　　　　$X_1(0.4) = \{\{1,2\},\{3,4\},\{5\}\}$;$X_1(0.5) = \{\{1,2,3,4\},\{5\}\}$;$X_1(0.7) = X$。

$\aleph_{d_2}(X)$:　$X_2(0) = \{\{1\},\{2\},\{3\},\{4\},\{5\}\}$;　$X_2(0.3) = \{\{1,2\},\{3\},\{4\},\{5\}\}$;
　　　　$X_2(0.4) = \{\{1,2,3,4\},\{5\}\}$;　$X_2(0.5) = X$。

此时 $D_1 = \{0, 0.2, 0.4, 0.5, 0.7\}$,$D_2 = \{0, 0.3, 0.4, 0.5\}$,不可能取得 D_1 和 D_2 上一对一、严格单调增加映射,但可取 $[0,1]$ 到 $[0,1]$ 的一对一、严格单调增加映射 f,满足 $f(0)=0$,并保证:$0.3 \leftrightarrow 0.3$;$0.4 \leftrightarrow 0.5$;$0.5 \leftrightarrow 0.7$,则有 $\forall x, y \in X$,$|f(d_1(x,y)) - d_2(x,y)| \leqslant 0.1$,即 d_1 与 d_2 是 0.1-相似的。

在例 5.1.1 中,正因为 D_1 与 D_2 之间不能构成一对一、在上的对应关系,所以在定理 5.1.5 中的映射 f(或 g)是 $[0,1]$ 到 $[0,1]$ 的一对一、严格单调增加映射,同时也可看到定理 5.1.3 的作用。

ε-相似性判别定理 Ⅰ(即定理 5.1.4)给出了两个 ε-相似的等腰归一化距离,则其中一个所对应的结构聚类(分类)对另一个具有限定作用,但它们不具有相互限定的作用。以下进一步给出具有相互限定的 ε-相似的概念,即强 ε-相似的概念。

定义 5.1.3　给定 $d_1, d_2 \in D(X)$ 和 $\varepsilon > 0$,d_1 和 d_2 引导的粒度空间分别记为

$\aleph_{d_1}(X) = \{X_1(\lambda) \mid \lambda \in [0,1]\}$ 和 $\aleph_{d_2}(X) = \{X_2(\lambda) \mid \lambda \in [0,1]\}$。如果满足

(1) $\forall \lambda \in [0,1]$，存在 $\mu \in [0,1]$ 使得 $X_2(\mu + \varepsilon) \leqslant X_1(\lambda) \leqslant X_2(\mu - \varepsilon)$；

(2) $\forall \mu \in [0,1]$，存在 $\lambda \in [0,1]$ 使得 $X_1(\lambda + \varepsilon) \leqslant X_2(\mu) \leqslant X_1(\lambda - \varepsilon)$。

则称 d_1 和 d_2 关于结构聚类(分类)是强 ε-相似的，记为 $d_1 \approx d_2(\varepsilon)$。

定理 5.1.6(强 ε-相似性判别定理 I) 设 $d_1, d_2 \in D(X)$。则 $d_1 \approx d_2(\varepsilon) \Leftrightarrow$ 存在 $[0,1]$ 到 $[0,1]$ 的一对一、严格单调增加映射 f 和 g，满足 $f(0) = g(0) = 0$，使得 $\forall x, y \in X$，$|f(d_1(x,y)) - d_2(x,y)| \leqslant \varepsilon$ 且 $|g(d_2(x,y)) - d_1(x,y)| \leqslant \varepsilon$。

证明 由定理 5.1.4、定理 5.1.5 和定义 5.1.3 直接推得，此略。

在给定 X 上的两个等腰归一化距离 d_1 和 d_2 中，d_1 和 d_2 关于结构聚类(分类)的强 ε-相似的"强"仅指所满足的条件要比它们是 ε-相似要强，但比 $d_1 \cong d_2$ 所满足的条件还是要弱的。但下列结论是成立的。

定理 5.1.7 设 $d_1, d_2 \in D(X)$，则 $d_1 \cong d_2 \Leftrightarrow \forall \varepsilon > 0$，$d_1 \approx d_2(\varepsilon)$。

证明 "$\Rightarrow$"由定理 5.1.3 和定理 5.1.6 可直接推得。

"$\Leftarrow$" $\forall \varepsilon_n > 0$ 且 $\lim_{n \to \infty} \varepsilon_n = 0$。由 $d_1 \approx d_2(\varepsilon)$ 和定理 5.1.6，存在 $[0,1]$ 到 $[0,1]$ 的一对一、严格单调增加映射 f，满足 $f(0) = 0$，使得

$$\forall x, y \in X, \quad |f(d_1(x,y)) - d_2(x,y)| \leqslant \varepsilon_n \tag{5.1.1}$$

当 $n \to \infty$ 时，即得

$$\forall x, y \in X, \quad d_2(x,y) = f(d_1(x,y)) \tag{5.1.2}$$

由定理 5.1.3 可知 $d_1 \cong d_2$。

定理 5.1.7 指出了 X 上的两个等腰归一化距离 d_1 和 d_2 关于结构聚类(分类)的强 ε-相似关系与同构关系之间的联系。

5.1.2 不同论域的有序粒度空间的结构分析

在等腰归一化距离引导的有序粒度空间基础上，5.1.1 节将文献[13]中有关结构分析的同构原理和 ε-相似原理推广到粒度空间的结构聚类(分类)分析上，给出了同一论域上的结构聚类(分类)的同构原理、ε-相似原理和强 ε-相似原理，以此来解释：尽管每个人用不同的等腰归一化距离去描述相同的概念，但所获得的结构聚类(分类)的结论却是相同的或相似的原因。下面将这些结论进一步推广到不同论域的有序粒度空间上去。以下仅对基于等腰归一化距离引导的结构聚类(分类)的情形进行研究。

【例 5.1.2】 设 d_1 和 d_2 分别是 $X = \{a_1, a_2, a_3, a_4, a_5\}$ 和 $Y = \{b_1, b_2, b_3, b_4, b_5\}$ 上的

等腰归一化距离，且 d_1, d_2 分别如下：

d_1：$d_1(a_i, a_i) = 0, i = 1, 2, 3, 4, 5$；$d_1(a_1, a_2) = 0.2$；$d_1(a_3, a_4) = 0.4$；

$\quad\quad d_1(a_1, a_3) = d_1(a_1, a_4) = d_1(a_2, a_3) = d_1(a_2, a_4) = 0.5$；

$\quad\quad d_1(a_1, a_5) = d_1(a_2, a_5) = d_1(a_3, a_5) = d_1(a_4, a_5) = 0.7$。

d_2：$d_2(b_i, b_i) = 0, i = 1, 2, 3, 4, 5$；$d_2(b_1, b_2) = 0.1$；$d_2(b_3, b_4) = 0.3$；

$\quad\quad d_2(b_1, b_3) = d_2(b_1, b_4) = d_2(b_2, b_3) = d_2(b_2, b_4) = 0.4$；

$\quad\quad d_2(b_1, b_5) = d_2(b_2, b_5) = d_2(b_3, b_5) = d_2(b_4, b_5) = 0.8$。

类似于本章例 5.1.1 可得相应的粒度空间分别是

$\aleph_{d_1}(X)$：$X(0) = \{\{a_1\}, \{a_2\}, \{a_3\}, \{a_4\}, \{a_5\}\}$，$X(0.2) = \{\{a_1, a_2\}, \{a_3\}, \{a_4\}, \{a_5\}\}$，$X(0.4) = \{\{a_1, a_2\}, \{a_3, a_4\}, \{a_5\}\}$，$X(0.5) = \{\{a_1, a_2, a_3, a_4\}, \{a_5\}\}$，$X(0.7) = X$；

$\aleph_{d_2}(Y)$：$Y(0) = \{\{b_1\}, \{b_2\}, \{b_3\}, \{b_4\}, \{b_5\}\}$，$Y(0.1) = \{\{b_1, b_2\}, \{b_3\}, \{b_4\}, \{b_5\}\}$，$Y(0.3) = \{\{b_1, b_2\}, \{b_3, b_4\}, \{b_5\}\}$，$Y(0.4) = \{\{b_1, b_2, b_3, b_4\}, \{b_5\}\}$，$Y(0.8) = Y$。

若建立一对一、在上的对应关系

$$f : a_i \leftrightarrow b_i, \quad\quad i = 1, 2, 3, 4, 5 \tag{5.1.3}$$

则相应的粒度空间之间也有对应相一致的关系：

$$X(0) \leftrightarrow Y(0), \quad X(0.2) \leftrightarrow Y(0.1), \quad X(0.4) \leftrightarrow Y(0.3),$$

$$X(0.5) \leftrightarrow Y(0.4), \quad X(0.7) \leftrightarrow Y(0.8) \tag{5.1.4}$$

注意这一对应关系 (5.1.4) 保持了映射 (5.1.3) 相对应的粒度空间之间的对应一致性，即对应的粒度空间（或分层递阶结构）之间除元素符号不同外（如本例中 a 与 b 不同），保持了映射 f 下元素的对应关系（如本例中对应粒度空间之间元素的下标不变），也就是说，d_1（在 X 上）和 d_2（在 Y 上）具有对应相一致的聚类结构。下面给出不同论域的结构聚类（分类）之间同构的概念。

定义 5.1.4　设 (X, d_1) 和 (Y, d_2) 是两个等腰归一化距离空间。若存在 X 到 Y 上一对一的映射 f，且保持 d_1 在 X 上与 d_2 在 Y 上有序的粒度空间（或分层递阶结构）之间的对应是相一致的，则称空间 (X, d_1) 与 (Y, d_2) 关于结构聚类（分类）是同构的，简称 d_1（在 X 上）与 d_2（在 Y 上）是同构的，记为 $d_1(X) \cong d_2(Y)$。相应的粒度空间之间关系记为 $\aleph_{d_1}(X) \cong \aleph_{d_2}(Y)$，对应一致的粒度间的关系记为 $X(\lambda) \cong Y(\mu)$。而映射 f 也称为 d_1 到 d_2 间的同构映射。

事实上，在例 5.1.2 中，d_1（在 X 上）与 d_2（在 Y 上）关于结构聚类（分类）是同构的，即 $d_1(X) \cong d_2(Y)$。相应的粒度间有 $\aleph_{d_1}(X) \cong \aleph_{d_2}(Y)$，且 $X(0) \cong Y(0)$，$X(0.2) \cong Y(0.1)$，$X(0.4) \cong Y(0.3)$，$X(0.5) \cong Y(0.4)$，$X(0.7) \cong Y(0.8)$。

定理 5.1.8(同构性判别定理Ⅲ)　设 (X,d_1) 和 (Y,d_2) 是两个等腰归一化距离空间。则 $d_1(X) \cong d_2(Y) \Leftrightarrow$ 存在 X 到 Y 上的一对一映射 f 使得：$\forall x,y,u,v \in X$ ，

$$d_1(x,y) < d_1(u,v) \leftrightarrow d_2(f(x),f(y)) < d_2(f(u),f(v)) ;$$

$$d_1(x,y) = d_1(u,v) \leftrightarrow d_2(f(x),f(y)) = d_2(f(u),f(v)) 。$$

证明　"$\Rightarrow$"由定义 5.1.4 知：存在 X 到 Y 间的一对一映射 f ，并保持了 d_1 (在 X 上)与 d_2 (在 Y 上)有序的粒度空间(或分层递阶结构)间的对应是相一致的。$\forall x,y,u,v \in X$ ，假设 $d_1(x,y) = \lambda_1 < d_1(u,v)$ ，即 $v \notin [u]_{1\lambda_1}, y \in [x]_{1\lambda_1} \in X(\lambda_1)$ 。由同构条件知：存在 $\mu_1 \in [0,1]$ ，使得 $Y(\mu_1) \cong X(\lambda_1)$ ，即有

$$f(v) \notin [f(u)]_{1\mu_1}, f(y) \in [f(x)]_{2\mu_1} \in Y(\mu_1) \to d_2(f(u),f(v)) > \mu_1 \geqslant d_2(f(x),f(y))$$

从而 $d_1(x,y) < d_1(u,v) \to d_2(f(x),f(y)) < d_2(f(u),f(v))$ 。

同理可证：$d_2(f(x),f(y)) < d_2(f(u),f(v)) \to d_1(x,y) < d_1(u,v)$ 。

假设 $d_1(x,y) = d_1(u,v)$ ，此时必有 $d_2(f(x),f(y)) = d_2(f(u),f(v))$ 。否则，若 $d_2(f(x),f(y)) < d_2(f(u),f(v))$ ，由上面的证明知 $d_1(x,y) < d_1(u,v)$ ，此与所给条件矛盾。因此 $d_1(x,y) = d_1(u,v) \to d_2(f(x),f(y)) = d_2(f(u),f(v))$ 。

同理可证：$d_2(f(x),f(y)) = d_2(f(u),f(v)) \to d_1(x,y) = d_1(u,v)$ 。

"$\Leftarrow$"若记 $D_1 = \{d_1(x,y) \mid x,y \in X\}$ ，　$D_2 = \{d_2(x,y) \mid x,y \in Y\}$ 。从而

$$\aleph_{d_1}(X) = \{X(\lambda) \mid \lambda \in D_1\}, \qquad \aleph_{d_2}(Y) = \{Y(\mu) \mid \mu \in D_2\}$$

$\forall X(\lambda) \in \aleph_{d_1}(X), \lambda \in D_1$ ，存在 $u,v \in X$ ，使得 $d_1(u,v) = \lambda$ ，记 $\mu = d_2(f(u),f(v))$ 。$\forall a \in X(\lambda), x \in a, a = [x]_{1\lambda}$ ，则由必要性证明知：$\forall y \in a, d_1(x,y) \leqslant \lambda = d_1(u,v) \leftrightarrow d_2(f(x),f(y)) \leqslant d_2(f(u),f(v)) = \mu \leftrightarrow f(y) \in [f(x)]_{2\mu}$ ，即 $f(a) \in Y(\mu)$ 。

同理可证 $\forall b \in Y(\mu) \in \aleph_{d_2}(Y)$ ，存在 $\lambda \in D_1$ ，使得 $f^{-1}(b) \in X(\lambda)$ ，其中 f^{-1} 是映射 f 的逆映射。

因此 $\aleph_{d_1}(X) = \aleph_{d_2}(Y)$ ，即 d_1 与 d_2 关于结构聚类(分类)是同构的。

同定理 5.1.1 一样，用定理 5.1.8 判别 X 与 Y 上两个等腰归一化距离关于结构聚类(分类)同构的判别条件的验证十分烦琐，为此进行以下改进。

定理 5.1.9(同构性判别定理Ⅳ)　设 (X,d_1) 和 (Y,d_2) 是两个等腰归一化距离空间，记 $D_1 = \{d_1(x,y) \mid x,y \in X\}$ ，　$D_2 = \{d_2(x,y) \mid x,y \in Y\}$ 。则 $d_1(X) \cong d_2(Y)$ 的充要条件：存在 X 与 Y 上的一对一映射 f 及 D_1 与 D_2 上一对一的、严格单调增加映射 g ，满足 $g(0) = 0$ ，使得 $\forall x,y \in X$ ，$d_2(f(x),f(y)) = g(d_1(x,y))$ 。

证明　记 d_1 和 d_2 诱导的有序粒度空间分别为

$$\aleph_{d_1}(X) = \{X(\lambda) \mid \lambda \in D_1\}, \quad \aleph_{d_2}(Y) = \{Y(\mu) \mid \mu \in D_2\}$$

"$\Rightarrow$" $\forall \lambda \in D_1$，存在 $x, y \in X$ 使得 $d_1(x, y) = \lambda$，即 $X(\lambda) \in \aleph_{d_1}(X)$，且 $y \in [x]_{1\lambda}$。由条件知，一定存在唯一的 $\mu \in D_2$ 使得 $Y(\mu) \cong X(\lambda)$，且 $f(y) \in [f(x)]_{2\mu}$，即 $d_2(f(x), f(y)) \leqslant \mu$，从而一定有 $d_2(f(x), f(y)) = \mu$。否则，若 $d_2(f(x), f(y)) < \mu$，则由 $\mu \in D_2$，存在 $u, v \in Y$，使得 $d_2(u, v) = \mu$，即 $d_2(f(x), f(y)) < d_2(u, v)$，由定理 5.1.8 知：$d_1(x, y) = \lambda < d_1(f^{-1}(u), f^{-1}(v)) \to f^{-1}(v) \notin [f^{-1}(u)]_{1\lambda}$，但 $d_2(u, v) = \mu \to v \in [u]_{2\mu}$，此与 $Y(\mu) \cong X(\lambda)$ 矛盾。

因此，$\forall \lambda \in D_1$，存在唯一的 $\mu \in D_2$ 与 λ 对应。同理可证 $\forall \mu \in D_2$，存在唯一的 $\lambda \in D_1$ 与 μ 对应，即存在 D_1 到 D_2 上一对一的映射 g，且从上面的证明容易看到：$\forall x, y \in X$，$d_2(f(x), f(y)) = g(d_1(x, y))$，同时显然有 $g(0) = 0$。

下证：g 是严格单调增加的。$\forall \lambda_1, \lambda_2 \in D_1, \lambda_1 < \lambda_2$，记 $\mu_1 = g(\lambda_1), \mu_2 = g(\lambda_2)$，则 $X(\lambda_2) < X(\lambda_1) \to Y(\mu_2) = X(\lambda_2) < X(\lambda_1) = Y(\mu_1) \to \mu_1 = g(\lambda_1) < \mu_2 = g(\lambda_2)$。

"$\Leftarrow$" $\forall a \in [x]_{1\lambda} \in X(\lambda) \in \aleph_{d_1}(X)$，其中 $\lambda \in D_1$，则 $\forall y \in a$，$d_1(x, y) \leqslant \lambda$

$$\leftrightarrow d_2(f(x), f(y)) = g(d_1(x, y)) \leqslant g(\lambda) \leftrightarrow f(a) \in [f(x)]_{2g(\lambda)}$$
$$\leftrightarrow f(a) \in Y(g(\lambda)) \in \aleph_{d_2}(Y)$$

即 $\forall a \in X(\lambda) \in \aleph_{d_1}(X)$，都有 $f(a) \in Y(g(\lambda)) \in \aleph_{d_2}(Y)$。

同理可证：$\forall b \in Y(\mu) \in \aleph_{d_2}(Y)$，都有 $f^{-1}(b) \in X(g^{-1}(\mu)) \in \aleph_{d_1}(X)$。

因此 $d_1(X) \cong d_2(Y)$。

【例 5.1.3】　在例 5.1.2 中，$D_1 = \{0, 0.2, 0.4, 0.5, 0.7\}$，$D_2 = \{0, 0.1, 0.3, 0.4, 0.8\}$。若在 D_1 到 D_2 上建立映射 g：$0 \to 0, 0.2 \to 0.1, 0.4 \to 0.3, 0.5 \to 0.4, 0.7 \to 0.8$，则 g 为 D_1 到 D_2 上一对一的、严格单调增加映射，满足 $g(0) = 0$，因此 $d_1(X) \cong d_2(Y)$。

为以后应用上的方便，将定理 5.1.9 改写成以下定理 5.1.10。

定理 5.1.10　设 (X, d_1) 和 (Y, d_2) 是两个等腰归一化距离空间。则 $d_1(X) \cong d_2(Y)$ 的充要条件：存在 X 到 Y 上的一对一映射 f 及 $[0,1]$ 到 $[0,1]$ 的一对一、严格单调增加映射 g，满足 $g(0) = 0$，使得：$\forall x, y \in X$，$d_2(f(x), f(y)) = g(d_1(x, y))$。

有关定理 5.1.10 的证明类似于定理 5.1.9，这里略去。定理 5.1.8 和定理 5.1.9（或定理 5.1.10）也同样表明：只要不影响两个论域对应元素间距离的排列次序，在此基础上所得到的关于结构聚类（分类）均是同构的。但在同构的定义 5.1.4 中要求对应的有序粒度空间对应相同的条件太苛刻了。同 5.1.1 节一样，以下来建立不同论域上的关于结构聚类（分类）相似的数学描述。

定义 5.1.5　给定 (X, d_1) 和 (Y, d_2) 是两个等腰归一化距离空间及 $\varepsilon > 0$，设 f

是 X 到 Y 上的一对一映射。若存在 X 上的等腰归一化距离 d_3，使得：(1) d_3 与 d_1 是同构的(在 X 上)，(2) $\forall x, y \in X$，$\left|d_2(f(x), f(y)) - d_3(x, y)\right| \leqslant \varepsilon$；或者存在 Y 上的等腰归一化距离 d_4，使得：(1) d_4 与 d_2 是同构的(在 Y 上)，(2) $\forall u, v \in Y$，$\left|d_1(f^{-1}(u), f^{-1}(u)) - d_4(u, v)\right| \leqslant \varepsilon$。则称 (X, d_1) 与 (Y, d_2) 关于结构聚类(分类)是 ε-相似的，简称 d_1(在 X 上)与 d_2(在 Y 上)是 ε-相似的。

定理 5.1.11(ε-相似性判别定理Ⅲ)　设 (X, d_1) 和 (Y, d_2) 是两个等腰归一化距离空间，对应的粒度空间分别为 $\aleph_{d_1}(X) = \{X(\lambda) \mid \lambda \in [0,1]\}$ 和 $\aleph_{d_2}(Y) = \{Y(\lambda) \mid \lambda \in [0,1]\}$，$f$ 是 X 到 Y 上的一对一映射。则 d_1(在 X 上)与 d_2(在 Y 上)是 ε-相似的 $\Leftrightarrow \forall \lambda \in [0,1]$，存在 $\mu \in [0,1]$ 使得 $\overline{X}(\mu + \varepsilon) \leqslant X(\lambda) \leqslant \overline{X}(\mu - \varepsilon)$，或 $\forall \mu \in [0,1]$，存在 $\lambda \in [0,1]$ 使得 $\overline{Y}(\lambda + \varepsilon) \leqslant Y(\mu) \leqslant \overline{Y}(\lambda - \varepsilon)$。其中，$f^{-1}$ 是映射 f 的逆映射

$$\overline{X}(\mu + \varepsilon) = f^{-1}(Y(\mu + \varepsilon)) = \{f^{-1}(b) \mid b \in Y(\mu + \varepsilon)\}$$

$$\overline{Y}(\lambda + \varepsilon) = f(X(\lambda + \varepsilon)) = \{f(a) \mid a \in X(\lambda + \varepsilon)\}$$

证明　"$\Rightarrow$"若存在 $d_3 \in D(X)$，$D_3 = \{d_3(x, y) \mid x, y \in X\}$，使 d_3 与 d_1 在 X 上同构，且 $\forall x, y \in X$，

$$\left|d_2(f(x), f(y)) - d_3(x, y)\right| \leqslant \varepsilon \tag{5.1.5}$$

记 d_3 在 X 上引导的粒度空间为 $\aleph_{d_3}(X) = \{X_3(\lambda) \mid \lambda \in [0,1]\}$。由 $d_3 \cong d_1$ 和定义 5.1.1，$\forall \lambda \in [0,1]$，存在 $\mu \in [0,1]$ 使得 $X_3(\mu) = X(\lambda)$。于是 $\forall a = [x]_{1\lambda} \in X(\lambda) = X_3(\mu)$，则 $\forall y \in a$，由式(5.1.5)可得：$d_3(x, y) - \varepsilon \leqslant d_2(f(x), f(y)) \leqslant d_3(x, y) + \varepsilon$，从而 $Y(\mu + \varepsilon) \leqslant f(X(\lambda)) \leqslant Y(\mu - \varepsilon)$，即得 $\overline{X}(\mu + \varepsilon) \leqslant X(\lambda) \leqslant \overline{X}(\mu - \varepsilon)$。

同理可证另一半。

"$\Leftarrow$"$\forall \lambda \in [0,1]$，存在 $\mu \in [0,1]$ 使得 $\overline{X}(\mu + \varepsilon) \leqslant X(\lambda) \leqslant \overline{X}(\mu - \varepsilon)$。

记 $X_3(\mu) = X(\lambda)$，于是可得一个粒度空间 $\{X_3(\mu) \mid \mu \in [0,1]\}$，这是 X 上的一个有序粒度空间，其对应的等腰归一化距离记为 d_3，显然 d_1 与 d_3 在 X 上是同构的。记

$$D_1 = \{d_1(x, y) \mid x, y \in X\}, \qquad D_2 = \{d_2(x, y) \mid x, y \in Y\}$$

$\forall x, y \in X$，记 $d_1(x, y) = \lambda \in D_1$，存在 $\mu \in [0,1]$ 使得

$$\overline{X}(\mu + \varepsilon) \leqslant X(\lambda) = X_3(\mu) \leqslant \overline{X}(\mu - \varepsilon)$$

即有 $Y(\mu + \varepsilon) \leqslant f(X_3(\mu)) \leqslant Y(\mu - \varepsilon)$，从而

$$d_3(x, y) - \varepsilon \leqslant d_2(f(x), f(y)) \leqslant d_3(x, y) + \varepsilon \rightarrow \left|d_2(f(x), f(y)) - d_3(x, y)\right| \leqslant \varepsilon$$

因此由定义 5.1.5 知：d_1(在 X 上)与 d_2(在 Y 上)是 ε-相似的。

此定理同样表明不同论域上的两个等腰归一化距离的 ε-相似意味着它们对应的结构聚类(分类)存在其中一个对另一个起到限定的作用，即可以从其中一个对应的结构次序中找到另一个结构的位置。

定理 5.1.12(ε-相似性判别定理IV)　设 (X,d_1) 和 (Y,d_2) 是两个等腰归一化距离空间，f 是 X 到 Y 上的一对一映射。则 d_1 (在 X 上)与 d_2 (在 Y 上)是 ε-相似的充分必要条件：存在 $[0,1]$ 到 $[0,1]$ 的一对一、严格单调增加映射 g，满足 $g(0)=0$，使得

$$\forall x,y \in X, \quad \left|g(d_1(x,y))-d_2(f(x),f(y))\right| \leqslant \varepsilon$$

或者存在 $[0,1]$ 到 $[0,1]$ 的一对一、严格单调增加映射 h，满足 $h(0)=0$，使得

$$\forall u,v \in Y, \quad \left|h(d_2(u,v))-d_1(f^{-1}(u),f^{-1}(v))\right| \leqslant \varepsilon$$

证明　由定义 5.1.5 和定理 5.1.3 直接推出，此略。

【例 5.1.4】　在例 5.1.2 中，若 d_2 取为

d_2：$d_2(b_i,b_i)=0,i=1,2,3,4,5$，　$d_2(b_1,b_2)=0.3$，

　　　$d_2(b_1,b_3)=d_2(b_2,b_3)=d_2(b_1,b_4)=d_2(b_2,b_4)=d_2(b_3,b_4)=0.4$，

　　　$d_2(b_1,b_5)=d_2(b_2,b_5)=d_2(b_3,b_5)=d_2(b_4,b_5)=0.5$。

此时 $D_2=\{0,0.3,0.4,0.5\}$。于是对应的粒度空间为

$\aleph_{d_2}(Y)$：$Y(0)=\{\{b_1\},\{b_2\},\{b_3\},\{b_4\},\{b_5\}\}$；　$Y(0.3)=\{\{b_1,b_2\},\{b_3\},\{b_4\},\{b_5\}\}$；

$Y(0.4)=\{\{b_1,b_2,b_3,b_4\},\{b_5\}\}$；　$Y(0.5)=Y$。

此时 $D_1=\{0,0.2,0.4,0.5,0.7\}$，不可能取得 D_1 到 D_2 上一对一的、严格单调增加映射。但可取 $[0,1]$ 到 $[0,1]$ 的一对一、严格单调增加映射 g，满足 $g(0)=0$，并保证

$$0 \leftrightarrow 0, 0.3 \leftrightarrow 0.3, 0.4 \leftrightarrow 0.5, 0.5 \leftrightarrow 0.7$$

则有

$$\forall x,y \in X, \quad \left|g(d_1(x,y))-d_2(f(x),f(y))\right| \leqslant 0.1$$

即 d_1 (在 X 上)与 d_2 (在 Y 上)是 0.1-相似的。

在例 5.1.4 中，正因为 D_1 与 D_2 之间不能构成一对一、在上的对应关系，所以在定理 5.1.12 中的映射 g (或者 h)是 $[0,1]$ 到 $[0,1]$ 的一对一、严格单调增加映射，同时也可看到定理 5.1.10 的作用。

类似于 5.1.1 节一样，可引入不同论域上的两个等腰归一化距离强 ε-相似的概念。

定义 5.1.6　设 (X,d_1) 和 (Y,d_2) 是两个等腰归一化距离空间，f 是 X 到 Y 上的一对一映射，d_1 和 d_2 引导的粒度空间分别记为 $\aleph_{d_1}(X)=\{X(\lambda)\,|\,\lambda\in[0,1]\}$ 和 $\aleph_{d_2}(X)=\{Y(\lambda)\,|\,\lambda\in[0,1]\}$。如果存在 $\varepsilon>0$，满足

(1) $\forall\lambda\in[0,1]$，存在 $\mu\in[0,1]$ 使得 $\overline{X}(\mu+\varepsilon)\leqslant X(\lambda)\leqslant\overline{X}(\mu-\varepsilon)$；

(2) $\forall\mu\in[0,1]$，存在 $\lambda\in[0,1]$ 使得 $\overline{Y}(\lambda+\varepsilon)\leqslant Y(\mu)\leqslant\overline{Y}(\lambda-\varepsilon)$。

其中，f^{-1} 是映射 f 的逆映射，$\overline{X}(\mu+\varepsilon)=f^{-1}(Y(\mu+\varepsilon))=\{f^{-1}(b)\,|\,b\in Y(\mu+\varepsilon)\}$，$\overline{Y}(\lambda+\varepsilon)=f(X(\lambda+\varepsilon))=\{f(a)\,|\,a\in X(\lambda+\varepsilon)\}$。

则称 d_1（在 X 上）与 d_2（在 Y 上）关于结构聚类（分类）是强 ε-相似的，简称 d_1（在 X 上）与 d_2（在 Y 上）是强 ε-相似的，记为 $d_1(X)\approx d_2(Y)(\varepsilon)$。

定理 5.1.13（强 ε-相似性判别定理 II）　设 (X,d_1) 和 (Y,d_2) 是两个等腰归一化距离空间，f 是 X 到 Y 上的一对一映射。则 $d_1(X)\approx d_2(Y)(\varepsilon)\Leftrightarrow$ 存在 $[0,1]$ 到 $[0,1]$ 的一对一、严格单调增加映射 g 和 h，满足 $g(0)=h(0)=0$，使得

$$\forall x,y\in X,\quad\left|g(d_1(x,y))-d_2(f(x),f(y))\right|\leqslant\varepsilon$$

$$\forall u,v\in Y,\quad\left|h(d_2(u,v))-d_1(f^{-1}(u),f^{-1}(v))\right|\leqslant\varepsilon$$

其中，f^{-1} 是映射 f 的逆映射。

证明　由定理 5.1.11、定理 5.1.12 和定义 5.1.6 直接推得，此略。

定理 5.1.14　设 (X,d_1) 和 (Y,d_2) 是两个等腰归一化距离空间，f 是 X 到 Y 上的一对一映射。则 $d_1(X)\cong d_2(Y)\Leftrightarrow\forall\varepsilon>0$，$d_1(X)\approx d_2(Y)(\varepsilon)$。

证明　由定理 5.1.10 和定理 5.1.13，类似于定理 5.1.7 的证明可得，此略。

定理 5.1.14 指出了不同论域上的两个等腰归一化距离 d_1 与 d_2 关于结构聚类（分类）的强 ε-相似关系与同构关系之间的联系。

注 5.1.1　在本节中，尽管所有的概念和结论都只是在基于等腰归一化距离引导的有序粒度空间或结构聚类（分类）上获得的，但获得的所有概念和结论在基于等腰归一化伪距离所引导的有序粒度空间（或结构聚类（分类））上都是成立的。同样这些结论也可推广到基于模糊等价关系引导的有序粒度空间（或结构聚类（分类））上去，只需要将其中所涉及的一对一、严格单调增加映射 f、g 和 h 所满足的条件“$f(0)=g(0)=h(0)=0$”改成“$f(1)=g(1)=h(1)=1$”即可。不再赘述。

5.2　模糊邻近关系与归一化(伪)距离间的关系

在第 2 章和第 4 章的基础上，本节进一步研究了归一化(伪)距离与模糊相似关系之间的联系。并在 5.3 节中，将 5.1 节的基于粒度空间的复杂系统的结构分析进一步推广到归一化(伪)距离和模糊相似关系引导的粒度空间上去，建立归一化(伪)距离(或模糊相似关系)所对应的结构聚类(分类)间的聚类结构分析理论。

定义 5.2.1　设 R 是 X 上的模糊邻近关系，且满足

$$\forall x, y \in X, \quad R(x, y) = 1 \leftrightarrow x = y \tag{5.2.1}$$

则称 R 是 X 上满足最细条件的模糊邻近关系，且称条件(5.2.1)为模糊邻近关系的最细化条件。

在实际的复杂系统中，只需对模糊邻近关系 R 进行预处理(注：将不满足式(5.2.1)的元素合并成一个元素即可)。一般地，X 上满足最细条件的模糊邻近关系 R 是不唯一的。

定义 5.2.2　给定 $d \in ND(X)$ (或 $d \in WND(X)$)。设 f 是 $[0,1]$ 到 $[0,1]$ 的一对一、严格单调递减的映射，且满足 $f(0) = 1$，在 X 上定义一个关系 R：

$$\forall x, y \in X, \quad R(x, y) = f(d(x, y))$$

则称 R 是由归一化(伪)距离 d 诱导的 X 上的模糊关系，其中 f 称为诱导映射。

性质 5.2.1　设 $d \in ND(X)$ (或 $d \in WND(X)$)，则由归一化(伪)距离 d 诱导的 X 上的一个模糊关系 R 是 X 上满足最细条件的模糊邻近关系(或 R 是 X 上的模糊邻近关系)。

证明　当 $d \in ND(X)$ 时，由条件知 $\forall x, y \in X, 0 \leq R(x, y) = f(d(x, y)) \leq 1$，且
(1) $\forall x \in X, R(x, x) = f(d(x, x)) = f(0) = 1$，并且

$\forall x, y \in X, 1 = R(x, y) = f(d(x, y)) \leftrightarrow d(x, y) = 0 \leftrightarrow x = y$；

(2) $\forall x, y \in X, R(x, y) = f(d(x, y)) = f(d(y, x)) = R(y, x)$。

由定义 5.2.1 知：R 是 X 上的模糊邻近关系且满足最细条件。
当 $d \in WND(X)$ 时，同理可证。

由定义 5.2.2 所得到的关系 R 也称为由 X 上的归一化(伪)距离 d 诱导的 X 上的模糊邻近关系。同时，由性质 5.2.1 可直接推得下面的结论。

性质 5.2.2　给定 X 上的归一化(伪)距离，则给定了 X 上的满足最细条件的模糊邻近关系(或模糊邻近关系)。

由定义 5.2.2 可以看到：由于从 $[0,1]$ 到 $[0,1]$ 的一对一、严格单调递减的映射 f 是不唯一的，因此 X 上的一个归一化(伪)距离诱导的 X 上的模糊邻近关系也是不唯一的，记 $\Re_d$ 是由 X 上的归一化(伪)距离 d 诱导的模糊邻近关系的集合。

定理 5.2.1　d 是 X 上的归一化(伪)距离 $\Leftrightarrow$ 存在 X 上的一个满足最细条件的模糊邻近关系(或模糊邻近关系) R ，满足 $R = f(d)$ ，且

$$\forall x, y \in X, \qquad f^{-1}(R(x,y)) \leqslant \inf_{z \in X}\{f^{-1}(R(x,z)), f^{-1}(R(z,y))\} \tag{5.2.2}$$

其中，f 是 $[0,1]$ 到 $[0,1]$ 的一对一、严格单调递减的映射，且满足 $f(0) = 0$ ，f^{-1} 是 f 的逆映射。

证明　当 d 是 X 上的归一化距离时，

"$\Rightarrow$" 由定义 5.2.2 和性质 5.2.1，存在由归一化距离 d 诱导的 X 上的一个模糊邻近关系 R ，使得 $R = f(d)$ 。由 d 是 X 上的归一化距离知：$\forall x, y \in X$ ，$d(x,y) \leqslant d(x,z) + d(z,y)$ ($\forall z \in X$) ，于是有 $\forall x, y \in X$ ，

$$f^{-1}(R(x,y)) \leqslant \inf_{z \in X}\{f^{-1}(R(x,z)) + f^{-1}(R(z,y))\} \tag{5.2.3}$$

"$\Leftarrow$" 由条件可得 $d = f^{-1}(R)$ ，易知 d 满足归一化条件及对称性，且

(1) $\forall x \in X$ ，$d(x,x) = f^{-1}(R(x,x)) = f^{-1}(1) = 0$ 。由定义 5.2.1 可得，$\forall x, y \in X$ ，

$$0 = d(x,y) = f^{-1}(R(x,y)) \leftrightarrow R(x,y) = 1 \leftrightarrow x = y$$

(2) $\forall x, y, z \in X$ ，

$$d(x,y) = f^{-1}(R(x,y)) \leqslant \inf_{z_1 \in X}\{f^{-1}(R(x,z_1)) + f^{-1}(R(z_1,y))\}$$

$$\leqslant f^{-1}(R(x,z)) + f^{-1}(R(z,y)) = d(x,z) + d(z,y)$$

综合以上，$d = f^{-1}(R)$ 是 X 上的归一化距离。

当 d 是 X 上的归一化(伪)距离时，同理可证。

特别地，有下列结论成立。

推论 5.2.1　设 $\forall x, y \in X$ ，$R(x,y) = 1 - d(x,y)$ ，则 $d \in ND(X)$ (或 $d \in WND(X)$) $\Leftrightarrow R$ 是 X 上的一个满足最细条件的模糊邻近关系(或模糊邻近关系)，且满足

$$\forall x, y \in X, \qquad 1 + R(x,y) \geqslant \sup_{z \in X}\{R(x,z) + R(z,y)\} \tag{5.2.4}$$

从定理 5.2.3(或推论 5.2.1)可以看到：给定 X 上的一个满足最细条件的模糊

邻近关系(或模糊邻近关系),可诱导一个 X 上的归一化(伪)距离就必须满足条件 (5.2.3)(或式(5.2.4)),但推论 5.2.1 的逆是不成立的。这也说明了 X 上的归一化 (伪)距离的概念满足的条件比 X 上满足最细条件的模糊邻近关系(或模糊邻近关系)的概念要强。若以 $\mathfrak{R}_d$ 记 X 上的归一化(伪)距离诱导的 X 上的所有满足最细条件的模糊邻近关系(或模糊邻近关系)的集合,$\mathfrak{R}$ 表示 X 上所有满足最细条件的模糊邻近关系(或模糊邻近关系)的集合,$T(\mathfrak{R})$ 表示 X 上所有模糊等价关系的集合,则显然有下列结论成立。

定理 5.2.2　$T(\mathfrak{R}) \subset \mathfrak{R}_d \subset \mathfrak{R}$。

进一步,记 $t(\mathfrak{R})$ 是 X 上满足最细条件的模糊邻近关系(或模糊邻近关系)集合中模糊邻近关系通过传递闭包运算所得到的传递闭包的集合。则有如下定理。

定理 5.2.3　$t(\mathfrak{R}_d) = t(\mathfrak{R})$,且 $t(\mathfrak{R}_d) = t(\mathfrak{R}) = T(\mathfrak{R})$。

证明　由 $T(\mathfrak{R}) \subset \mathfrak{R}_d$ 及传递闭包的性质可得

$$T(\mathfrak{R}) = t(T(\mathfrak{R})) \subseteq t(\mathfrak{R}_d) \tag{5.2.5}$$

而 $\forall R \in \mathfrak{R}_d$,$t(R) \in T(\mathfrak{R})$,即有

$$t(\mathfrak{R}_d) \subseteq T(\mathfrak{R}) \tag{5.2.6}$$

由式(5.2.5)和式(5.2.6)可得:$t(\mathfrak{R}_d) = t(\mathfrak{R})$。同理可证 $t(\mathfrak{R}) = T(\mathfrak{R})$。

定理 5.2.2 和定理 5.2.3 说明:尽管有关系式 $T(\mathfrak{R}) \subset \mathfrak{R}_d \subset \mathfrak{R}$ 成立,即 $\mathfrak{R}$、$\mathfrak{R}_d$ 和 $T(\mathfrak{R})$ 中两两之间都有"间隙",但在传递闭包运算下仍有关系式 $t(\mathfrak{R}_d) = t(\mathfrak{R}) = T(\mathfrak{R})$,这就是说,传递闭包运算可以弥合 $\mathfrak{R}$、$\mathfrak{R}_d$ 和 $T(\mathfrak{R})$ 中两两间的间隙。这说明基于模糊邻近关系的结构聚类分析要比基于归一化(伪)距离的结构聚类分析在现实问题研究中具有更多的优点。这是由于 X 上的模糊邻近关系更容易获得,便于在现实问题中应用,但在距离空间中可以得到更为直观的几何解释,这是前者无法与之相比较的。

若记 X 上的所有模糊邻近关系的集合为 $SF(X)$,则由第 2 章和本章以上的分析可得到本书所涉及的等腰归一化距离、等腰归一化伪距离、归一化距离和归一化伪距离、模糊等价关系和模糊邻近关系,以及它们在传递闭包运算下的关系图(图 5.2.1),其中"$A \xrightarrow{T} B$"表示只有在传递闭包运算下由 A 可推得 B,其他符号与前面相同。同样也可得到它们所引导的粒度空间之间的关系图,此略。

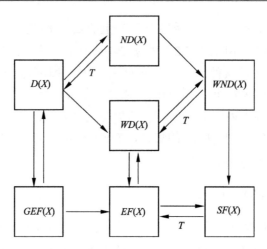

图 5.2.1   本书所涉及的各种距离和模糊关系，以及它们在传递闭包运算下的关系图

5.3   归一化(伪)距离(模糊邻近关系)结构聚类分析

在 5.1 节中，已经研究了基于粒度空间的等腰归一化距离的聚类结构分析。同时，建立了两个等腰归一化距离关于聚类(分类)结构的同构性判别定理、ε-相似性判别定理和强 ε-相似性判别定理，以及同构和强 ε-相似之间的关系定理，并且这些结论都可推广到等腰归一化伪距离和模糊等价关系关于聚类结构的分析上去。在第 4 章中，也研究了基于粒度空间的归一化(伪)距离和模糊邻近关系的结构聚类的理论和算法。本节将在这些工作的基础上，建立同一论域上的基于归一化(伪)距离和模糊邻近关系的聚类(分类)结构分析，即基于结构聚类(分类或粒度空间)的同构性和相似性分析。

5.3.1   归一化(伪)距离(模糊邻近关系)同构性分析

先来研究基于归一化距离的结构聚类(分类)(或粒度空间)的同构性问题。

定义 5.3.1   给定 X 上的两个归一化(伪)距离 d_1 和 d_2，它们诱导的粒度空间分别记为 $\aleph_{Td_1}(X) = \{X_1(\lambda) \mid \lambda \in [0,1]\}$，$\aleph_{Td_2}(X) = \{X_2(\lambda) \mid \lambda \in [0,1]\}$。若 d_1 和 d_2 的粒度空间对应相同，即 $\forall \lambda \in [0,1]$，存在 $\mu \in [0,1]$ 使得 $X_2(\mu) = X_1(\lambda)$，反之也成立。则称 d_1 与 d_2 关于结构聚类(分类)是同构的，简称 d_1 与 d_2 是同构的，记为 $d_1 \cong d_2$。

【例 5.3.1】   设 $X = \{1,2,3,4\}$，给定 d_1 和 d_2 是 X 上的两个归一化距离，且它们定义如下：

d_1：$d_1(i,i) = 0, i = 1,2,3,4$；$d_1(1,2) = 0.2$；$d_1(1,4) = d_1(2,3) = 0.3$；$d_1(1,3) = 0.5$；$d_1(2,4) = d_1(3,4) = 0.4$；

d_2：$d_2(i,i) = 0, i = 1,2,3,4$；$d_2(1,3) = d_2(1,4) = d_2(2,3) = d_2(3,4) = 0.4$；$d_2(1,2) = 0.2$；$d_2(2,4) = 0.5$。

而它们所诱导的粒度空间(或分层递阶结构)分别是

$\aleph_{Td_1}(X) = \{X_1(0) = \{\{1\},\{2\},\{3\},\{4\}\}, X_1(0.2) = \{\{1,2\},\{3\},\{4\}\}, X_1(0.3) = \{X\}\}$；

$\aleph_{Td_2}(X) = \{X_2(0) = \{\{1\},\{2\},\{3\},\{4\}\}, X_2(0.2) = \{\{1,2\},\{3\},\{4\}\}, X_2(0.4) = \{X\}\}$。

从而 $\aleph_{Td_1}(X)$ 与 $\aleph_{Td_2}(X)$ 对应相同，由定义 5.3.1 知 $d_1 \cong d_2$。

但存在 $d_1(2,4) = 0.4 < 0.5 = d_1(1,3)$，同时有 $d_2(2,4) = 0.5 > 0.4 = d_2(1,3)$。

例 5.3.1 说明：若 X 上的两个归一化(伪)距离关于结构聚类(分类)是同构的，则它们间不具有类似于等腰归一化(伪)距离空间上的同构性判别定理(如定理 5.1.1、定理 5.1.2 和定理 5.1.3)中的严格保序性，但下列关于 X 上的两个归一化(伪)距离同构的充分性条件是成立的。

定理 5.3.1(同构的充分性条件 I)　设 d_1 和 d_2 是 X 上的两个归一化(伪)距离。若满足 $\forall x,y,u,v \in X$，$d_1(x,y) \leqslant d_1(u,v) \leftrightarrow d_2(x,y) \leqslant d_2(u,v)$，则 $d_1 \cong d_2$。

证明　若 d_1 和 d_2 是 X 上的两个归一化距离，记 d_1 和 d_2 所诱导的粒度空间分别为 $\aleph_{Td_1}(X) = \{X_1(\lambda) \mid \lambda \in [0,1]\}$，$\aleph_{Td_2}(X) = \{X_2(\lambda) \mid \lambda \in [0,1]\}$。$\forall \lambda \in [0,1]$，$B_{i\lambda} = \{(x,y) \mid d_i(x,y) \leqslant \lambda\}$，$D_{i\lambda} = t(B_{i\lambda})$，于是 $X_i(\lambda)$ 是 $D_{i\lambda}$ 的等价类的集合($i = 1,2$)，记 $D_i = \{d_i(x,y) \mid (x,y) \in X\}$，$i = 1,2$。

由第 4 章归一化距离的粒度空间算法 B 可知：要证明 d_1 与 d_2 同构，证明 d_1 在 D_1 上与 d_2 在 D_2 上对应的粒度是相同的即可。

$\forall \lambda \in D_1$，存在 $x_0, y_0 \in X$，使得 $d_1(x_0, y_0) = \lambda$，记 $d_2(x_0, y_0) = \mu \in D_2$。于是：$\forall (x,y) \in B_{1\lambda}$，都有 $d_1(x,y) \leqslant \lambda = d_1(x_0, y_0)$，由定理所给条件可得

$$d_2(x,y) \leqslant d_2(x_0, y_0) = \mu$$

即 $(x,y) \in B_{2\mu}$，从而 $B_{1\lambda} \subseteq B_{2\mu}$。

类似地，可以证明：$B_{1\lambda} \supseteq B_{2\mu}$。因此有 $B_{1\lambda} = B_{2\mu}$，进一步就有

$$D_{2\mu} = t(B_{2\mu}) = t(B_{1\lambda}) = D_{1\lambda}$$

从而 $X_2(\mu) = X_1(\lambda)$。因此有：$\forall \lambda \in D_1$，存在 $\mu \in D_2$ 使得 $X_2(\mu) = X_1(\lambda)$。

同理可证：$\forall \mu \in D_2$，存在 $\lambda \in D_1$ 使得 $X_1(\lambda) = X_2(\mu)$。

故 d_1 与 d_2 是同构的。

当 d_1 和 d_2 是 X 上的两个归一化伪距离时，可以证明结论仍然成立。

注 5.3.1 由于性质 4.2.1 的逆不成立，因此定理 5.3.1 的逆也是不成立的。

定理 5.3.1 表明：只要 X 上的两个归一化(伪)距离保持任意两点距离的次序不变，则它们一定是同构的。例 5.3.1 也说明了定理 5.3.1 的逆是不成立的。同时，定理 5.3.1 中两个归一化(伪)距离之间同构判别的充分条件验证起来十分烦琐，对于有限离散型论域 X 来说都不易进行，更不用说对连续型的了，为此进行以下改进。

定理 5.3.2(同构的充分性条件 Ⅱ) 设 d_1 和 d_2 是 X 上的两个归一化(伪)距离，记 $D_i = \{d_i(x,y) \mid (x,y) \in X\}$，$i = 1,2$。若存在从 D_1 到 D_2 上(或 $[0,1]$ 到 $[0,1]$ 上，或 $[0,1)$ 到 $[0,1)$ 上)一对一、严格单调增加映射 f，满足 $f(0) = 0$，使得

$$\forall x, y \in X, \quad d_2(x,y) = f(d_1(x,y))$$

则 d_1 与 d_2 是同构的。

证明 以下仅对 d_1 和 d_2 是 X 上的两个归一化距离给出证明。

若干记号见定理 5.3.1 的证明。$\forall \lambda \in D_1$，存在 $x_0, y_0 \in X$，使得 $d_1(x_0, y_0) = \lambda$，记 $\mu = f(\lambda) \in D_2$。于是，$\forall (x,y) \in B_{1\lambda}$，$d_1(x,y) \leqslant \lambda = d_1(x_0, y_0)$，再由 f 满足的条件知：$d_2(x,y) = f(d_1(x,y)) \leqslant f(d_1(x_0, y_0)) = f(\lambda) = \mu$，即 $(x,y) \in B_{2\mu}$，从而 $B_{1\lambda} \subseteq B_{2\mu}$。类似地可证明：$B_{1\lambda} \supseteq B_{2\mu}$。因此有：$\forall \lambda \in D_1$，存在 $\mu \in D_2$ 使得 $B_{2\mu} = B_{1\lambda}$，从而 $D_{2\mu} = t(B_{2\mu}) = t(B_{1\lambda}) = D_{1\lambda}$，即 $X_2(\mu) = X_1(\lambda)$。

同理可证 $\forall \mu \in D_2$，存在 $\lambda \in D_1$ 使得 $X_1(\lambda) = X_2(\mu)$。

因此 d_1 与 d_2 是同构的。

类似地，当 d_1 和 d_2 是 X 上的两个归一化伪距离时，结论仍然成立。

【例 5.3.2】 设 $X = R^n$，给定 d_1 和 d_2 是 X 上的两个归一化距离，且它们定义如下：

$$\forall x, y \in X, \quad d_1(x,y) = 1 - \exp(-\|x - y\|), \quad d_2(x,y) = 1 - \exp(-\|x - y\|^2)$$

其中，$\|\cdot\|$ 为 X 上的一个范数。因 d_1 和 d_2 间有下列的对应关系：

$$d_2 = f(d_1) = \begin{cases} 1 - \exp(-\ln^2(1 - d_1)), & d_1 \in (0,1) \\ 0, & d_1 = 0 \end{cases}$$

显然 f 是 $D_1 = [0,1)$ 到 $D_2 = [0,1)$ 上一个一对一、严格单调增加映射，满足 $f(0) = 0$，由定理 5.3.2 知，归一化距离 d_1 与 d_2 关于结构聚类(分类)是同构的。

下面来研究基于模糊邻近关系的关于结构聚类(分类)的同构性问题。

定义 5.3.2 给定 X 上的两个模糊邻近关系 R_1 和 R_2，它们诱导的粒度空间分

别记为 $\aleph_{TR_1}(X)=\{X_1(\lambda)\,|\,\lambda\in[0,1]\}$，$\aleph_{TR_2}(X)=\{X_2(\lambda)\,|\,\lambda\in[0,1]\}$。若 R_1 和 R_2 的粒度空间对应相同，即 $\forall\lambda\in[0,1]$，存在 $\mu\in[0,1]$ 使得 $X_2(\mu)=X_1(\lambda)$，反之也成立。则称模糊邻近关系 R_1 和 R_2 关于结构聚类（分类）是同构的，简称 R_1 和 R_2 是同构的，记为 $R_1\cong R_2$。

定理 5.3.3（同构的充分性条件Ⅲ） 设 R_1 和 R_2 是 X 上的两个模糊邻近关系。若满足 $\forall x,y,u,v\in X$，$R_1(x,y)\leqslant R_1(u,v)\leftrightarrow R_2(x,y)\leqslant R_2(u,v)$，则 $R_1\cong R_2$。

证明 记 R_1 和 R_2 所诱导的粒度空间分别为 $\aleph_{TR_1}(X)=\{X_1(\lambda)\,|\,\lambda\in[0,1]\}$，$\aleph_{TR_2}(X)=\{X_2(\lambda)\,|\,\lambda\in[0,1]\}$。$\forall\lambda\in[0,1]$，$B_{i\lambda}=\{(x,y)\,|\,R_i(x,y)\geqslant\lambda\}$，$D_{i\lambda}=t(B_{i\lambda})$，于是 $X_i(\lambda)$ 是 $D_{i\lambda}$ 的等价类的集合（$i=1,2$），记 $D_i=\{R_i(x,y)\,|\,(x,y)\in X\}$，$i=1,2$。

由第 4 章模糊邻近关系的粒度空间算法 C 可知：要证明 $R_1\cong R_2$，证明 R_1 在 D_1 上与 R_2 在 D_2 上对应的粒度是相同的即可。

$\forall\lambda\in D_1$，存在 $x_0,y_0\in X$，使得 $R_1(x_0,y_0)=\lambda$，记 $R_2(x_0,y_0)=\mu\in D_2$。于是：$\forall(x,y)\in B_{1\lambda}$，都有 $R_1(x,y)\geqslant\lambda=R_1(x_0,y_0)$，由定理所给条件可得

$$R_2(x,y)\geqslant R_2(x_0,y_0)=\mu$$

即 $(x,y)\in B_{2\mu}$，从而 $B_{1\lambda}\subseteq B_{2\mu}$。

同理可证：$B_{1\lambda}\supseteq B_{2\mu}$。因此有 $B_{1\lambda}=B_{2\mu}$，进一步就有 $D_{2\mu}=t(B_{2\mu})=t(B_{1\lambda})=D_{1\lambda}$，从而 $X_2(\mu)=X_1(\lambda)$。因此有：$\forall\lambda\in D_1$，存在 $\mu\in D_2$ 使得 $X_2(\mu)=X_1(\lambda)$。

类似地，可证明：$\forall\mu\in D_2$，存在 $\lambda\in D_1$ 使得 $X_1(\lambda)=X_2(\mu)$。

故 $R_1\cong R_2$。

定理 5.3.3 同样表明：只要 X 上的两个模糊邻近关系保持任意两个元素间的隶属度的大小次序不变，则它们一定是同构的。同时也可给出类似例 5.3.1 的例子说明定理 5.3.3 的逆是不成立的。同定理 5.3.2 一样，对定理 5.3.3 中两个模糊邻近关系间同构判别的充分条件进行以下改进。

定理 5.3.4（同构的充分性条件Ⅳ） 设 R_1 和 R_2 是 X 上的两个模糊邻近关系，记 $D_i=\{d_i(x,y)\,|\,(x,y)\in X\}$，$i=1,2$。若存在从 D_1 到 D_2 上（或 $[0,1]$ 到 $[0,1]$ 上，或 $(0,1]$ 到 $(0,1]$ 上）一对一、严格单调增加映射 f，满足 $f(1)=1$，使得

$$\forall x,y\in X，\quad R_2(x,y)=f(R_1(x,y))$$

则 $R_1\cong R_2$。

证明 若干记号见定理 5.3.3 的证明。

$\forall\lambda\in D_1$，存在 $x_0,y_0\in X$，使得 $R_1(x_0,y_0)=\lambda$，记 $\mu=f(\lambda)\in D_2$。于是，$\forall(x,y)$

$\in B_{1\lambda}$ ， $R_1(x,y) \geqslant \lambda = R_1(x_0,y_0)$ ，再由 f 满足的条件知：$R_2(x,y) = f(R_1(x,y)) \geqslant$ $f(R_1(x_0,y_0)) = f(\lambda) = \mu$ ，即 $(x,y) \in B_{2\mu}$ ，从而 $B_{1\lambda} \subseteq B_{2\mu}$ 。类似地可证明：$B_{1\lambda} \supseteq B_{2\mu}$ 。因此有：$\forall \lambda \in D_1$ ，存在 $\mu \in D_2$ 使得 $B_{2\mu} = B_{1\lambda}$ ，从而 $D_{2\mu} = t(B_{2\mu}) = t(B_{1\lambda}) = D_{1\lambda}$ ，即 $X_2(\mu) = X_1(\lambda)$ 。

同理可证 $\forall \mu \in D_2$ ，存在 $\lambda \in D_1$ 使得 $X_1(\lambda) = X_2(\mu)$ 。因此 $R_1 \cong R_2$ 。

【例 5.3.3】　设 $X = R^n$ ，给定 R_1 和 R_2 是 X 上的两个模糊邻近关系，且它们定义如下：

$$\forall x,y \in X ，\quad R_1(x,y) = \exp(-\|x-y\|)，\quad R_2(x,y) = \exp(-\|x-y\|^2)$$

其中，$\|\cdot\|$ 为 X 上的一个范数。因 R_1 和 R_2 间有下列的对应关系：

$$R_2 = f(R_1) = \exp(-\ln^2(R_1))$$

显然 f 是 $D_1 = (0,1]$ 到 $D_2 = (0,1]$ 上一个一对一、严格单调增加映射，满足 $f(1) = 1$ ，由定理 5.3.4 知，模糊邻近关系 R_1 和 R_2 关于结构聚类(分类)是同构的。

注 5.3.2　例 5.3.3 中所选用 R_1 和 R_2 都是在一般范数定义之下，由于矩阵范数都是等价的[2, 88]，因此 R_2 所对应的正是 Gauss 型数据[1, 36](注：因为乘上一个常系数，不影响聚类结构)。通过本书的研究不难知道：所有 Gauss 型数据在传递闭包运算之下都具有一致性聚类(分类)结构。这也许可以解释：在大量聚类(分类)技术分析和实验中所选用的数据大都是 Gauss 型数据的原因。

5.3.2　归一化(伪)距离(模糊邻近关系)相似性分析

定理 5.3.1~定理 5.3.4 都表明：对于任给的 X 上的两个归一化(伪)距离(或模糊邻近关系)，只要不影响元素间距离(或隶属度)的排列次序，在此基础上所得到的结构聚类(分类)均是相同的(即同构)。但在同构的定义中要求粒度空间相同的条件太苛刻了。事实上，由于人们对同一概念的认识或理解存在差异，因此在粒度空间上也应有差异，这种差异带来的结论不是完全相同，而是十分相似。本节主要通过引入 ε-相似的概念来描述这种情形，并讨论它的必要性条件和充分性条件。

定义 5.3.3　给定 X 上的两个归一化(伪)距离 d_1 和 d_2 ，及 $0 < \varepsilon < 1$ ，若存在 X 上的归一化(伪)距离 d_3 ，使得

(1) d_3 与 d_1 是同构的；(2) $\forall x,y \in X$ ，$|d_2(x,y) - d_3(x,y)| \leqslant \varepsilon$ 。

或者 (1) d_3 与 d_2 是同构的；(2) $\forall x,y \in X, |d_1(x,y) - d_3(x,y)| \leqslant \varepsilon$ 。

则称 d_1 与 d_2 关于结构聚类(分类)是 ε-相似的，简称 d_1 与 d_2 是 ε-相似的。

定理 5.3.5（ε-相似的必要性条件 I）　设 d_1 和 d_2 是 X 上的两个归一化(伪)距离，它们所诱导的粒度空间为 $\aleph_{Td_i}(X)=\{X_i(\lambda)\,|\,\lambda\in[0,1]\}$，$i=1,2$。若 d_1 和 d_2 是 ε-相似的，则 $\forall\lambda\in[0,1]$，存在 $\mu\in[0,1]$ 使得 $X_2(\mu+\varepsilon)\leqslant X_1(\lambda)\leqslant X_2(\mu-\varepsilon)$，或者 $\forall\mu\in[0,1]$，存在 $\lambda\in[0,1]$ 使得 $X_1(\lambda+\varepsilon)\leqslant X_2(\mu)\leqslant X_1(\lambda-\varepsilon)$。

证明　设 d_1 和 d_2 是 X 上的两个归一化距离。若存在 X 上的归一化距离 d_3，使得 $d_3\cong d_1$，且

$$\forall x,y\in X,\quad |d_2(x,y)-d_3(x,y)|\leqslant\varepsilon \tag{5.3.1}$$

记 d_3 所诱导的粒度空间为 $\aleph_{Td_3}(X)=\{X_3(\lambda)\,|\,\lambda\in[0,1]\}$。$\forall\lambda\in[0,1]$，记 $B_{i\lambda}=\{(x,y)\,|\,d_i(x,y)\leqslant\lambda\}$，$D_{i\lambda}=t(B_{i\lambda})$，于是 $X_i(\lambda)$ 是 $D_{i\lambda}$ 的等价类的集合 $(i=1,2,3)$。$\forall\lambda\in[0,1]$，由 $d_3\cong d_1$ 及定义 5.3.3 知：存在 $\mu\in[0,1]$ 使得 $X_3(\mu)=X_1(\lambda)$。而由式 (5.3.1) 知：

$$B_{2\mu-\varepsilon}\subseteq B_{3\mu}\subseteq B_{2\mu+\varepsilon}\to D_{2\mu-\varepsilon}\subseteq D_{3\mu}\subseteq D_{2\mu+\varepsilon} \tag{5.3.2}$$

即 $X_2(\mu+\varepsilon)\leqslant X_3(\mu)=X_1(\lambda)\leqslant X_2(\mu-\varepsilon)$。因此：$\forall\lambda\in[0,1]$，存在 $\mu\in[0,1]$ 使得 $X_2(\mu+\varepsilon)\leqslant X_1(\lambda)\leqslant X_2(\mu-\varepsilon)$。

类似地，可证明另一半。

同理可证，当 d_1 和 d_2 是 X 上的两个归一化伪距离时，结论仍然成立。

此定理表明，两个归一化(伪)距离是 ε-相似的就意味着它们对应的结构聚类(分类)的其中一个对另一个具有限定的关系，即可以从其中一个聚类(分类)结构次序中找到另一个的位置范围，但这种限定关系不一定是相互的。在此定理证明中，由于式 (5.3.2) 的逆命题是不成立的，因此定理 5.3.5 的逆也是不成立的。为了更好地应用 ε-相似关系，下面给定关于两个归一化(伪)距离是 ε-相似判别的一个充分性条件。

定理 5.3.6（ε-相似的充分性条件 I）　设 d_1 和 d_2 是 X 上的两个归一化(伪)距离。若存在从 $[0,1]$ 到 $[0,1]$ 的一对一、严格单调增加映射 f，满足 $f(0)=0$，使得

$$\forall x,y\in X,\quad |f(d_1(x,y))-d_2(x,y)|\leqslant\varepsilon$$

或者存在从 $[0,1]$ 到 $[0,1]$ 的一对一、严格单调增加映射 g，满足 $g(0)=0$，使得

$$\forall x,y\in X,\quad |g(d_2(x,y))-d_1(x,y)|\leqslant\varepsilon$$

则 d_1 与 d_2 是 ε-相似的。

证明　不妨假设存在从 $[0,1]$ 到 $[0,1]$ 的一对一、严格单调增加映射 f 使得

$$\forall x,y\in X,\quad |f(d_1(x,y))-d_2(x,y)|\leqslant\varepsilon$$

只需取 d_3：$\forall x, y \in X, d_3(x, y) = f(d_1(x, y))$，由定理 5.3.2 可知 $d_3 \cong d_1$。再由定义 5.3.3 易得结论成立。

推论 5.3.1　设 d_1 和 d_2 是 X 上的两个归一化(伪)距离。若满足

$$\forall x, y \in X, \quad \left| d_1(x, y) - d_2(x, y) \right| \leqslant \varepsilon$$

则 d_1 与 d_2 是 ε-相似的。

【例 5.3.4】　在例 5.3.1 中，若 d_1 取为

d_1：$d_1(i, i) = 0, i = 1, 2, 3, 4$；$d_1(1, 2) = 0.2$；$d_1(1, 4) = 0.3$；$d_1(2, 3) = 0.4$；$d_1(1, 3) = d_1(2, 4) = d_1(3, 4) = 0.5$。

由 $\forall x, y \in X, \left| f(d_1(x, y)) - d_2(x, y) \right| \leqslant 0.1$ 及推论 5.3.1 知 d_1 与 d_2 是 0.1-相似的。

以上基于归一化(伪)距离的结构聚类(分类)的相似性研究的结论可直接推广到基于模糊邻近关系的结构聚类(分类)的相似性上去，因此下面不加证明直接给出有关概念和结论。

定义 5.3.4　给定 X 上的两个模糊邻近关系 R_1 和 R_2，及 $0 < \varepsilon < 1$，若存在 X 上的模糊邻近关系 R_3，使得

(1) R_3 与 R_1 是同构的；

(2) $\forall x, y \in X$，$\left| R_2(x, y) - R_3(x, y) \right| \leqslant \varepsilon$，

或者

(1) R_3 与 R_2 是同构的；

(2) $\forall x, y \in X, \left| R_1(x, y) - R_3(x, y) \right| \leqslant \varepsilon$，

则称 R_1 与 R_2 关于结构聚类(分类)是 ε-相似的，简称 R_1 与 R_2 是 ε-相似。

定理 5.3.7(ε-相似的必要性条件 II)　设 R_1 和 R_2 是 X 上的两个模糊邻近关系，它们所诱导的粒度空间为 $\aleph_{TR_i}(X) = \{ X_i(\lambda) \mid \lambda \in [0, 1] \}, i = 1, 2$。若 R_1 和 R_2 是 ε-相似的，则

$$\forall \lambda \in [0, 1]，存在 \mu \in [0, 1] 使得 X_2(\mu + \varepsilon) \leqslant X_1(\lambda) \leqslant X_2(\mu - \varepsilon)$$

或者

$$\forall \mu \in [0, 1]，存在 \lambda \in [0, 1] 使得 X_1(\lambda + \varepsilon) \leqslant X_2(\mu) \leqslant X_1(\lambda - \varepsilon)$$

定理 5.3.8(ε-相似的充分性条件 II)　设 R_1 和 R_2 是 X 上的两个模糊邻近关系。若存在从 $[0, 1]$ 到 $[0, 1]$ 的一对一、严格单调增加映射 f，满足 $f(1) = 1$，使得

$$\forall x, y \in X，\quad \left| f(R_1(x, y)) - R_2(x, y) \right| \leqslant \varepsilon$$

或者存在从 $[0, 1]$ 到 $[0, 1]$ 的一对一、严格单调增加映射 g，满足 $g(1) = 1$，使得

$$\forall x, y \in X , \quad \left| g(R_2(x, y)) - R_1(x, y) \right| \leqslant \varepsilon$$

则模糊邻近关系 R_1 和 R_2 是 ε-相似的。

推论 5.3.2　设 R_1 和 R_2 是 X 上的两个模糊邻近关系。若满足 $\forall x, y \in X$，$\left| R_1(x, y) - R_2(x, y) \right| \leqslant \varepsilon$，则 R_1 和 R_2 是 ε-相似的。

注 5.3.3　类似于本章的 5.1 节，可将本章的 5.3 节的研究推广到不同论域上去，以建立基于归一化(伪)距离(或模糊邻近关系)的复杂系统的聚类结构的同构性和相似性分析，这里不再赘述。

5.4　本　章　小　结

在第 2 章和第 4 章的粒度空间理论基础上，本章致力于构建基于粒度空间的复杂系统聚类结构分析的理论框架。有关其研究分为两个层次开展，其一是等腰归一化(伪)距离或模糊等价关系的结构分析理论框架，其二是由归一化(伪)距离或模糊邻近关系的结构分析理论框架。并且在每个层次上沿两条平行的路径展开，即两个不同的等腰归一化(伪)距离或者模糊等价关系关于结构聚类(分类)的同构、ε-相似和强 ε-相似的问题研究，以及两个不同的归一化(伪)距离或者模糊邻近关系关于结构聚类(分类)的同构、ε-相似和强 ε-相似的问题研究。具体所获得的结论如下：

(1) 5.1 节：给出了同一论域和不同论域上两个等腰归一化距离关于结构聚类(分类)是同构、ε-相似和强 ε-相似的概念。获得了同一论域上两个不同的等腰归一化距离的关于结构聚类(分类)的同构性判别定理(定理 5.1.1 和定理 5.1.2(或定理 5.1.3))、ε-相似性判别定理(定理 5.1.4 和定理 5.1.5)和强 ε-相似性判别定理(定理 5.1.6)，以及两个复杂系统关于结构聚类(分类)的同构与强 ε-相似之间的关系定理(定理 5.1.7)；同时，获得了不同论域上两个等腰归一化距离的关于结构聚类(分类)的同构性判别定理(定理 5.1.8 和定理 5.1.9(或定理 5.1.10))、ε-相似性判别定理(定理 5.1.11 和定理 5.1.12)和强 ε-相似性判别定理(定理 5.1.13)，以及两个复杂系统关于结构聚类(分类)的同构与强 ε-相似之间的关系定理(定理 5.1.14)。所获得的这些概念和结论尽管只是在基于等腰归一化距离所引导的有序粒度空间(或分层递阶结构)上取得的，但它们在基于等腰归一化伪距离所引导的有序粒度空间(或结构聚类(分类))上都是成立的。同样这些结论也可推广到基于模糊等价关系引导的有序粒度空间(或结构聚类(分类))上去。

(2) 5.2 节：研究了论域 X 上的模糊邻近关系与归一化(伪)距离之间的关系。

研究表明：X 上的归一化(伪)距离的概念满足的条件比 X 上满足最细条件的模糊邻近关系(或模糊邻近关系)的概念要强得多。从它们所诱导的粒度空间角度看，尽管归一化(伪)距离与满足最细条件的模糊邻近关系(或模糊邻近关系)之间有"间隙"，但传递闭包运算可以弥合这些间隙，从而进一步显示了基于模糊邻近关系的结构聚类分析要比基于归一化(伪)距离的结构聚类分析在现实问题研究中具有更多的优点。同时，也给出了本书所涉及的各种距离和模糊关系之间，以及它们在传递闭包运算下的关系图(图 5.2.1)，这一关系对它们引导的有序粒度空间同样适用。

(3)5.3 节：给出了同一论域上两个归一化(伪)距离关于结构聚类(分类)是同构、ε-相似和强 ε-相似的概念。获得了同一论域上两个不同的归一化(伪)距离关于结构聚类(分类)同构的充分性条件(定理 5.3.1 和定理 5.3.2)，以及同一论域上两个不同的模糊邻近关系关于结构聚类(分类)同构的充分性条件(定理 5.3.3 和定理 5.3.4)。这些结果能很好地解释"在现代大量聚类(分类)技术分析和实验中所选用的数据大都是 Gauss 型数据"的原因，显示了数据结构分析对聚类(分类)技术研究具有一定的理论上的指导意义。同时，也获得了同一论域上两个不同的归一化距离的关于结构聚类(分类)ε-相似的必要性条件(定理 5.3.5)和充分性条件(定理 5.3.6)，以及同一论域上两个不同的模糊邻近关系关于结构聚类(分类)ε-相似的必要性条件(定理 5.3.7)和充分性条件(定理 5.3.8)。类似于 5.1.2 节的研究，这些结论都可以平行地推广到不同论域上两个不同的归一化(伪)距离(或模糊邻近关系)关于结构聚类(分类)同构、ε-相似上去。

本章的研究与第 4 章一起提供了基于粒度空间上关于聚类(分类)结构理论分析的基础，进一步完善了有序粒度空间的理论体系，为复杂系统的深入研究提供了理论工具，为粒度空间的应用奠定基础。相关发表的研究论文参见文献[30]、[73]~[75]、[89]。

第6章 粒度计算在生态系统中的应用

全球变暖现已成了不争的事实。联合国政府间气候变化专门委员会(IPCC)在第四次全球气候变化的评估报告中明确指出：气候系统变暖是毋庸置疑的，目前从全球平均气温和海温上升、大范围积雪和冰融化、全球平均海平面上升的观测中可以看出气候系统变暖是明显的[90]。近 100 年(1906~2005 年)地球表面气温上升了(0.74±0.18)℃，这一上升趋势大于第三次评估报告给出的(0.6±0.2)℃的上升趋势(1901~2000 年)[91]，到 21 世纪末，全球地表气温将上升(3.75±2.65)℃。除全球地表气温变化外，随着热带气旋度的增加、温带风暴路径向极地推移等现象的出现，全球气候变化还表现在降水、辐射和风向等气候因子上[92]。这些气候因子的变化对全球生态系统，特别是对陆地生态系统产生了深刻的影响，进而影响到全球物种的物候与物种的分布。因此，未来气候变化对物种分布的影响与预测问题一直是人们关心的中心问题之一。

本章将以我国东北地区动物和植物物种的地理分布调查数据为基础，如兴安落叶松(*Larix gmelinii*)、红皮云杉(*Picea koraiensis* Nakai)、白桦(*Betula platyphylla* Suk)、丹顶鹤(*Grus japonensis*)、白枕鹤、灰鹤等，采用粒度计算理论与方法、随机预测模型等，建立生物物种的地理分布与气候要素关系的数学模型及相关的数学表达式，确保该模型能描述出这些物种的最适应分布气候区、次适应分布气候区、可适应分布气候区，并可通过几个物种的地理分布资料与气候资料的检验；此外，该模型可用于预估在未来气候变化的情景中上述物种的分布范围，涉及的气候因子主要有温度、降水和蒸发量等。

6.1 全球气候变化对生态系统的影响分析

6.1.1 全球气候变化对生态系统结构和物种组成的影响

生态系统的结构和物种组成是系统稳定性的基础，生态系统的结构越复杂、物种越丰富，则系统的稳定性越高，其抗干扰能力越强；反之，其结构简单、种类单调，则系统的稳定性差，抗干扰能力相对较弱[93]。千万年来，不同的物种为了适应不同的环境条件而形成了其各自独特的生理和生态特征，从而形成现有不同生态系统的结构和物种组成。由于原有系统中对不同的气候因子变化的响应存在着很大的差别，因此气候变化将改变内陆生态系统的结构和物种组成。气候变化可通过以下途径使物种组成和结构发生改变[93-95]。

(1)温度胁迫。温度是物种分布的主要限制因子之一，高温限制了北方物种分布的南界，而低温则是热带和亚热带物种向北分布的限制因素。在未来气候变化的预测中，全球平均温度将升高，尤其是冬季低温的升高。这对嗜冷物种来说无疑是一个灾害，因为这种变化打破了它们原有的休眠节律，使其生长受到抑制。但对嗜温的物种而言则非常有利，温度升高不仅使它们本身无须忍受漫长而寒冷的冬季，而且有利于其种子的萌发，使它们演替更新的速度加快，竞争能力加强。

(2)水分胁迫。随着全球气温升高，虽然现有大气环流模型(general circulation model, GCM)预测全球降水量将有所增加，但降水量随地区的不同和季节的不同而存在很大的差别。根据 IPCC 研究表明[90]：在 1900~2005 年期间，南美洲及北美洲东部等一些地区的降水呈显著增加趋势，但中纬度内陆地区的降水会相对减少，尤其是在夏季；在一些热带地区其干旱季节也将延长，如地中海地区、南非和南亚等地区呈干旱化趋势。此外，气温升高也将导致地面蒸散作用增强，使土壤含水量减少，植物在其生长季节中水分严重亏损，生长受到抑制，甚至出现落叶及顶梢枯死等现象而导致衰亡。但是对于一些耐旱能力强的物种来说，这种变化将会使它们在物种间的竞争中处于有利的地位，从而得以大量地繁殖和入侵[96-98]。

(3)日照和光强的变化。日照时数和光照强度的增加，将有利于阳生植物的生长和繁育。但对于耐阴性植物来说，其生长将受到严重的抑制，尤其是其后代的繁育和更新将受到强烈的影响。

(4)物候变化。冬季和早春温度的升高还会使春季提前到来，加上日照和光强的变化，从而影响植物的物候，使它们提前开花放叶，这将对那些在早春完成其生活史的林下植物产生不利的影响，甚至有可能使其无法完成生命周期而导致灭亡。

(5)有害物种的入侵。有害物种往往有较强的适应能力，它们更能适应强烈变化的环境条件且在竞争中处于有利地位。因此，气候变化的结果可能使它们更容易侵入各个生态系统中，特别是外来入侵物种[99, 100]。

随着植物群落的改变，以其为生存基础的动物群落也随之改变，从而导致生态系统的结构和物种的组成发生改变，以及生态系统的结构和物种的基础生态位发生改变，进而影响生态系统的物种多样性和物种的分布[101]。此外，气候变化还将通过改变物种的生理生态特性和生物地球化学循环等途径对不同物种产生影响。而不同物种的耐性、繁殖能力和迁移能力在新系统的形成中也起着重要的作用。

　　总之，气候变化对生态系统的结构和物种组成的影响是各个因素综合作用的结果。它将使一些物种退出原有的生态系统，而一些新的物种则入侵原有的系统，从而改变了原有生态系统的结构和物种组成。这些影响在不同生态系统之间的过渡区域可能尤为严重。因此，气候变化对物种分布影响的研究已经成为生态系统研究最重要的内容之一。

6.1.2　全球气候变化对物种分布影响的国内外研究现状

　　分布区是一个物种或种以上分类单元在地球表面所占据的地理区域，在地图上表现为沿分布区边界的一条或几条封闭曲线或者散布于一定地理范围的点集。物种的分布区是物种重要的空间特征，其大小、形状、种群的丰度等是物种与环境长期相互作用的结果。分布区一直是生物地理学最基本的概念之一[102]。从植物地理学的创始人 von Humboldt 到现代生物地理学家 MacArthur 和 Wilson[103]、Good[104]都高度重视物种的分布区，分布区图成为生物地理学家和分类学家表达思想最经常使用的"语言"，被用来推测分类群的起源、散布、分化等规律。

　　长久以来，生态学家们专注于生物与生物、生物与环境的现实作用，而对这些作用在漫长的地质历史中造成的重要结果——分布区却关注甚少；分类学家则不大考虑生物与生物、生物与环境的现实作用。近三四十年来，随着全球气候变化，以及人类活动巨大而持续不断的干扰，众多物种的分布区迅速缩小以致物种绝灭，相应地另外一些物种的分布区却突然扩大，在原产地以外的地区成为危害严重的外来物种。在这一背景下，物种的分布区受到宏观生物学领域众多学者的关注，成为新兴的生物多样性科学的一个基本概念和研究对象，研究表明：物种的分布区是一个十分重要的特征，其大小与纬度、地方种群的密度、物种分化和绝灭、地方种群绝灭、物种多样性等密切相关，而且这些特性之间又相互关联[102, 105]。这些无论在理论研究上还是在保护政策的制定上都具有重要的意义[106-113]。

　　近年来国际上已经广泛展开气候变化对物种分布影响的研究。Parmesan 和 Yohe[114]探讨了 1700 多个物种在过去 20~140 年间分布区的变化，发现物种分布区的迁移与气候变化相关。对其中 99 个物种的定量分析发现，气候变化导致物种分布区北界的平均北向移动速率为 6.1km/10a，最高海拔分布的高度平均上升速率为 6.1m/10a。Root 等[115]对 143 个研究中的 1473 个物种进行了整合分析，发现有80%的物种的迁移与温度变化高度相关。事实上，气候变化条件下，植物群落不会作为一个完整的整体进行移动，每个物种的迁移变化是独立发生的，群落内的各个树种在未来气候变化条件下，会以不同的组合方式聚集在一起[116]。Erasmus 等[117]模拟分析了气候变化对非洲脊椎和无脊椎动物分布的影响，Luoto 等[118]分析了气候变化对蝴蝶分布的影响，Settele 等[119]研究了气候变化对未来欧洲蝴蝶分布的潜在影响，Peterson 等[120]分析了气候变化对墨西哥动物分布的影响，Forsman 和 Mönkkoönen[121]及 Westphal 等[122]分析了气候变化对鸟类分布的影响，Iverson 和 Prasad[123]及 Matsui 等[124]分析了气候变化对森林分布的影响。这些研究将为气候变化下动植物的保护提供重要科学依据。其中的大多数研究都是通过比较物种在观测或基准情景下与未来单一年气候变化情景下分布差异，确定气候变化对物种分布的影响，对气候变化下物种分布在不同年份及多年变化差异考虑不足。利用不同长时间序列气候变化情景分析气候变化对物种分布影响正日益受到关注[92, 125]。不同的研究选择气候要素差异也较大，例如，Erasmus 等[117]选择年及月均气温、年及月最高最低气温与繁殖期降水量，Forsman 和 Mönkkoönen[121]选择最冷月气温和年均气温及繁殖期气温和降水量，Luoto 等[118]选择最冷月气温和降水量及大于 5℃的积温，Matsui 等[124]和 Midgley 等[126]据相关研究选择不同气候变量来分析气候变化对物种分布的影响，同时也开展了未来气候变化条件下物种分布模型(species distribution model)的研究。Phillips 等[127]提出了物种地理分布的最大熵模型(maximum entropy model)的研究，Fitzpatrick 和 Hargrove[128]提出了物种分布模型的投影及非模拟气候问题的研究，Graham 等[129]进行了空间分布模型中使用的物种发生数据的误差影响研究。此外，Guisan 和 Thuiller[130]利用简单的生境模型(habitat model)去预测物种分布，Rodríguez 等[131]利用物种分布的预测模型进行生物多样性保护研究，Marmion 等[132]进行了物种分布建模中一致性评价的研究。

　　近年来国内也有大量学者从事有关物种分布与气候因子相关的研究。韩佶兴等[133]利用 1982~2010 年 GIMMS 和 MODIS 两种遥感数据集的归一化植被指数(NDVI)数据，分析了松花江流域植被 NDVI 时空特征及其与气候因子的关系。研究显示：松花江流域植被与气候因子具有很强的相关性，气温对植被变化的影响强于降水，其相关系数分布也具有地域性，大兴安岭北部地区气温影响最为显著；不同植被类型对气候因子的响应不同，针叶林受气温及降水影响最大，耕地最小。李月臣等[134]利用 NOAA/PAVHRR NDVI 数据、气候和土地覆盖数据对北方 13 省地区 1982~1999 年植被动态变化及其与气候因子的关系进行了分析，研究表明 18 年间植被变化与气温相关性显著。此外，胡相明等[135]研究了云雾山天然草地物种分布与环境因子的关系，其中环境因子包括：土壤水分指标、养分指标、地形因子与封育措施；於琍等[136]进行了植被地理分布对气候变化的适应性研究，他们以气候与植被关系为基础，结合植被对气候变化响应的时滞性，模拟不同植被类型对气候变化的动态响应过程，以当前气候条件和未来气候变化情景下植被地理分布实际发生和潜在的转变情况来定量表达植被地理分布与气候条件间的适应关系,评价植被地理分布对气候变化的适应性。张慧东等[137]进行了寒温带非生长季环境气象要素对兴安落叶松的影响分析,研究结果表明:在寒温带兴安落叶松森林生态系统中,低温、高湿、稳定的土壤温度和深厚的积雪是非生长季兴安落叶松获得所必需的水分和其他营养元素得以维持非生长季微弱的水分代谢的基本途径之一,是兴安落叶松在极端恶劣的气候环境下能够良好生长的基本环境保证。吴建国和吕佳佳[138]利用分类和回归树(classification and regression tree)模型,在不同气候变化情景下,模拟分析了气候变化对大熊猫分布范围及空间格局的影响。研究结果显示:在气候变化下,大熊猫目前适宜分布范围将缩小,新适宜和总适宜分布范围在 1991~2020 年时段较大,从 1991~2020 年时段到 2081~2100 年时段呈现缩小趋势。张雷等[139-141]选用 7 个与物种生理特征有关的气候变量(年平均气温(℃)、最冷月平均气温(MCMT,℃)、最暖月平均气温(MWMT,℃)、气温年较差(MWMT–MCMT,℃)、年平均降水量(mm)、平均夏季降水量(5~9 月,mm)及大于 5℃的积温)和 10 个环境变量,即土壤有机质、N、P 和 K 含量(%)、土壤的粗砂、细砂、粉砂和黏粒含量(%)、土层厚度(cm)及 pH,采用 3 个比较新颖的组合集成学习(ensemble learning)模型(注:随机森林(random forest,RF)、广义助推法和 Neural Ensembles)、3 个常规模型(注:广义线性模型(GLM)、广义加法模型和分类回归树)、3 个大气环流模型(MIROC32_medres、CCCMA_CGCM3 和 BCCR-BCM2.0)和 1 个气体排放情景(SRES_A2),模拟分析了我国主要树种的历史基准气候(1961~1990 年)和未来 3 个不同时期(2010~2039 年,2020s;2040~2069 年,2050s;2070~2099 年,2080s)的潜在分布。研究表明:我国主要树种华山松、侧柏、杉木、油松、兴安落叶松、红松、华北落叶松和云南松等总的潜在分布面积逐渐减小,且分布区逐渐向西北方向迁移;云杉、马尾松未来总潜在适生区面积将逐渐增加;樟子松未来总潜在适生区面积将逐渐减小,随着预测时段的递增其分布区先向西北移动,后向东北移动;长白落叶松未来气候条件下将向东北方向迁移,随着预测时段的增加总潜在适生区面积先增大后减小。

　　这些结果为未来气候变化情景下物种分布的分析与研究奠定了研究基础。事实上,每个物种现存的分布是该物种对分布区气候适应的表现,每个物种对各气候要素的依赖程度各不相同,各气候要素的变化对全球物种分布的影响也是不同的。因此,模拟未来气候变化对物种分布的影响分析与研究将是应对全球气候变化的重要内容之一。一方面,对于不同的物种,选择不同长时间序列气候变化情景分析或不同气候变量以提高模拟气候变化对物种分布精度的影响[92],包括气候变化后物种分布的目前适宜、新适宜和总适宜分布变化及空间格局的改变[142],这对气候变化下物种的就地保护和迁地保护等至关重要[143, 144]；另一方面，就不同的物种和不同长时间序列气候变化情景分析，进行气候变化与物种分布的模型研究，以准确地确定气候变化对物种分布的影响[145, 146]。

6.2　数据来源与基本信息特征提取

基本数据包括气候数据和物种分布的调查数据两类。

6.2.1　气候数据

我国东北地区森林物种的气候因子的数据来源：由国家气候中心根据我国1951~2000 年的气候数据，应用 MIROC-RegCM 模式模拟数据，所获得的气候情景数据 20C3M（1951~2000 年）和未来气候情景 SRESA1B（2001~2100 年）。取出我国东北局部地区的 1981~1990 年、2041~2050 年和 2091~2100 年的气象平均数据，且以 gis 文本格式存放，文件夹名分别为 1981_1990、2041_2050 和 2091_2100。每个文件夹中有 6 个变量，按 12 个月平均数据文本（注：共 60 个文本）。文本名及文本内含义如下：

tm_01.asc-tm_12.asc：文件夹名所指年份的 1~12 月份的按月平均气温（℃）（注：共有 12 个文本，下同）；

tmax_01.asc-tmax_12.asc：文件夹名所指年份的 1~12 月份的按月平均最高温度（℃）；

tmin_01.asc-tmax_12.asc：文件夹名所指年份的 1~12 月份的按月平均最低温度（℃）；

pre_01.asc-pre_12.asc：文件夹名所指年份的 1~12 月份的按月平均降水量（mm）；

flw_01.asc-flw_12.asc：文件夹名所指年份的 1~12 月份的按月平均净辐射（W/m^2）。

其中每个文本中数据由 3930 列和 1923 行的矩阵表示，$O(x, y)$ 是指数据矩阵左上角第一个元素所在的经纬度，即 O 为（102.004211, 37.510628），而数据矩阵所在区域的经纬度范围是 $W =[102.004211,135.098741]×[37.510628, 53.704211]$，网格格距为 0.008421°（注：相当于地图上实际距离是 1km），数据矩阵的列数对应于经度且增大的方向相同，数据矩阵的行数对应于（北）纬度且增大的方向相同，而点 O 对应于地图上左下角。所有文件内的数据"-9999"表示该地理位置不在中国版图内而无法获取气候因子的数值。

类似地，也可获取我国丹顶鹤种群的繁殖地和越冬地分布区域内相关的气候数据。

6.2.2　物种分布的调查数据

A. 森林物种的分布调查数据

1981~1990 年间三种树种的分布数据来源是根据中国科学院沈阳应用生态研究所历年来的调查数据及文献资料挖掘，通过应用地理信息系统(GIS)而获得，包括兴安落叶松、白桦和红皮云杉等在我国东北地区的分布数据。树类分布数据文件夹中包含：兴安落叶松分布调查的相关数据，文件名分别为兴安落叶松.dbf、兴安落叶松.prj、兴安落叶松.sbn、兴安落叶松.sbx、兴安落叶松.shp、兴安落叶松.shp.xml、兴安落叶松.shx 和兴安落叶松点密度.tif 等；白桦分布调查的相关数据，文件名分别为白桦.dbf、白桦.prj、白桦.sbn、白桦.sbx、白桦.shp、白桦.shp.xml、白桦.shx 和白桦点密度.tif 等；红皮云杉分布调查的相关数据，文件名分别为红皮云杉.dbf、红皮云杉.prj、红皮云杉.sbn、红皮云杉.sbx、红皮云杉.shp、红皮云杉.shp.xml、红皮云杉.shx 和红皮云杉点密度.tif 等；树种兴安落叶松、白桦和红皮云杉分布的省级行政区的相关数据，文件名分别为省级行政区_面.dbf、省级行政区_面.prj、省级行政区_面.sbn、省级行政区_面.sbx、省级行政区_面.shp、省级行政区_面.shp.xml 和省级行政区_面.shx 等。1981~1990 年我国东北地区森林物种兴安落叶松、白桦和红皮云杉的调查分布图参见文献[147]中的 Fig.1，且 Fig.1 的左下角的点 O 对应东经度和北纬度分别是 102.004211° 和 37.510628°，且横坐标和纵坐标的单位都是公里(km)。

在应用软件 ArcGIS 9.3 之下，以及 1981~1990 年间三种树种调查的分布数据基础上，按每个网格纵、横跨度均为 0.008421°(注：对应于 1km 的实际距离)，所截的我国境内的陆地区域的行数为 1923，列数为 3930。提取各物种分布的地理信息，可得到在 1981~1990 年东北地区兴安落叶松、白桦和红皮云杉在调查的分布区域内的渔网点个数分别是 197943 个、155989 个和 13085 个，记 $M_1 = 197943$、$M_2 = 155989$、$M_3 = 13085$；同时，获取兴安落叶松、白桦和红皮云杉等在分布区域内关于按月平均气温、按月平均最高温度、按月平均最低温度、按月平均降水量和按月平均净辐射 5 项气候因子数据。这些提取的我国东北地区的兴安落叶松、白桦和红皮云杉等调查物种在分布区域的各气候因子数据放在文件名为"1981~1990 年树种的分布区气候因子数据集"中。

B. 候鸟类丹顶鹤栖息地数据

1981~1990 年间候鸟类丹顶鹤栖息地数据来源是在东北林业大学有关我国丹

顶鹤种群繁殖地和越冬地分布区域调查数据和文献挖掘的基础上，通过应用地理信息系统确定的我国丹顶鹤种群在 1981~1990 年间繁殖地和越冬地分布区域位置的数据，其中丹顶鹤繁殖地保护区数据文件夹中包含文件：东北点位.dbf、东北点位.prj、东北点位.sbn、东北点位.sbx、东北点位.shp、东北点位.shp.xml、东北点位.shx，以及丹顶鹤繁殖地.dbf、丹顶鹤繁殖地.prj、丹顶鹤繁殖地.sbn、丹顶鹤繁殖地.sbx、丹顶鹤繁殖地.shp、丹顶鹤繁殖地.shp.xml、丹顶鹤繁殖地.shx 等。丹顶鹤越冬地保护区数据文件夹中包含文件：丹顶鹤越冬地.dbf、丹顶鹤越冬地.prj、丹顶鹤越冬地.sbn、丹顶鹤越冬地.sbx、丹顶鹤越冬地.shp、丹顶鹤越冬地.shp.xml、丹顶鹤越冬地.shx 等。

根据这些地理信息系统数据，通过 MATLAB 编程可得丹顶鹤种群在 1981~1990 年间繁殖地和越冬地分布区域图，参见文献[148]中图 1，且图 1 中的左下角对应的经纬度分别是：东经 115.602955°，北纬 28.856615°，每个网格纵、横跨度都为 0.008421°(注：对应于 1km 的实际距离)，即横坐标和纵坐标的单位都是公里(km)，且所截的我国境内的陆地区域的行数为 2957，列数为 2321。获取的我国丹顶鹤种群在 1981~1990 年的繁殖地和越冬地分布区域的网格点对应的经纬度数据(即渔网点)及网格点的行数与列数的数据存放在名为"丹顶鹤网格数据"的文件夹中，此文件夹中包含了丹顶鹤繁殖地_data.txt、丹顶鹤越冬地_data.txt、丹顶鹤繁殖地 PointSet.txt 和丹顶鹤越冬地 PointSet.txt 四个文件夹，其中前两个分别存放的是丹顶鹤种群的繁殖地和越冬地的经纬度数据，后两个分别存放的是丹顶鹤种群的繁殖地和越冬地的行与列交叉的网格点数据集，且分别有 $N_1 = 53084$ 和 $N_2 = 2091$。

这些提取的气候数据和物种分布的调查数据将为以后进一步研究提供基础。

6.3　气候变化对我国东北森林物种分布的影响与预测

本节主要讨论气候变化对我国东北地区森林物种兴安落叶松、白桦和红皮云杉等树种分布的影响。

6.3.1　引言

兴安落叶松[149]，落叶松属中生乔木，为耐寒、喜光、耐干旱瘠薄的浅根性树种，喜冷凉的气候，对土壤的适应性较强，有一定的耐水湿能力。生长于海拔 300~1670m 山地的各种立地环境条件(如山麓、沼泽、泥炭沼泽、草甸、湿润的河谷、阴坡及干燥阳坡、山顶、火山喷出物)，常组成大面积纯林。单株高度可达

35m，胸径可达 90cm。为寒湿性明亮针叶林的建群植物，常与白桦、黑桦、丛桦、山杨、樟子松、蒙古栎、偃松等形成混交林。适生于我国黑龙江，东西伯利亚和远东也有分布。

白桦[149]，桦木属落叶乔木，为耐寒、喜光、耐瘠薄的深根性树种，对土壤适应性强，喜酸性土，沼泽地、干燥阳坡及湿润阴坡都能生长，天然更新良好，生长较快，萌芽强，寿命较短。单株高可达 25m，胸径可达 50cm。在我国北方，如草原上、森林里和山野路旁，都很容易找到成片茂密的白桦林。产于我国东北、华北、河南、陕西、宁夏、甘肃、青海、四川、云南、西藏东南部等，分布甚广，为次生林的先锋树种，常与红松、落叶松、山杨、蒙古栎混生或成纯林。我国大、小兴安岭及长白山均有成片纯林，在华北平原和黄土高原山区、西南山地也为阔叶落叶林及针叶阔叶混交林中的常见树种。俄罗斯远东地区及东西伯利亚、蒙古东部、朝鲜北部、日本也有。

红皮云杉[149]，松科云杉属常绿乔木，是耐阴、耐干旱、耐寒，且具浅根性、生长较快的一种树种。该树种适应性较强，在分布区内除沼泽化地带及干燥的阳坡、山脊外，在不同立地条件下均能生长。红皮云杉广泛分布于我国东北山地，在大兴安岭东坡、小兴安岭和长白山林区都有自然分布，是东北林区的主要用材树种之一，也是东北林区珍贵商品林的重要资源。在小兴安岭地区面积和蓄积分别占天然林总面积和蓄积的 20%和 23%。红皮云杉在华北高山、秦岭、西南高海拔地段以及华中高山神农架、南岭有零星分布，台湾高山也有分布。该树种姿态优美，具观赏特性和园林布景功能。

兴安落叶松、白桦和红皮云杉是我国东北地区的主要森林物种。它们具有以下的生物学特征和生态学意义[150-153]：

(1)具有极强的抗寒性。如兴安落叶松能在年均温度–5.8~2℃、月最低温度–51～34℃、无霜期 80 天高寒气候条件下良好生长。红皮云杉耐寒性强，在 4 月下旬日平均气温 5℃、夜间最低气温还在 0℃以下时树液就开始流动。5 月中旬日平均气温 10℃、夜间最低气温达 5℃以上时芽展开，高生长同时开始。红皮云杉在夜间最低温度达 5℃以上时开始高生长，最低温度 5~10℃的时间占红皮云杉年周期生长进程的 1/3。

(2)具有对土地极强的适应性。如兴安落叶松能在干旱山地、石塘、水湿地、永冻层接近地表的泥炭沼泽上生长成林。

(3)具有较好的共生性。如兴安落叶松多构成大面积纯林，但是遭到破坏后就形成与白桦、山杨、柞混交林。同时由于林冠稀疏，林下有较多的光照，着生较密的灌木和杂草，不同的立地条件生长着不同的灌草。又如白桦为我国东北地区典型的先锋树种，常与红松、落叶松、山杨、蒙古栎混生或成纯林。

(4)生长速度快。如兴安落叶松年高生长可达 41cm，径生长可达 0.7cm，个别年高生长可达 120cm。高生长一般是在 5 月下旬到 9 月中下旬间，但快速生长在 6 月中旬至 7 月下旬。而红皮云杉年高生长可达 60cm。

(5)更新能力强。如兴安落叶松 20~30 年龄开始结实，70~80 年龄衰退。兴安落叶松在我国东北地区始终占有优势种的位置。几万年长盛不衰的主要原因是：立地条件适宜，且它的天然更新能力强，平均每公顷更新株数达 1 万多株。红皮云杉平均每公顷更新株数也约为 0.6 万株。

(6)具有很高的经济价值。如兴安落叶松，其木材质量好，坚实而富有弹性，且抗压、抗弯曲度强，不易腐朽，是船舶、电杆、矿柱、枕木、桥梁、建筑、家具等上好的原材料，同时树皮可提取单宁、松胶，造木栓、绝缘板等，树干富含松脂，可采脂制化工原料。红皮云杉是东北林区的主要用材树种之一，是珍贵商品林的重要资源。红皮云杉材质轻软，坚韧而有弹性，广泛用于建筑、造船、家具和造纸工业中。白桦材质优良，为人造板、纸浆材及民用建筑的优质材种。白桦的树液是一种高级天然饮料，含有多种人体必需的微量元素，具有很高的营养价值和经济价值。

(7)生态价值远远胜过其经济价值，是生态环境的保护神。如兴安落叶松，由于千百万年的地壳运动使大兴安岭抬升为东侧陡峻、西侧较缓不对称的山系轮廓，与东、西两侧的高度差悬殊，特别是东部与松嫩平原高差 1500 多米形成了鄂霍次克海和南太平洋温湿季风向西北前进的屏障。高山对阻滞的湿润气流产生反作用力使其向后流动，又被后来的湿润气流抬升，形成湿润气团，在高空中与东进的西伯利亚冷空气相遇而形成雨水，这样的气候因素为优势树种兴安落叶松的生长提供了适宜的立地条件。同时兴安落叶松的优良生长又促进了生态环境向良性发展。另外枯枝落叶形成了厚厚的海绵层吸纳降水，不仅在 5、6 月份缺水季节给自身生长提供蓄水，而且减少了地表径流，防止水土流失，使流水定向地流动，形成固定的 3000 多条大小河流，由东向西流经呼伦贝尔草原及沙地，汇入额尔古纳河，使呼伦贝尔沙地草原没有像鄂尔多斯草原一样演变成毛乌素沙漠。

有关我国东北地区兴安落叶松、白桦和红皮云杉的种群生物学与生态特征，以及它们的分布与气候因子之间的关系，国内已有大量的研究文献。张先亮等[154]利用分布区内温度、降水和帕尔默干旱指数(PDSI)等主要气候因子之间的关系进行了大兴安岭库都尔地区兴安落叶松年轮宽度年表及其与气候变化的关系的研究。李峰等[155]在温暖指数、寒冷指数、湿润指数、1 月最低温度、7 月最高温度和年降水量等环境变量因子基础上，采用广义线性模型，结合未来气候变化情景，进行了兴安落叶松地理分布对气候变化响应的模拟研究。研究结果显示：在 SRES-A2 排放方案下，2020 年兴安落叶松适宜分布面积将减少 58.1%，2050 年将减少 99.7%；在 SRES-B2 排放方案下，2020 年兴安落叶松适宜分布面积将减少 66.4%，2050 年将减少 97.9%。两种排放方案下，到 2100 年，兴安落叶松适宜分布区将从我国完全消失。邓龙等[156]选取年均温、1 月均温、7 月均温、≥10℃降水、≥5℃降水、≥10℃积温、≥5℃积温、相对湿度、无霜期、极端高温、极端低温、总降水 12 个气候因子，进行红皮云杉人工林高生长与气候因子关系数学模型的研究，分析这些气候因子对红皮云杉高生长的影响。温秀卿等[157]运用 SPSS 软件对降水、温度、辐射气象因子与兴安落叶松、云杉、红松林木的芽开放期、展叶期和种子成熟期 3 个物候期进行了相关的回归分析。该研究结果表明：①芽开放时期，兴安落叶松及云杉与 4 月上旬的温度呈显著相关，红松与≥0℃积温、≥0℃天数内的降水、≥0℃天数内的辐射呈显著相关，说明红松对光、温、水的匹配要求较高；温度是影响 3 个树种萌芽的主要因子；②在展叶期，兴安落叶松、云杉、红松与此时期的积温呈极显著相关，3 个树种与辐射的相关性依次降低，红松与降水呈极显著相关；③展叶至种子成熟期，兴安落叶松、云杉、红松与降水无关，与辐射相关，兴安落叶松和红松与该段时期内的积温呈极显著相关。史永纯等[158]选择生长于不同水分条件(湿生立地和中生立地)的中龄天然白桦林为研究对象，研究其生长状况并分析其生长过程，其研究结果显示：水分条件对白桦天然林的密度和平均胸径具有显著影响，中生立地条件下白桦天然林的密度低于湿生立地的，而平均胸径则前者高于后者。陈莎莎等[159]分析了内蒙古东部地区处于年平均气温和年降水量梯度上的 12 个天然白桦林不同凋落物层次(即最上层的初步分解层，中间的半分解层，最下层的腐殖质层)的化学性质及现存量，研究结果表明：腐殖质层是这些白桦林的一个重要的碳及养分库，未来在降水没有明显变化的情况下，这一区域的升温可能会增加白桦林地表凋落物储量。王爱民和祖元刚[160]应用 LI-6400 光合作用测定系统，研究了大兴安岭不同演替阶段白桦光合生理生态学特征。研究结果表明：无论是最大净光合速率，还是表观最大量子效率，非演替顶极群落中的白桦都大于演替顶极群落中的白桦；而两个不同演替阶段中白桦的光饱和点相差不大，但是演替顶极群落中白桦的光补偿点却低于非演替顶极群落，此表明在顶极群落中白桦的光合利用能力已经开始衰退，并有进一步衰退的趋势。此研究可解释白桦就是一个中间种群或先锋树种，当原生植被被破坏后，由于林地变得开阔，光照充足，为喜光树种白桦的侵入创造了条件。在大兴安岭，白桦常常成为替代松杉林的次生林；在小兴安岭和长白山，白桦常常成为替代红松的次生林。白桦占据裸地后迅速生长，同时由于白桦的定居，逐渐改善了生境条件,一些顶极群落种类或成林类群的种子也慢慢地在白桦林下萌发长成成苗(具有一定耐阴性)。在白桦林龄达 70~100 年后,上述类群的生长高度将超过白桦树高度,而成为群落的主林层;与此同时,白桦退居为群落的副林层。而白桦是强阳性树种,此时它将由于被兴安落叶松或红松遮荫而得不到充足光照、生长不良,最后逐渐死亡。

这些研究都表明我国东北地区森林物种兴安落叶松、白桦和红皮云杉等的分布与分布区内的气候因子密切相关,且具有以下共同特点:

(1)它们都具有较强的环境适应能力,特别是具有耐寒的特点;

(2)它们能组成混交林,具有相近的生物学和生态学特征;

(3)它们的群落初级生产力年度变化都与温度、降水量、蒸发量、净辐射等气候因子的年度变化有关。

这些研究都表明在未来气候变化各种情景之下,物种的分布预测都与其分布区内的温度、降水量、蒸发量、净辐射等气候因子密切相关,但用于物种分布预测的气候因子都依赖预测物种有关气候因子的生物学与生态学特征及其在分布区内的气候因子相关性分析,而不完全依赖于预测物种在分布区内的气候数据。因此,在不同长时间序列气候变化的气候数据中提取合适的气候因子,对于物种的分布预测是至关重要的。

结合已有的物种分布区预测研究文献,本节将在我国东北地区 1981~1990 年间的月平均气温、月平均最高温度、月平均最低温度、月平均净辐射和月平均降水量这 5 个指标数据的基础上,分析各气候因子对我国东北地区兴安落叶松、白桦和红皮云杉在分布区域内变化规律的影响,研究未来气候变化对东北地区森林物种分布的影响,进行未来气候变化对东北地区森林物种兴安落叶松、白桦和红皮云杉等树种分布的预测研究,包括单个物种和多个物种的情形。

6.3.2　影响东北地区森林物种的气候因子指标与模型假设

在提取的 1981~1990 年树种的分布区气候因子数据集的基础上,结合第 4 章中介绍的模糊邻近关系的分层聚类和信息融合理论及方法,本节将进行 1981~1990 年调查树种在分布区内气候数据的分层聚类研究,以提取影响东北地区森林物种的气候因子。具体步骤如下。

(1)在 1981~1990 年树种的分布区气候因子数据集的基础上,按不同树种和不同项的气候因子(即月平均气温、月平均最高温度、月平均最低温度、月平均降水量和月平均净辐射 5 项气候因子)进行分类处理,共有 15 类数据,即兴安落叶松的月平均气温数据(注:含 1~12 月份的全部月平均气温数据,即 12×197943 个数据，下同），兴安落叶松的月平均最高温度数据，等等。记树种 i 关于气候因子 j 的分布区间为 $[a_{ij}, b_{ij}]$，其中 $i = 1, 2, 3$ 分别表示树种兴安落叶松、白桦和红皮云杉，$j = 1, 2, 3, 4, 5$ 分别表示气候因子月平均气温、月平均最高温度、月平均最低温度、月平均降水量和月平均净辐射。经统计可得

$$[a_{11}, b_{11}] = [-24.6, 24.8], \quad [a_{21}, b_{21}] = [-24.1, 27.4], \quad [a_{31}, b_{31}] = [-24.6, 23.9]$$

$$[a_{12}, b_{12}] = [-15.1, 40.5], \quad [a_{22}, b_{22}] = [-13.4, 45.1], \quad [a_{32}, b_{32}] = [-14.5, 45.1]$$

$$[a_{13}, b_{13}] = [-36.7, 16.2], \quad [a_{23}, b_{23}] = [-36.5, 17.1], \quad [a_{33}, b_{33}] = [-37.5, 15.4]$$

$$[a_{14}, b_{14}] = [1.6, 330], \quad [a_{24}, b_{24}] = [0, 607], \quad [a_{34}, b_{34}] = [4.6, 310.3]$$

$$[a_{15}, b_{15}] = [2, 142.2], \quad [a_{25}, b_{25}] = [1.5, 160.1], \quad [a_{35}, b_{35}] = [2.8, 147.9]$$

(2) 将树种 i 关于气候因子 j 的分布区间 $[a_{ij}, b_{ij}]$ 分成 N 等份，若记 $\Delta_j = \dfrac{b_{ij} - a_{ij}}{N}$，则 $[a_{ij}, b_{ij}]$ 的 N 等分区间分别记为 $[a_{ij}, a_{ij} + \Delta_j]$，$[a_{ij}, a_{ij} + 2\Delta_j]$，$\cdots, [a_{ij}, a_{ij} + N\Delta_j]$，其中 $i = 1, 2, 3$，$j = 1, 2, 3, 4, 5$。对树种 i 关于气候因子 j 在第 k 个月的数据进行树种 i 关于气候因子 j 的分布区间 $[a_{ij}, b_{ij}]$ 的 N 等分区间频数统计，可得频数向量 $(n_{ijk1}, n_{ijk2}, \cdots, n_{ijkN})$，$i = 1, 2, 3$，$j = 1, 2, 3, 4, 5$，$k = 1, 2, \cdots, 12$，且 $\sum\limits_{s=1}^{N} n_{ijks} = M_i$。于是树种 i 关于气候因子 j 在分布区间 $[a_{ij}, b_{ij}]$ 的 N 等分区间上第 k 个月的分布向量为

$$P_{ijk} = \left(\frac{n_{ijk1}}{M_i}, \frac{n_{ijk2}}{M_i}, \cdots, \frac{n_{ijkN}}{M_i} \right) = (p_{ijk1}, p_{ijk2}, \cdots, p_{ijkN}) \tag{6.3.1}$$

若取 $N = 20$，对 1981~1990 年树种的分布区气候因子数据集进行上述处理，可得树种 i 关于气候因子 j 在分布区间 $[a_{ij}, b_{ij}]$ 的 N 等分区间上第 k 个月的分布向量。例如，兴安落叶松关于气候因子月平均气温在分布区间 $[a_{11}, b_{11}]$ 的 N 等分区间上的 12 个分布向量如下：

$P_{111} = (0.0003, 0.1759, 0.7549, 0.0688, 0, 0, 0, 0, 0, 0, 0, 0, 0, 0, 0, 0, 0, 0, 0, 0)$

$P_{112} = (0, 0.0026, 0.2702, 0.6274, 0.0920, 0.0078, 0, 0, 0, 0, 0, 0, 0, 0, 0, 0, 0, 0, 0, 0)$

$P_{113} = (0, 0, 0.0001, 0.0412, 0.4995, 0.3868, 0.0623, 0.0101, 0, 0, 0, 0, 0, 0, 0, 0, 0, 0, 0, 0)$

$P_{114} = (0, 0, 0, 0, 0, 0, 0.0028, 0.1618, 0.5062, 0.3096, 0.0197, 0.0101, 0, 0, 0, 0, 0, 0, 0, 0)$

$P_{115} = (0, 0, 0, 0, 0, 0, 0, 0, 0, 0, 0.0013, 0.1509, 0.4923, 0.3239, 0.0319, 0, 0, 0, 0, 0)$

$P_{116} = (0, 0, 0, 0, 0, 0, 0, 0, 0, 0, 0.0001, 0.0684, 0.4719, 0.4174, 0.0420, 0.0002, 0)$

$P_{117} = (0, 0, 0, 0, 0, 0, 0, 0, 0, 0, 0, 0, 0, 0.0001, 0.0126, 0.0940, 0.3904, 0.3793, 0.1236)$

$P_{118} = (0, 0, 0, 0, 0, 0, 0, 0, 0, 0, 0, 0, 0, 0.0046, 0.2992, 0.5819, 0.1065, 0.0079, 0)$

$P_{119} = (0,0,0,0,0,0,0,0,0,0,0,0.0108,0.3742,0.4216,0.1759,0.0175,0,0,0,0)$

$P_{1110} = (0,0,0,0,0,0,0.0013,0.1998,0.5235,0.2407,0.0330,0.0017,0,0,0,0,0,0,0,0)$

$P_{1111} = (0,0,0,0.0233,0.4865,0.4004,0.0660,0.0215,0.0022,0,0,0,0,0,0,0,0,0,0,0)$

$P_{1112} = (0.0283,0.6072,0.3295,0.0249,0.0102,0,0,0,0,0,0,0,0,0,0,0,0,0,0,0)$

类似地可计算其他，这里略去。

(2) 在 (1) 的分布向量 P_{ijk} 的基础上，通过内积运算获取树种 i 与气候因子 j 关于月份数据间的相关矩阵。对于树种 i 与气候因子 j，通过内积运算引入第 k 个月与第 l 个月的相关系数如下：

$$r_{ijkl} = \frac{(P_{ijk}, P_{ijl})}{\sqrt{(P_{ijk}, P_{ijk}) \cdot (P_{ijl}, P_{ijl})}} = \frac{\sum_{s=1}^{N} p_{ijks} \times p_{ijls}}{\sqrt{\sum_{s=1}^{N} p_{ijks}^2} \times \sqrt{\sum_{s=1}^{N} p_{ijls}^2}} \tag{6.3.2}$$

其中，$i = 1,2,3$，$j = 1,2,3,4,5$，$k,l = 1,2,\cdots,12$。于是可获得树种 i 与气候因子 j 关于月份数据间的相关矩阵 $R_{ij} = (r_{ijkl})_{12 \times 12}$，共有 15 个关于月份数据间的相关矩阵。例如，利用上面的数据和式 (6.3.2) 可计算白桦关于气候因子月平均气温的 12 个月相关矩阵 R_{21} 为

$$
\begin{bmatrix}
1 \\
.5896 & 1 \\
.0656 & .3518 & 1 \\
.0001 & .0014 & .1098 & 1 \\
.0000 & .0000 & .0001 & .0036 & 1 \\
.0000 & .0000 & .0000 & .0000 & .0173 & 1 \\
.0000 & .0000 & .0000 & .0000 & .0025 & .5918 & 1 \\
.0000 & .0000 & .0000 & .0000 & .0046 & .9367 & .7618 & 1 \\
.0000 & .0000 & .0000 & .0006 & .8227 & .1126 & .0213 & .0403 & 1 \\
.0001 & .0011 & .0981 & .9563 & .0153 & .0000 & .0000 & .0000 & .0026 & 1 \\
.0554 & .2891 & .9660 & .2238 & .0001 & .0000 & .0000 & .0000 & .0000 & .2177 & 1 \\
.9314 & .6453 & .2050 & .0026 & .0000 & .0000 & .0000 & .0000 & .0000 & .0022 & .1773 & 1
\end{bmatrix}
$$

其中，矩阵中对角线上数值均为 "1"，而 "0.5896" 写成 ".5896"，余类推。由于相关矩阵 R_{ij} 都是对称矩阵，因此上面相关矩阵的表述略去了对角线上方的元素。类似地可计算其他，这里略去。

在以上获得的关于月份数据间的相关矩阵的基础上，应用模糊邻近关系的聚类结构提取的算法——算法 C，进行气候因子关于月份的分层聚类结构的提取与分析研究。采用如下的模型构建。

在有限论域 $X = \{x_1, x_2, \cdots, x_n\}$ 上的模糊邻近关系 R 的聚类结构 $\aleph_{TR}(X)$ 的基础上，引入 $R_i = (R_{i1}, R_{i2}, \cdots, R_{in})^{\mathrm{T}}$ 表示 x_i 到 X 上所有元素的隶属函数值构成的 n 维向量，$i = 1, 2, \cdots, n$，记 $\bar{a} = \sum_{i=1}^{n} R_i / n$ 表示这 n 个向量构成的形心。给定的 $X(\lambda) = \{a_1, a_1, \cdots, a_{C_\lambda}\} \in \aleph_{TR}(X)$，记 $a_k = \{x_{k_1}, x_{k_2}, \cdots, x_{k_{J_k}}\}$，$k = 1, 2, \cdots, C_\lambda$，且 $\sum_{k=1}^{C_\lambda} J_k = n$。记 $\bar{a}_k = \sum_{i=1}^{J_k} R_{k_i} / J_k$ 表示第 a_k 类的形心，$k = 1, 2, \cdots, C_\lambda$。构造粒度 $X(\lambda)$ 的类间偏差 S_{between} 和类内偏差 S_{in} 如下：

$$S_{\text{between}} = \sum_{i=1}^{C_\lambda} J_i \left\| \bar{a}_i - \bar{a} \right\|_2^2 \Big/ n, \quad S_{\text{in}} = \sum_{i=1}^{C_\lambda} \sum_{j=1}^{J_k} \left\| R_{i_j} - \bar{a}_i \right\|_2^2 \Big/ J_k \qquad (6.3.3)$$

其中，$\|\cdot\|_2$ 表示 2-范数。于是，加权的总偏差为

$$S(X(\lambda), \alpha) = \alpha S_{\text{between}} + (1 - \alpha) S_{\text{in}} \qquad (6.3.4)$$

其中，$\alpha \in (0, 1)$ 为权系数。

从合理分类角度来说，任何一种合理的分类应体现其最大分类能力。因此，基于结构聚类的优化原则就是在 $\aleph_{TR}(X)$ 中确定使 $S(X(\lambda), \alpha)$ 达到最大的聚类。按照这一原则可建立如下数学模型：

$$S(X(\lambda_0), \alpha) = \max_{X(\lambda) \in \aleph_{TR}(X)} \{S(X(\lambda), \alpha)\} \qquad (6.3.5)$$

因此，使 $S(X(\lambda), \alpha)$ 最大的聚类即最优聚类，对应的聚类数即最优聚类数。

以下以白桦的月平均气温的 12 个月份为例，进行分层聚类结构的提取与最优聚类数确定的研究。

记 $X = \{1, 2, \cdots, 12\}$，$D_{21} = \{r_{21kl} = R_{21}(k, l) \mid k, l \in X\}$，显然 R_{21} 是 X 上的一个模糊邻近关系(即 R_{21} 具有自反性和对称性)。于是，应用算法 C 可得 R_{21} 引导的分层聚类结构 $\aleph_{TR_{21}}(X) = \{X_{21}(\lambda) \mid \lambda \in D_{21}\}$ 如下：

$X_{21}(1.0000) = \{\{1\}, \{2\}, \cdots, \{12\}\}$

$X_{21}(0.9660) = \{\{1\}, \{2\}, \{3, 11\}, \{4\}, \{5\}, \cdots, \{10\}, \{12\}\}$

$X_{21}(0.9563) = \{\{1\}, \{2\}, \{3, 11\}, \{4, 10\}, \{5\}, \cdots, \{9\}, \{12\}\}$

$X_{21}(0.9367) = \{\{1\}, \{2\}, \{3, 11\}, \{4, 10\}, \{5\}, \{6, 8\}, \{7\}, \{9\}, \{12\}\}$

$X_{21}(0.9314) = \{\{1, 12\}, \{2\}, \{3, 11\}, \{4, 10\}, \{5\}, \{6, 8\}, \{7\}, \{9\}\}$

$X_{21}(0.8227) = \{\{1, 12\}, \{2\}, \{3, 11\}, \{4, 10\}, \{5, 9\}, \{6, 8\}, \{7\}\}$

$X_{21}(0.7619) = \{\{1, 12\}, \{2\}, \{3, 11\}, \{4, 10\}, \{5, 9\}, \{6, 7, 8\}\}$

$X_{21}(0.6453) = \{\{1, 2, 12\}, \{3, 11\}, \{4, 10\}, \{5, 9\}, \{6, 7, 8\}\}$

$X_{21}(0.3518) = \{\{1, 2, 3, 11, 12\}, \{4, 10\}, \{5, 9\}, \{6, 7, 8\}\}$

$X_{21}(0.2238) = \{\{1,2,3,4,10,11,12\},\{5,9\},\{6,7,8\}\}$

$X_{21}(0.1126) = \{\{1,2,3,4,10,11,12\},\{5,6,7,8,9\}\}$

$X_{21}(0.0153) = \{1,2,\cdots,12\} = X$

以下无特别说明的话，$\alpha = 0.42$。通过式（6.3.4），可得加权总偏差 $S(X_{21}(\lambda),\alpha)$ 与聚类数的对应值如表 6.3.1 所示。依据模型（6.3.5），可得最优聚类数为 2，且最优聚类为 $X_{21}(0.1126)$，即白桦的月平均气温关于 1~12 月可分为两类：$\{1,2,3,4,10,11,12\}$ 和 $\{5,6,7,8,9\}$。

表 6.3.1　$S(X_{21}(\lambda),\alpha)$ 与聚类数的对应值

聚类数	12	11	10	9	8	7
$S(X_{21}(\lambda),\alpha)$	0.6375	0.6419	0.6424	0.6478	0.6538	0.6632
聚类数	6	5	4	3	2	1
$S(X_{21}(\lambda),\alpha)$	0.6919	0.7390	0.9572	1.0401	1.3587	0.8803

类似上面的讨论，可得到其他相关矩阵所对应的分层聚类结构 $\aleph_{TR_{ij}}(X)$ 及相应的最优聚类数。从所有相关矩阵所对应的最优聚类及相应的最优聚类数的结果来看：除兴安落叶松关于气候因子月平均最高温度、月平均最低温度和月平均降水量，以及白桦关于气候因子月平均最低温度所对应的相关矩阵外，其他的相关矩阵所对应的最优聚类数都是 2，且最优聚类都是 $\{\{1,2,3,4,10,11,12\},\{5,6,7,8,9\}\}$。同时这些不相同的结果分别如下：

（1）白桦关于月平均最低温度的相关矩阵所对应的最优聚类数是 2，且最优聚类是 $X_{23}(0.0683) = \{\{1,2,3,4,5,9,10,11,12\},\{6,7,8\}\}$；

（2）兴安落叶松关于月平均最高温度的相关矩阵所对应的最优聚类数是 3，最优聚类是 $X_{12}(0.1371) = \{\{1,12\},\{2,3,4,10,11\},\{5,6,7,8,9\}\}$；

（3）兴安落叶松关于月平均最低温度的相关矩阵所对应的最优聚类数是 3，最优聚类是 $X_{13}(0.0075) = \{\{1,2,3,11,12\},\{4,5,9,10\},\{6,7,8\}\}$；

（4）兴安落叶松关于月平均降水量的相关矩阵所对应的最优聚类数是 2，最优聚类是 $X_{14}(0.4328) = \{\{1,2,3,11,12\},\{4,5,6,7,8,9,10\}\}$。

以下，将在定理 4.5.2 和定理 4.5.3 的基础上，引入基于模糊邻近关系的聚类融合方法，对这 4 种具有不同聚类结果的情形分别处理如下。

对于白桦关于月平均最低温度的相关矩阵所对应的最优聚类数的情形，由于当聚类数为 3 时，其对应的聚类是 $X_{23}(0.1634) = \{\{1,2,3,4,10,11,12\},\{5,9\},\{6,7,8\}\}$，它与一致的最优聚类结果 $\{\{1,2,3,4,10,11,12\},\{5,6,7,8,9\}\}$ 较为接近。于是，就选取

粒度 $X_{23}(0.1634)$ 作为一个研究对象。同时，由于白桦关于其他气候因子的相关矩阵所对应的最优聚类数都是 2，且最优聚类都是 $\{\{1,2,3,4,10,11,12\},\{5,6,7,8,9\}\}$，因此可选取白桦的这 4 个气候因子所对应的聚类数为 3 的聚类结构中的一个作为另一个研究对象。如取月平均温度的聚类 $X_{21}(0.2238) = \{\{1,2,3,4,10,11,12\},\{5,9\},\{6,7,8\}\}$。以下依据定理 4.5.2 和定理 4.5.3，对聚类 $X_{23}(0.1634)$ 和 $X_{21}(0.2238)$ 进行融合。

记 $X^1 = X_{23}(0.1634) \bigcap X_{21}(0.2238) = \left\{ C_1^1, C_2^1, C_3^1 \right\} = X_{23}(0.1634) = X_{21}(0.2238)$，其中，$C_1^1 = \{1,2,3,4,10,11,12\}$，$C_2^1 = \{5,9\}$，$C_3^1 = \{6,7,8\}$。于是，$R_{23}$ 和 R_{21} 在粒度上的模糊邻近关系分别为

$$R_1^1 = \begin{bmatrix} 1 & & \\ 0.0683 & 1 & \\ 0.0000 & 0.0234 & 1 \end{bmatrix}, \quad R_2^1 = \begin{bmatrix} 1 & & \\ 0.0153 & 1 & \\ 0 & 0.1126 & 1 \end{bmatrix}$$

从而由交运算可得

$$R^1 = R_1^1 \bigcap R_2^1 = \begin{bmatrix} 1 & & \\ 0.0153 & 1 & \\ 0 & 0.0234 & 1 \end{bmatrix}$$

其中，R^1 是 X^1 上的一个模糊邻近关系。记 $D^1 = \{1, 0.0234, 0.0153, 0\}$，则 R^1 在 X^1 上引导的分层聚类结构 $\aleph_{TR^1}(X^1) = \{X(\lambda) \mid \lambda \in D^1\}$ 为

$X^1(1) = \{\{1,2,3,4,10,11,12\},\{5,9\},\{6,7,8\}\}$

$X^1(0.0234) = \{\{1,2,3,4,10,11,12\},\{5,6,7,8,9\}\}$

$X^1(0.0153) = \{\{1,2,3,4,5,6,7,8,9,10,11,12\}\}$

仍取 $\alpha = 0.42$，则加权总偏差 $S(X^1(\lambda),\alpha)$ 与聚类数的对应值如表 6.3.2 所示。

表 6.3.2　$S(X^1(\lambda),\alpha)$ 与聚类数的对应值

聚类数	3	2	1
$S(X^1(\lambda),\alpha)$	0.2729	0.4160	0.3768

依据模型 (6.3.5)，可得最优聚类数为 2，且最优聚类为 $X^1(0.0234)$，即综合白桦的月平均最低温度和月平均最高温度这两个气候因子关于 1~12 月可分为两类：$\{1,2,3,4,10,11,12\}$ 和 $\{5,6,7,8,9\}$。

类似于上面的处理：

(1)对于兴安落叶松关于月平均最高温度所对应的最优聚类数是 3，其对应的

最优聚类为 $X_{12}(0.1371) = \{\{1,12\},\{2,3,4,10,11\},\{5,6,7,8,9\}\}$，它与一致的最优聚类结果 $\{\{1,2,3,4,10,11,12\},\{5,6,7,8,9\}\}$ 较为接近，于是就选取粒度 $X_{12}(0.1371)$ 作为一个研究对象。同时，由于兴安落叶松关于气候因子月平均净辐射的相关矩阵所对应的最优聚类数都是 2，且最优聚类 $X_{15}(0.0089)$ 就是一致的聚类结构，因此选比 $X_{15}(0.0089)$ 细且接近它的聚类 $X_{15}(0.0219) = \{\{1,2,3,11,12\},\{4,10\},\{5,6,7,8,9\}\}$ 作为另一个研究对象。通过 $X_{12}(0.1371)$ 和 $X_{15}(0.0219)$ 进行融合，综合兴安落叶松的月平均最高温度和月平均净辐射这两个气候因子关于 1~12 月可分为两类：$\{1,2,3,4,10,11,12\}$ 和 $\{5,6,7,8,9\}$。

(2) 对于兴安落叶松关于月平均最低温度所对应的最优聚类数是 3，其对应的最优聚类为 $X_{13}(0.0075)$。在 $\aleph_{TR_{13}}(X)$ 中选取与一致的最优聚类结果较为接近且比它细的粒度 $X_{13}(0.4627) = \{\{1,2,3,11,12\},\{4,10\},\{5,9\},\{6,7,8\}\}$ 作为一个研究对象。如同 (1) 中相同的理由，选取兴安落叶松关于气候因子月平均净辐射的聚类 $X_{15}(0.0219) = \{\{1,2,3,11,12\},\{4,10\},\{5,6,7,8,9\}\}$ 作为另一个研究对象。通过对聚类 $X_{13}(0.4627)$ 和 $X_{15}(0.0219)$ 进行融合，综合兴安落叶松的月平均最低温度和月平均净辐射这两个气候因子关于 1~12 月可分为两类：$\{1,2,3,4,10,11,12\}$ 和 $\{5,6,7,8,9\}$。

(3) 对于兴安落叶松关于月平均降水量所对应的最优聚类数是 2，其对应的最优聚类为 $X_{14}(0.4328)$。在 $\aleph_{TR_{13}}(X)$ 中选取与一致的最优聚类结果较为接近且比 $X_{14}(0.4328)$ 细的粒度 $X_{14}(0.4390) = \{\{1,2,3,11,12\},\{4,10\},\{5,6,7,8,9\}\}$ 作为一个研究对象。再选取兴安落叶松的月平均净辐射聚类 $X_{15}(0.0219) = \{\{1,2,3,11,12\},\{4,10\},\{5,6,7,8,9\}\}$ 作为另一个研究对象。通过对聚类 $X_{14}(0.4390)$ 和 $X_{15}(0.0219)$ 进行融合，综合兴安落叶松的月平均降水量和月平均净辐射这两个气候因子关于 1~12 月可分为两类：$\{1,2,3,4,10,11,12\}$ 和 $\{5,6,7,8,9\}$。

综上所述：通过分层聚类结构、聚类融合及最优聚类的一整套方法，获得了我国东北地区森林树种兴安落叶松、白桦和红皮云杉关于月平均气温、月平均最高温度、月平均最低温度、月平均降水量和月平均净辐射 5 项气候因子的月份的最优聚类都是 $\{1,2,3,4,10,11,12\}$ 和 $\{5,6,7,8,9\}$。若同一树种的两个气候因子的最优聚类相同，则这两个分层聚类融合所获得的最优聚类不变。因此可得到下列结论：综合月平均气温、月平均最高温度、月平均最低温度、月平均降水量和月平均净辐射 5 项气候因子，我国东北地区森林树种兴安落叶松、白桦和红皮云杉关于月份的最优聚类都是 $\{1,2,3,4,10,11,12\}$ 和 $\{5,6,7,8,9\}$。

这一结论可解释为：每年的 5~9 月份为我国东北地区森林树种兴安落叶松、

白桦和红皮云杉的生长期，且它们在每年的 9 月底或 10 月初结束生长，在每年的 4 月底或 5 月初开始生长。这些与文献[149]~[152]、[157]、[159]的结论吻合。于是，提出对我国东北地区森林树种兴安落叶松、白桦和红皮云杉的分布产生影响的 12 个气候因子指标如下：

(1) E 表示一年的月平均蒸发量(注：指在十年内按月平均数据基础上的按月平均蒸发量，下同)；

(2) E_{5-9} 表示 5~9 月份的月平均蒸发量；

(3) P 表示一年的月平均降水量；

(4) P_{5-9} 表示 5~9 月份的月平均降水量；

(5) T 表示一年的月平均温度；

(6) T_{max} 表示一年的月平均最高温度；

(7) T_{min} 表示一年的月平均最低温度；

(8) T_{5-9} 表示 5~9 月份的月平均温度；

(9) $T_{max\,5-9}$ 表示 5~9 月份的月平均最高温度；

(10) $T_{min\,5-9}$ 表示 5~9 月份的月平均最低温度；

(11) $T_{max\,1-4,10-12}$ 表示 1~4 月份和 10~12 月份的月平均最高温度；

(12) $T_{min\,1-4,10-12}$ 表示 1~4 月份和 10~12 月份的月平均最低温度。

以下将在这 12 个气候因子指标的基础上，讨论气候变化对我国东北地区森林树种兴安落叶松、白桦和红皮云杉分布的影响。

6.3.3　基本假设

森林树种的分布区形成是一个复杂的过程，它既与物种分布区域内的气候因子相关，也与物种自身的生物学特征及物种生长分布区域内的生态环境，如土壤有机质、N、P、K 含量(%)，土壤的粗砂、细砂、粉砂和黏粒含量(%)，土层厚度(cm)及 pH 等密切相关，涉及因素众多。本书仅考虑森林树种的分布与气候因子相关性研究。由于月平均蒸发量、月平均相对湿度和月平均风速都与月平均气温、月平均最高温度、月平均最低温度、月平均净辐射和月平均降水量密切相关，因此本书只考虑在月平均气温、月平均最高温度、月平均最低温度、月平均净辐射和月平均降水量这 5 个指标数据的基础上提取的 12 个气候指标，而忽略其他气候影响因子，并在以下假设的基础上展开研究工作。

假设 1：各森林树种，如兴安落叶松、白桦和红皮云杉等森林树种，在分布区域内的关于 12 个气候指标数据分别服从某一随机分布。

由于 1981~1990 年间的东北地区森林树种兴安落叶松、白桦和红皮云杉关于

12 个气候指标的基本数据量较大，如兴安落叶松有 197943 个，白桦有 155989 个，红皮云杉有 13085 个，因此将这 12 个气候指标的数据假设为分别服从某一随机分布是合理的。一般地，记某一气候指标 X 的密度函数和分布函数分别为 $P_X(x)$ 和 $F_X(x)$，其中 X 指气候指标：E、E_{5-9}、P、P_{5-9}、T、T_{max}、T_{min}、T_{5-9}、$T_{max\,5-9}$、$T_{min\,5-9}$、$T_{max\,1-4,10-12}$、$T_{min\,1-4,10-12}$ 等。

假设 2：各森林树种对各气候因子的依赖性是稳定的，且是相互独立的，即不考虑每个树种的生物学和生态学特征的变化，特别是随着全球气候变化而带来的树种对各气候因子的适应性的改变。

由于每个物种的生物学特征是该物种自身长期进化以及与生态系统和气候环境相适应的结果，各物种对各气候因子的依赖具有相对稳定性，因此，假设 2 也是合理的，并且它也将为本项目中树种分布预测提供研究基础，其中"物种对各气候因子的依赖性是相互独立的"是一个简化模型研究的条件。

假设 3：各森林树种在分布区域内的各平均最高温度、各平均最低温度等 12 个气候指标的数值限定了该树种的适生区域范围。

假设 3 基于"高温限制了北方物种分布的南界，而低温则是热带和亚热带物种向北分布的限制因素"这一原因。这一假设将在确定物种未来的最适应分布气候区、次适应分布气候区和可适应分布气候区中起到重要的限制作用。

假设 4：物种分布的最适应分布气候区、次适应分布气候区和可适应分布气候区可通过物种对各气候因子适应程度（即概率）来确定。

在假设 4 之下，树种分布可行性区域的问题研究就转化为各气候因子的可行性区域的研究，只是各气候因子的可行必须同时成立。而由假设 1，某气候因子的可行性可转化为该气候因子在某一取值区间上的概率是 $1-\alpha$ 来体现。至于物种分布的最适应分布气候区、次适应分布气候区和可适应分布气候区的划分就可通过所取的概率的大小来体现，例如，最适应分布气候区是指概率为 0.9（即 $\alpha=0.1$），次适应分布气候区是指概率为 0.95（即 $\alpha=0.05$），而可适应分布气候区是指概率为 0.99（即 $\alpha=0.01$）。

假设 5：在同一生态群落中各物种的分布满足 Gauss 竞争排斥原理（principle of competitive exclusion，Gauss，1934），即如果许多物种占据一个特定的环境，它们要共同生活下去，必然要存在某种生态学差别（具有不同的生态位），否则它们不能在相同的生态位内永久地共存。特别地，如果已知一个树种已经分布于某一区域，经过若干年之后，这一区域仍适合于该树种生存，尽管这一区域也适合于其他物种（注：其与该物种具有相同或相近的生态位）生存，我们仍认为：经过若干年之后，这一区域仍是该树种的分布区。

由于兴安落叶松、白桦和红皮云杉等具有较为相近的生态位，从调查的东北地区这些物种的分布区域可以看到：它们的分布区域是相互交织的，因此，假设5将是处理某一区域内多树种未来分布预测的一个基本准则。

假设 6：所研究的我国东北地区的兴安落叶松、白桦和红皮云杉等森林树种在自然状态下的年扩散速度是相同的。

假设 6 也将是处理某一区域内多树种未来竞争分布预测的一个基本准则。

6.3.4 森林物种在分布区内各气候因子指标的置信区间

在提取的 1981~1990 年间东北地区森林树种在调查分布区域内各气候因子数据的基础上，本节将对兴安落叶松、白桦和红皮云杉关于 E、E_{5-9}、P、P_{5-9}、T、T_{max}、T_{min}、T_{5-9}、T_{max5-9}、T_{min5-9}、$T_{max1-4,10-12}$、$T_{min1-4,10-12}$ 12 个气候因子指标数据进行处理，从中获取森林树种与气候因子指标之间的信息。如计算 1981~1990 年间兴安落叶松、白桦和红皮云杉在分布区域内关于 12 个气候因子指标按月的平均值和标准差，见表 6.3.3~表 6.3.5。

表 6.3.3 1981~1990 年兴安落叶松在分布区内的 12 个气候因子指标按月平均值与标准差

指标	E	E_{5-9}	P	P_{5-9}	T	T_{max}
平均值	47.7809	91.3451	66.7558	123.3511	−1.6798	11.0434
标准差	3.3028	5.8824	10.0606	20.8193	1.4868	1.5653

指标	T_{min}	T_{5-9}	T_{max5-9}	T_{min5-9}	$T_{max1-4,10-12}$	$T_{min1-4,10-12}$
平均值	−12.3157	13.1094	26.9809	3.0674	−0.3418	−23.3022
标准差	1.4643	1.6286	1.7565	1.5901	1.5084	1.4586

表 6.3.4 1981~1990 年白桦在分布区内的 12 个气候因子指标按月平均值与标准差

指标	E	E_{5-9}	P	P_{5-9}	T	T_{max}
平均值	54.9911	103.2108	82.9433	154.2198	0.3488	13.5256
标准差	6.3885	10.3330	15.8993	30.0041	2.0884	2.3786

指标	T_{min}	T_{5-9}	T_{max5-9}	T_{min5-9}	$T_{max1-4,10-12}$	$T_{min1-4,10-12}$
平均值	−10.4220	14.5844	28.8589	4.2844	2.5717	−20.9255
标准差	2.0036	1.9164	1.9409	1.7149	2.9377	2.4074

表 6.3.5   1981~1990 年红皮云杉在分布区内的 12 个气候因子指标按月平均值与标准差

指标	E	E_{5-9}	P	P_{5-9}	T	$T_{\max}$
平均值	59.7270	111.0417	98.7718	160.8718	−0.0655	12.5199
标准差	4.3683	6.3903	23.9133	23.1609	1.5486	1.5899

指标	$T_{\min}$	T_{5-9}	$T_{\max 5-9}$	$T_{\min 5-9}$	$T_{\max 1-4,10-12}$	$T_{\min 1-4,10-12}$
平均值	−10.9884	14.1496	27.8151	3.8615	1.5934	−21.5943
标准差	1.8481	1.7927	2.0902	1.7003	1.6784	2.0200

从表 6.3.3~表 6.3.5 可以看到：除前 4 个指标的标准差外，其他指标的标准差都在一个较小的幅度内变化。以下，在 1981~1990 年间东北地区森林树种兴安落叶松、白桦和红皮云杉在分布区域内 12 个气候指标数据的基础上，来讨论单个森林树种分布的各气候因子指标置信区间。

由假设 1，不妨记某气候指标 X 的密度函数为 $P(x)$，则 X 的置信度为 $1-\alpha$ 的双侧置信区间 $[a,b]$ 需满足条件：

$$P\{X \in [a,b]\} \geqslant 1-\alpha \qquad (6.3.6)$$

一般地，满足条件 (6.3.6) 的置信度为 $1-\alpha$ 的双侧置信区间 $[a,b]$ 是不唯一的。为此，对 X 的置信度为 $1-\alpha$ 的双侧置信区间 $[a,b]$ 提出以下条件：

$$\min\{|b-a| \mid P\{X \in [a,b]\} \geqslant 1-\alpha\} \qquad (6.3.7)$$

以下所指的 X 的置信度为 $1-\alpha$ 的双侧置信区间 $[a,b]$（简称置信区间）都是指满足条件 (6.3.7) 的置信区间。满足式 (6.3.6) 和式 (6.3.7) 的 X 的置信度为 $1-\alpha$ 的双侧置信区间 $[a,b]$ 的示意图如图 6.3.1 所示。

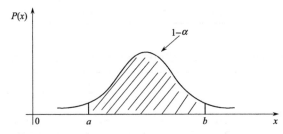

图 6.3.1   密度函数为 $P(x)$ 的气候因子指标要求的置信度为 $1-\alpha$ 的置信区间示意图

下面来解决如何通过 1981~1990 年间森林树种在分布区域内 12 个气候指标数据来计算单个森林树种的各气候因子指标所要求的置信度为 $1-\alpha$ 的置信区间。

记某气候指标 X 的数据为 $x_1, x_2, \cdots, x_n$，它的次序统计量记为 $x_{(1)}, x_{(2)}, \cdots, x_{(n)}$，即满足：

$$x_{(1)} \leqslant x_{(2)} \leqslant \cdots \leqslant x_{(n)}$$

其中，n 为气候指标 X 的数据总个数。则计算指标 X 的置信度为 $1-\alpha$ 的置信区间 $[a,b]$ 的具体步骤如下：

(1) 求区间 $[x_{(k)}, x_{(m)}]$，使其满足：

$$\min\left\{ \left|x_{(m)} - x_{(k)}\right| \; \Big| \; \frac{m-k+1}{n} \geqslant 1-\alpha \right\}$$

其中，$\dfrac{m-k+1}{n}$ 是样本 $x_1, x_2, \cdots, x_n$ 落在区间 $[x_{(k)}, x_{(m)}]$ 内的频率。

(2) 计算 $a = \dfrac{x_{(k)} + x_{(k-1)}}{2}$，$b = \dfrac{x_{(m)} + x_{(m+1)}}{2}$。

通过以上步骤计算得到的区间 $[a,b]$ 就是指标 X 的置信度为 $1-\alpha$ 的置信区间。运用 MATLAB 编程可计算兴安落叶松、白桦和红皮云杉在分布区域内 12 个气候因子指标的置信度为 $1-\alpha$ 的置信区间，如表 6.3.6~表 6.3.8 所示，其中 α 分别取 0.1、0.05 和 0.01。

表 6.3.6 1981~1990 年兴安落叶松分布的 12 个气候因子指标的置信度为 $1-\alpha$ 的置信区间

指标	E	E_{5-9}	P	P_{5-9}	T	T_{max}
$\alpha = 0.1$	[43.84,51.73]	[82.94,97.66]	[51.80,84.58]	[92.40,154.66]	[−4.09,0.51]	[8.33,13.36]
$\alpha = 0.05$	[43.68,55.39]	[82.98,105.66]	[49.82,87.30]	[90.68,162.14]	[−4.64,0.93]	[7.98,14.17]
$\alpha = 0.01$	[43.68,61.58]	[82.70,115.20]	[47.02,93.18]	[86.68,174.66]	[−5.14,2.74]	[7.28,15.32]

指标	T_{min}	T_{5-9}	T_{max5-9}	T_{min5-9}	$T_{max1-4,10-12}$	$T_{min1-4,10-12}$
$\alpha = 0.1$	[−14.54,−9.96]	[10.62,15.68]	[24.12,29.66]	[0.74,5.64]	[−3.04, 1.90]	[−25.81, −21.19]
$\alpha = 0.05$	[−15.18,−9.63]	[10.06,15.98]	[23.60,30.12]	[0.36,5.90]	[−3.51, 2.61]	[−26.09, −20.26]
$\alpha = 0.01$	[−15.68,−7.95]	[9.46,17.34]	[23.00,31.34]	[−0.26,6.74]	[−3.91, 4.21]	[−26.81, −18.44]

表 6.3.7 1981~1990 年白桦分布的 12 个气候因子指标的置信度为 $1-\alpha$ 的置信区间

指标	E	E_{5-9}	P	P_{5-9}	T	T_{max}
$\alpha = 0.1$	[46.11,65.33]	[87.90,119.58]	[55.47,108.24]	[98.58,198.20]	[−2.90,3.64]	[9.72,16.79]
$\alpha = 0.05$	[45.78,66.69]	[87.26,121.74]	[47.82,111.49]	[87.76,205.88]	[−3.56,4.04]	[9.27,18.43]
$\alpha = 0.01$	[44.28,68.81]	[85.34,126.14]	[44.13,125.27]	[83.30,229.74]	[−4.38,6.37]	[8.38,21.08]

指标	T_{min}	T_{5-9}	T_{max5-9}	T_{min5-9}	$T_{max1-4,10-12}$	$T_{min1-4,10-12}$
$\alpha = 0.1$	[−13.69,−7.33]	[11.64,17.84]	[25.76,31.70]	[1.46,6.84]	[−1.81,6.81]	[−24.67,−17.14]
$\alpha = 0.05$	[−14.29,−6.93]	[11.18,18.18]	[25.10,32.08]	[1.16,7.18]	[−2.17,9.11]	[−25.46,−16.46]
$\alpha = 0.01$	[−15.12,−4.93]	[9.88,18.84]	[23.82,34.22]	[0.20,8.04]	[−2.67,11.97]	[−26.13,−13.66]

表 6.3.8　　1981~1990 年红皮云杉分布的 12 个气候因子指标的置信度为 $1-\alpha$ 的置信区间

指标	E	$E_{5\sim9}$	P	$P_{5\sim9}$	T	T_{max}
$\alpha=0.1$	[55.08,65.74]	[103.26,119.20]	[69.60,142.03]	[126.78,199.06]	[−2.88,2.41]	[9.74,15.19]
$\alpha=0.05$	[55.08,67.21]	[103.20,120.32]	[68.87,149.77]	[124.38,207.84]	[−3.43,2.98]	[9.47,16.05]
$\alpha=0.01$	[46.13,68.49]	[85.90,122.30]	[62.56,164.24]	[109.48,219.16]	[−4.40,3.58]	[8.08,16.29]

指标	T_{min}	$T_{5\sim9}$	$T_{max5\sim9}$	$T_{min5\sim9}$	$T_{max1\text{-}4,10\text{-}12}$	$T_{min1\text{-}4,10\text{-}12}$
$\alpha=0.1$	[−14.45,−8.37]	[11.14,17.10]	[24.60,31.50]	[0.82,6.36]	[−0.73,4.73]	[−25.54,−18.79]
$\alpha=0.05$	[−15.19,−7.98]	[10.00,17.14]	[23.38,31.50]	[0.36,6.92]	[−1.13,5.34]	[−25.91,−17.96]
$\alpha=0.01$	[−16.24,−7.52]	[9.14,17.92]	[21.90,31.80]	[−0.66,7.14]	[−2.61,5.66]	[−27.24,−17.66]

注 6.3.1　　在表 6.3.6~表 6.3.8 中，我们调整了一些指标的 95%的置信区间，以保证每个表中的每个指标的置信度为 90%、95%、99%的置信区间具有嵌套关系，即 90%的置信区间包含在 95%的置信区间中，且 95%的置信区间包含在 99%的置信区间中。事实上，只需调整表 6.3.8 中指标 E 的 90%的置信区间是[55.08, 65.74]，而 95%的置信区间的计算值是[55.13, 67.21]，显然不满足区间的嵌套关系，调整 E 指标 95%的置信区间为[55.08, 67.21]。这种调整不违反置信区间的条件 (6.3.6) 的要求。

表 6.3.6~表 6.3.8 中的 12 个气候指标的置信区间将为以下的东北地区森林树种兴安落叶松、白桦和红皮云杉的分布预测研究提供支撑。

6.3.5　气候变化对东北地区 2041~2050 年树种分布的影响研究

A. 气候变化对东北地区 2041~2050 年单个树种分布的预测

由 6.3.3 节中的假设 1~假设 4 及 6.3.4 节所给出的各树种分布的各气候因子指标的置信度为 $1-\alpha$ 的置信区间，可获得未来气候变化下我国东北地区森林树种兴安落叶松、白桦和红皮云杉的单个树种分布的预测研究，即可得到单树物种分布的最适应（$\alpha=0.1$）、次适应（$\alpha=0.05$）和可适应（$\alpha=0.01$）分布气候区预测。以下以兴安落叶松为例，说明其气候变化下最适应分布气候区预测获取的具体算法（即算法 D）如下。

算法 D：

Step 1. 打开文件夹 2041_2050，内有按月平均的月平均气温、月平均最高温度、月平均最低温度、月平均蒸发量和月平均降水量这 5 个指标的预测数据，共有 60 个文件。在 ArcGIS 9.3 界面下取出每个具有相同网格点 (i,j)、同一月份的 5 个指标的数据 y_{ijk}^t，其中下标 i,j 和 k 分别表示每个数据文件中数据矩阵的列数、行数和月份数，$i=1,2,\cdots,3930$，$j=1,2,\cdots,1923$，$k=1,2,\cdots,12$；上标 t 取 1, 2, 3, 4, 5 分别表示取自同一个月的月平均气温、月平均最高温度、月平均最低温度、月平均蒸发量和月平均降水量这 5 个指标，记所有取出的网格点 (i,j) 的集合为 W。

Step 2. 在 Step 1 的基础上，进行 $W=3930\times1923$ 网格上每个点的 12 个气候因子指标计算，分别记为 Z^t_{ij}，其中下标 i 和 j 分别表示每个数据文件中数据矩阵的列数和行数，$i=1,2,\cdots,3930$，$j=1,2,\cdots,1923$；上标 t 取 $1,2,\cdots,11,12$ 分别表示上述的 12 个气候因子指标。如此可得我国东北地区 12 个气候指标的数据矩阵 Z^t。

Step 3. 当 $\alpha=0.1$ 时，在表 6.3.6 和 Step 2 的基础上，依次选取兴安落叶松调查分布区域(注：指兴安落叶松在 1981~1990 年的分布区域)内 2041~2050 年的 12 个气候因子指标值进行检验，如果 12 个指标值都在它们相应的 $1-\alpha$ 置信区间内，则该点保留(注：也称此点通过适应性检验)。如此可获得兴安落叶松在 2041~2050 年的存留区域。

Step 4. 在存留区域的基础上，向区域外围选取一圈点(注：每扩展一圈表示向外扩张 1km)，称其为扩展点。

Step 5. 对每一个扩展点的 12 个气候因子指标值进行适应性检验，若该扩展点通过适应性检验，则将该扩展点加入兴安落叶松的存留区域。

Step 6. 重复 Step 4 和 Step 5，直到没有扩展点通过适应性检验或者扩展轮数达到 K，标识存留区域内的所有点，并停止。

注 6.3.2 在算法 D 的 Step 6 中 K 的计算方式如下。若已知物种自然扩散水平为 r (km/a)，则经过 t 年后就扩散了 $r\cdot t$ (km)，而 K 取 $r\cdot t$ 的整数，即 $K=[r\cdot t]$，其中 r 的取值依赖物种的生物学特征。由于森林树种兴安落叶松、白桦和红皮云杉主要通过种子繁殖和营养繁殖两种方式繁殖，因此在自然状态下传播速度较慢。以下关于树种类的扩散仿真中取 $r=1\text{km/a}$，如 1981~1990 年到 2041~2050 年经过了 60 年，大致扩散 60km，即取 $K=60$。一般地，若已知物种自然扩散水平为 r (km/a)，可以通过调整数据网格间距来确定 K 的值，如调整数据网格间距为 $a=r$ (km)，则从 1981~1990 年到 2041~2050 年经过了 60 年，也可取 $K=60$。

最终，在应用软件 ArcGIS 9.3 环境下，通过 MATLAB 编程运行可获得我国东北地区兴安落叶松在 2041~2050 年的最适应(即置信度为 90%)分布气候区域预测图。

类似地，可以得到我国东北地区兴安落叶松在 2041~2050 年的次适应(即置信度为 95%)和可适应(即置信度为 99%)分布气候区域预测图。同理，在表 6.3.7、表 6.3.8 和文件夹 2041_2050 的数据基础上，可获得白桦和红皮云杉在 2041~2050

年的最适应、次适应和可适应分布气候区域预测图，这些预测图参见文献[161]中的图 2。

从预测图可以看到我国东北地区森林树种兴安落叶松、白桦和红皮云杉的单物种在 2041~2050 年的最适应、次适应和可适应分布气候区域预测图的变化具有以下特征。

(1)三种森林树种的单物种最适应、次适应和可适应分布区域预测图显示：随着气候的变化，原分布区域(注：指 1981~1990 年三种树种调查的分布区，下同)的大片区域不再适合这三种森林树种的生存，这些与文献[139]~[141]的结论一致。

(2)三种森林树种的最适应、次适应和可适应分布区域预测图符合逐步扩大的过程。

(3)从三种森林树种的最适应、次适应和可适应分布区域预测图的动态角度来看：它们的分布区域都有向北漂移的现象，且兴安落叶松和白桦向西北方向漂移，而红皮云杉向东北方向漂移，这些现象与文献[105]、[114]、[124]、[125]、[139]~[141]的结论一致。

(4)三种森林树种的单物种最适应、次适应和可适应分布区域预测图的分布范围都有显著的减小，特别是兴安落叶松和红皮云杉。进一步，给出我国东北地区 2041~2050 年三种森林树种的单物种最适应、次适应和可适应分布区内点数，以及 1981~1990 年调查分布点数的统计表，如表 6.3.9 所示。

表 6.3.9   2041~2050 年三种树种的最适应、次适应和可适应，及调查的分布统计表

树种	1981~1990 年调查分布点数	最适应分布区域点数	次适应分布区域点数	可适应分布区域点数
兴安落叶松	197943	10337	40398	165160
白桦	155989	230881	296109	520776
红皮云杉	13085	167	1204	21254

注：表中 1 个点数相当于表示 1km² 的面积。

从表 6.3.9 可以计算出：在 2041~2050 年，我国东北地区的兴安落叶松的最适应分布气候区域、次适应分布气候区域和可适应分布气候区域预测的面积分别是它原分布区域面积(注：指 1981~1990 年的调查数据，下同)的 5.22%、20.41% 和 83.44%；白桦在 2041~2050 年的最适应分布气候区域、次适应分布气候区域和可适应分布气候区域预测的面积分别是它原分布区域面积的 148.01%、189.83% 和 333.85%；红皮云杉的最适应分布气候区域、次适应分布气候区域和可适应分布

气候区域预测的面积分别为它原分布区域面积的 1.28%、9.20% 和 162.43%。

(5) 我国东北地区的兴安落叶松、白桦和红皮云杉 2041~2050 年的最适应分布气候区域、次适应分布气候区域和可适应分布气候区域预测图都有很多的重叠部分，特别是兴安落叶松和白桦，这些反映了我国东北地区的兴安落叶松、白桦和红皮云杉具有相近或相似的生态位[149]，常组成混交林。因此，它们之间具有更强的竞争性。

此外，在这些单物种的适应分布气候区域预测的分析与讨论中，有以下不足。

(1) 没有考虑这三种森林树种的变异与较强的环境适应性。

(2) 从上面 (5) 知道：我国东北地区森林树种兴安落叶松、白桦和红皮云杉的单物种在 2041~2050 年的可适应分布区域有很多的重叠部分，因此需要引入物种间的竞争机制。

(3) 向国外 (如俄罗斯和蒙古) 的漂移情况不得而知。

以下，通过引进多个森林树种的竞争，就气候变化对东北地区 2041~2050 年多个森林树种分布的竞争预测进行研究。

B. 气候变化对东北地区 2041~2050 年多个树种分布的竞争预测

在上面部分有关我国东北地区 2041~2050 年森林树种兴安落叶松、白桦和红皮云杉的最适应分布气候区 ($\alpha = 0.1$)、次适应分布气候区 ($\alpha = 0.05$) 和可适应分布气候区 ($\alpha = 0.01$) 预测图的基础上，采用 6.3.3 节中假设 5 的 Gauss 竞争排斥原理，可获得 2041~2050 年森林树种兴安落叶松、白桦和红皮云杉的最适应分布气候区、次适应分布气候区与可适应分布气候区竞争预测图。以下以这三个森林树种的最适应分布气候区为例，说明其在未来气候变化下的最适应分布气候区竞争预测图获取的具体算法。

算法 E：

Step 1. 当 $\alpha = 0.1$ 时，在算法 D 的 Step 2 得到的我国东北地区 12 个气候因子指标的数据矩阵 Z^t (注：$t = 1, 2, \cdots, 12$ 分别表示 12 个气候指标) 和表 6.3.6~表 6.3.8 的基础上，依次选取森林树种兴安落叶松、白桦和红皮云杉的分布区域 (注：指它们在 1981~1990 年的分布区域) 内所有的点进行 2041~2050 年的 12 个气候因子指标值检验。如果某点的 12 个气候因子指标值都在相应指标的 $1 - \alpha$ 置信区间内 (注：也称该点通过适应性检验)，则该点保留。如此可获得森林树种兴安落叶松、白桦和红皮云杉在 2041~2050 年的存留区域，这样处理的依据为假设 5。

Step 2. 将各个树种的存留区域和所有境外区域 (注：相对于 W) 进行标记，标记采用同等规格的网格矩阵，每个树种的存留区域都用一个独立的矩阵记录，兴安落叶松、白桦和红皮云杉的存留区域分别记为标记矩阵 S_1、S_2 和 S_3，记三种树种总的存留区域为 $S_0 = \bigcup_{i=1}^{3} S_i$，而境外区域记为 $\overline{S_0}$，$\overline{S_0}$ 为所有的树种共同访问区域。

Step 3. 在存留区域 S_0 的基础上，向区域 S_0 外围选取一圈点(注：每扩展一圈表示向外扩张 1km)，称其为扩展点；在每一轮扩展中，可扩展的要求是该点不在标记矩阵中，然后对这些新的扩展点进行适应性检验。如果一个扩展点同时通过两个或两个以上树种的适应性检验，则依据假设 5 和假设 6：采用就近的原则，判定该点属于某一树种。将通过的点加入该树种的存留区域与标记矩阵中。这样就表示该树种已经占领该点，其他树种不可以在此点扩散。如果某一轮检验中，某树种没有任何新的点加入存留区域，则停止该树种的扩展进程，其他树种继续扩展。

Step 4. 重复 Step 3，直到没有新扩展点通过三种树种中任何一个的适应性检验或者扩展轮数达到 K，扩展停止，并标识存留区域内的点。

在 Step 4 中，$K=60$。最终，在应用软件 ArcGIS 9.3 环境下，通过 MATLAB 编程运行可获得兴安落叶松、白桦和红皮云杉的最适应分布气候区(置信度为90%)竞争预测图。类似地，也可获得我国东北地区 2041~2050 年森林树种兴安落叶松、白桦和红皮云杉的次适应(置信度为95%)和可适应(置信度为99%)分布气候区竞争预测图，且这些竞争预测图可参见文献[147]中的 Fig. 3。

从这些竞争预测图可以看到我国东北地区森林树种兴安落叶松、白桦和红皮云杉在 2041~2050 年的最适应、次适应和可适应分布区域竞争预测图的变化具有以下特征。

(1) 从总体上看，三种森林树种的最适应、次适应和可适应分布区域竞争动态预测图符合逐步扩大的过程。

(2) 从竞争的角度看，三种森林树种的最适应分布区域、次适应分布区域和可适应分布区域竞争预测图显示：兴安落叶松、白桦和红皮云杉相互之间存在竞争，且兴安落叶松和白桦的竞争尤为激烈。

(3) 从竞争预测的结果看，三种森林树种的最适应、次适应和可适应分布气候区域竞争预测相对于单物种的预测结果都有显著的减小，特别是红皮云杉在2041~2050 年的可适应分布气候区域竞争预测。进一步，给出我国东北地区2041~2050 年三种森林树种的最适应、次适应和可适应分布区内分布的点数，以及 1981~1990 年调查分布点数的统计表如表 6.3.10 所示。

表 6.3.10　2041~2050 年三种树种竞争的最适应、次适应和可适应，及调查的分布统计表

树种	1981~1990 年调查分布点数	最适应分布区域点数	次适应分布区域点数	可适应分布区域点数
兴安落叶松	197943	10123	39084	142713
白桦	155989	224506	268324	403689
红皮云杉	13085	165	957	1329

从表 6.3.10 中可以计算出：在 2041~2050 年，我国东北地区兴安落叶松的最适应、次适应和可适应分布气候区域竞争预测的面积分别是它的原分布区域(注：指 1981~1990 年的调查数据，下同)面积的 5.11%、19.75%和 72.10%；白桦在 2041~2050 年的最适应、次适应和可适应分布气候区域预测的面积分别是它的原分布区域面积的 143.92%、172.01%和 258.79%；红皮云杉的最适应、次适应和可适应分布气候区域竞争预测的面积分别为它的原分布区域面积的 1.26%、7.31%和 10.16%。

与前面的我国东北地区森林树种兴安落叶松、白桦和红皮云杉的单物种在 2041~2050 年的最适应、次适应和可适应分布区域预测数据相比较，不难发现：引入竞争机制后，气候变化对兴安落叶松和白桦在 2041~2050 年分布区的影响较小，而对红皮云杉在 2041~2050 年分布区的影响最大。由于在所讨论的物种的最适应、次适应和可适应分布气候的这三个区域中，可适应分布气候区域最能反映物种与气候因子的关系，因此以下就以物种的可适应分布气候区域为例加以说明。2041~2050 年兴安落叶松的可适应分布气候区域竞争预测的面积(注：占它原分布区域面积的百分比是 72.10%)相对于它的单物种预测的面积(注：占原分布区域面积的百分比为 83.44%)减少了 13.59%，其计算式为(83.44%–72.10%)/83.44%=13.59%。而 2041~2050 年白桦和红皮云杉相应的百分比分别减少了 22.49%和 93.74%。

从前面的 2041~2050 年单树种的预测和本部分的三种森林树种的竞争预测的数据来看，产生这样结果的原因可以从气候因子变化和物种间的竞争两个方面来解释。

首先，兴安落叶松单物种在 2041~2050 年可适应分布气候区域预测面积占它原分布区域面积的百分比是 83.44%。由于百分比小于 100%，此表明：气候因子的变化不利于兴安落叶松在我国东北地区生存。同时兴安落叶松在 2041~2050 年的可适应分布气候区域竞争预测的面积占它原分布区域面积的百分比是 72.10%，而从上面提到的 2041~2050 年兴安落叶松的可适应分布气候区域竞争预测的面积

相对于它的单物种预测的面积减少得最小（即 13.59%）。从上面的特征（2）知兴安落叶松、白桦和红皮云杉相互之间存在竞争，此表明：兴安落叶松的竞争力比白桦和红皮云杉都要强，同时也解释了相对于白桦和红皮云杉，兴安落叶松具有顶端优势。因此，气候变化是影响兴安落叶松在 2041~2050 年分布预测的主要因素。

其次，红皮云杉在 2041~2050 年可适应分布气候区域的单物种预测的面积占它原分布区域面积的百分比是 162.43%（>100%），此表明：气候变化有利于红皮云杉在我国东北地区生存。同时红皮云杉在 2041~2050 年可适应分布气候区域竞争预测的面积占它原分布区域面积的百分比是 10.16%，而上面提到的 2041~2050 年红皮云杉的可适应分布气候区域竞争预测的面积相对于它的单物种预测的面积减少得最大（即 93.74%），此表明：在它们相互之间的竞争中，红皮云杉的竞争力是最弱的，因此物种间竞争是影响红皮云杉分布预测的重要原因。

最后，白桦在 2041~2050 年单物种可适应分布气候区域预测面积占原分布区域面积的百分比是 333.85%，而白桦在 2041~2050 年可适应分布气候区域竞争预测的面积占原分布区域面积的百分比是 258.79%。因为它们都大于 100%，此表明：气候变化有利于白桦在我国东北地区生存。同时从上面提到的 2041~2050 年白桦的可适应分布气候区域竞争预测的面积相对于它的单物种预测的面积减少较多（注：22.49%）。由竞争预测特征分析（2）的讨论知道兴安落叶松、白桦和红皮云杉相互之间存在竞争，且兴安落叶松与白桦的竞争尤为激烈，同时它们常组成混交林。通过前面的分析表明：在兴安落叶松、白桦和红皮云杉相互之间的竞争中，白桦的竞争力居中，即比红皮云杉的竞争力要强，比兴安落叶松的竞争力要弱。因此，气候变化和物种间竞争是影响白桦在 2041~2050 年分布预测的主要因素。

综上，在 2041~2050 年我国东北地区森林树种兴安落叶松、白桦和红皮云杉的分布区域竞争预测中，气候变化和物种间竞争是影响它们分布预测的主要因素。

6.3.6　气候变化对东北地区 2091~2100 年树种分布的影响研究

以下将在提供的我国东北地区 2091~2100 年间各气候因子预测数据的基础上，研究未来气候变化对东北地区森林树种分布的影响，包括单个树种和多个树种的情形。

A. 气候变化对东北地区 2091~2100 年单个森林树种分布的预测

在我国东北地区森林树种兴安落叶松、白桦和红皮云杉在 2041~2050 年的可适应分布区域的竞争预测图（注：将它们看成算法 D 中相应树种的调查分布图）的基础上，利用我国东北地区 2091~2100 年的气候因子的预测数据（即文件夹 2091_2100）和表 6.3.6~表 6.3.8 中 12 个指标的气候因子置信区间，进行类似于算法 D 的处理，取 $K=50$，可得我国东北地区森林树种兴安落叶松、白桦和红皮云杉在 2091~2100 年的最适应分布气候区（$\alpha=0.1$）、次适应分布气候区（$\alpha=0.05$）和可适应分布气候区（$\alpha=0.01$）预测图。这些图在这里略去。但需要特别说明：兴安落叶松在 2091~2100 年最适应分布气候区内无预测点，因此没有画出它的预测图。

从这些分布气候区预测图可看到我国东北地区森林树种兴安落叶松、白桦和红皮云杉的单物种在 2091~2100 年的最适应、次适应和可适应分布区域预测图的变化具有以下特征。

(1)三种树种的单物种最适应、次适应和可适应分布区域预测图：2041~2050 年三种树种的可适应分布区的大片区域不再适合这三种树种的生存，这些与文献[139]~[141]的结论一致。

(2)从三种树种的最适应、次适应和可适应分布区域预测图的动态角度来看：白桦的分布区域有向西北方向漂移的趋势，红皮云杉向东北方向漂移，而兴安落叶松则看不出漂移的方向。但这些树种基本都在 2041~2050 年相应树种的可适应分布区内或附近，且都有向北漂移的趋势。这些现象与文献[105]、[114]、[124]、[125]、[139]~[141]的结论一致。

(3)三种树种的最适应、次适应和可适应分布区域在 2041~2050 年的基础上都有显著的减小，特别是兴安落叶松的最适应分布气候区域内找不到点(即灭绝)。进一步，给出我国东北地区 2091~2100 年三种森林树种的单物种最适应、次适应和可适应分布区内点数，以及 2041~2050 年可适应分布区域点数的统计表(表 6.3.11)。

表 6.3.11　2091~2100 年三种森林树种的单物种最适应、次适应和可适应的分布统计表

树种	2041~2050 年可适应区域点数	最适应分布区域点数	次适应分布区域点数	可适应分布区域点数
兴安落叶松	142713	0	54	2888
白桦	403689	3595	10858	63167
红皮云杉	1329	122	150	579

从表 6.3.11 中可以计算出：在 2091~2100 年，我国东北地区兴安落叶松的最适应、次适应和可适应分布气候区域预测的面积分别为它 2041~2050 年可适应分布区域面积的 0.00%、0.04%和 2.02%，同时这些分布区域的面积相当于它 1981~1990 年调查的分布区域面积的 0.00%、0.03%和 1.46%；白桦的最适应、次

适应和可适应分布气候区域预测的面积分别为它 2041~2050 年可适应分布区域面积的 0.89%、2.69%和 15.65%，同时它的最适应、次适应和可适应分布气候区域面积相当于它 1981~1990 年调查的分布区域面积的 2.30%、6.96%和 40.49%；红皮云杉的最适应、次适应和可适应分布气候区域预测的面积分别为它 2041~2050 年可适应分布区域面积的 9.18%、11.29%和 43.57%，同时它的最适应、次适应和可适应分布气候区域面积相当于它 1981~1990 年调查的分布区域面积的 0.93%、1.15%和 4.42%。

(4)我国东北地区的兴安落叶松、白桦和红皮云杉在 2091~2100 年的最适应、次适应和可适应分布气候区域的单物种预测图相互间重叠部分相对于三种森林树种在 2041~2050 年的重叠部分都有所减小，此表明：我国东北地区的兴安落叶松、白桦和红皮云杉在 2091~2100 年相互之间的竞争较之 2041~2050 年有所减缓。

有关气候变化对我国东北地区森林树种兴安落叶松、白桦和红皮云杉在 2091~2100 年的影响分析留在下面去总结。以下进行气候变化对东北地区 2091~2100 年多树种分布的竞争预测研究。

B. 气候变化对东北地区 2091~2100 年多个树种分布的竞争预测

在我国东北地区 2091~2100 年森林树种兴安落叶松、白桦和红皮云杉的最适应分布气候区、次适应分布气候区和可适应分布气候区预测图的基础上，采用类似于算法 E 的算法和 6.3.3 节中假设 5 的 Gauss 竞争排斥原理及假设 6，在应用软件 ArcGIS 9.3 环境下，取 $K = 50$，通过 MATLAB 编程运行可获得东北地区 2091~2100 年三种森林树种的最适应、次适应和可适应分布气候区竞争预测图，且这些图在这里略去。

从这些分布气候区竞争预测图可以看到我国东北地区森林树种兴安落叶松、白桦和红皮云杉在 2091~2100 年的最适应、次适应和可适应分布区域竞争预测图的变化具有以下特征。

(1)从总体上看，三种树种中除白桦外，其他两种树种都只有一些零星的分布。特别是兴安落叶松的预测点不存在。

(2)三种森林树种的次适应和可适应分布区域相互毗邻，因此它们相互之间存在竞争。

(3)从竞争预测的结果看，三种森林树种的最适应、次适应和可适应分布气候区域竞争预测相对于它们在 2041~2050 年的可适应分布区域的减小都非常的显著。进一步，给出我国东北地区 2091~2100 年三种森林树种的最适应、次适应和可适应分布区内分布的点数的统计表如表 6.3.12 所示。

表 6.3.12　2091~2100 年三种树种竞争的最适应、次适应和可适应的分布统计表

树种	2041~2050 年可适应区域点数	最适应分布区域点数	次适应分布区域点数	可适应分布区域点数
兴安落叶松	142713	0	54	2808
白桦	403689	3519	10766	60794
红皮云杉	1329	76	88	107

从表 6.3.12 中可以计算出 2091~2100 年我国东北地区森林树种兴安落叶松、白桦和红皮云杉的基本情况如下。

兴安落叶松的最适应、次适应和可适应分布气候区域竞争预测的面积分别为它 2041~2050 年可适应分布区域面积的 0.00%、0.04%和 1.97%。这些数据与它的单物种预测的相应的数据 0.00%、0.04%和 2.02%分别比较,只有可适应分布气候区域上的数据略有降低,即从 2.02%减少到 1.97%。同时这些分布区域的面积相当于它 1981~1990 年调查分布区域面积的 0.00%、0.03%和 1.42%,这些数据与它的单物种预测的相应的数据 0.00%、0.03%和 1.46%分别比较,只有可适应分布气候区域的百分比略有降低。

白桦的最适应、次适应和可适应分布气候区域竞争预测的面积分别为它 2041~2050 年可适应分布区域面积的 0.87%、2.67%和 15.06%,这些数据与它的单物种预测的相应的数据 0.89%、2.69%和 15.65%分别比较,都略有降低。同时这些分布区域的面积相当于它 1981~1990 年调查分布区域面积的 2.26%、6.90%和 38.97%,这些数据与它的单物种预测的相应的数据 2.30%、6.96%和 40.49%分别比较,也都略有降低。

红皮云杉的最适应、次适应和可适应分布气候区域竞争预测的面积分别为它 2041~2050 年可适应分布区域面积的 5.72%、6.62%和 8.05%,这些数据与它的单物种预测的相应的数据 9.18%、11.29%和 43.57%分别比较,三个数据下降都很显著。特别地,可适应分布气候区域的百分比从 43.57%下降到 8.05%。同时这些分布区域的面积相当于它 1981~1990 年调查分布区域面积的 0.58%、0.67%和 0.82%,这些数据与它的单物种预测的相应的数据 0.93%、1.15%和 4.42%分别比较,三个数据下降都很显著。

在 2091~2100 年单树种的预测和本部分的三种森林树种的竞争预测数据比较的基础上,以下以物种竞争的可适应分布气候区域为例,从气候因子变化和物种间的竞争两个方面来解释对三种森林树种的分布的影响。

首先,从上面(3)的数据分析中,与我国东北地区森林树种兴安落叶松、白

桦和红皮云杉的单物种在 2091~2100 年的最适应、次适应和可适应分布区域预测
数据相比较，不难发现：引入竞争机制后，三种森林树种在 2091~2100 年竞争分
布区的变化都很小。为进一步分析我国东北地区森林树种兴安落叶松、白桦和红
皮云杉在 2091~2100 年的竞争情况，从表 6.3.11 和表 6.3.12 中可看到：白桦和红
皮云杉在 2091~2100 年的最适应分布气候区域的重叠部分点数为(3595+122)−
(3519+76)=122，而红皮云杉在 2091~2100 年单物种的最适应分布气候区域内点
数就是 122，即红皮云杉的最适应分布气候区域完全包含于白桦的最适应分布气
候区域；兴安落叶松、白桦和红皮云杉在 2091~2100 年的次适应分布气候区域的
重叠部分的点数至多只有(54+10858+150)−(54+10766+88)=154，考虑最适应分布
气候区域的重叠部分点数 122，新增重叠部分的点数至多只有 32；同理，兴安落
叶松、白桦和红皮云杉在 2091~2100 年的重叠部分的点数至多只有 2925，其中从
表 6.3.11 和表 6.3.12 的减少的点数看：兴安落叶松减少了 80，白桦减少了 2373，
红皮云杉减少了 472，这些数据相对于 2041~2050 年各物种的可适应分布区域竞
争面积数据或者相对于它们的 1981~1990 年调查分布区域面积都很小。这些表明
我国东北地区的兴安落叶松、白桦和红皮云杉在 2091~2100 年相互之间的竞争较
2051~2050 年有所减弱。因此，在 2091~2100 年的竞争分布预测中，三种森林树
种之间的竞争对我国东北地区森林树种兴安落叶松、白桦和红皮云杉在
2091~2100 年的分布预测有影响，但竞争带来的对分布预测的影响较 2051~2050
年的竞争预测的影响要小。

　　其次，在 2091~2100 年兴安落叶松的可适应分布气候区域竞争预测的面积占
它原分布区域面积的百分比是 1.42%，此表明：气候变化不利于兴安落叶松在我
国东北地区生存。同时它与在 2091~2100 年兴安落叶松的可适应分布气候区域的
单物种预测的面积占它原分布区域面积的百分比 1.46%相比，只减少了 0.04%，
此表明物种竞争对兴安落叶松在 2091~2100 年分布预测的影响很小。因此，气候
变化是影响兴安落叶松在 2091~2100 年分布预测的最直接因素。

　　再次，在 2091~2100 年白桦的可适应分布气候区域竞争预测的面积占原分布
区域面积的百分比是 38.97%，表明气候变化不利于白桦在我国东北地区生存。同
时它与在 2091~2100 年白桦的可适应分布气候区域的单物种预测的面积占它原分
布区域面积的百分比 40.49%相比，只减少了 1.52%，表明物种竞争对白桦在
2091~2100 年分布预测的影响很小。因此，气候变化是影响白桦在 2091~2100 年
分布预测的最直接因素。

　　最后，在 2091~2100 年红皮云杉的可适应分布气候区域竞争预测的面积占它
原分布区域面积的百分比是 0.82%，表明气候变化不利于红皮云杉在我国东北地

区生存。同时它与在 2091~2100 年红皮云杉的可适应分布气候区域的单物种预测的面积占它原分布区域面积的百分比 4.42%相比，减少了 3.60%。进一步分析可知：在 2091~2100 年红皮云杉的可适应分布气候区域竞争预测的面积相对于单物种可适应分布气候区域的预测面积减少了 81.45%，表明物种竞争对红皮云杉在 2091~2100 年分布预测的影响仍然很大。因此，气候变化是影响红皮云杉分布预测的最直接因素，但物种竞争也是影响红皮云杉分布预测的重要原因。

综上，气候变化是影响我国东北地区森林树种兴安落叶松、白桦和红皮云杉在 2091~2100 年分布预测的最直接因素，但对红皮云杉来说，物种竞争也是影响其分布预测的重要原因。

6.3.7　结论

在我国东北地区的 1981~1990 年实际气候数据，2041~2050 年和 2091~2100年的气候预测数据，以及在 1981~1990 年间我国东北地区森林树种兴安落叶松、白桦和红皮云杉的实际分布调查数据的基础上，通过分层聚类和融合的理论与方法，提取影响森林树种兴安落叶松、白桦和红皮云杉的 12 个气候因子指标。在此基础上，采用严格的统计分析和数据处理理论与方法，建立起我国东北地区森林树种兴安落叶松、白桦和红皮云杉关于气候变化的统计预测数学模型，进行了三种森林树种关于气候变化的统计预测数学模型的算法研究。在 ArcGIS 9.3 界面下，利用 MATLAB 进行程序设计与运行，获得了我国东北地区森林树种兴安落叶松、白桦和红皮云杉的单物种在 2041~2050 年和 2091~2100 年的最适应、次适应和可适应分布区域预测图，以及它们在 2041~2050 年和 2091~2100 年的最适应、次适应和可适应分布区域竞争预测图。获得的具体研究结果如下：

(1)在提供的我国东北地区 1981~1990 年实际气候数据，2041~2050 年和2091~2100 年的气候预测数据，以及在 1981~1990 年间我国东北地区森林树种兴安落叶松、白桦和红皮云杉的实际分布调查数据的基础上，在 ArcGIS 9.3 界面下，进行了各数据的提取工作。这为本章提供了数据支撑和进一步的研究基础。

(2)在(1)中的 1981~1990 年实际气候数据和 1981~1990 年间我国东北地区三种森林树种的实际分布调查数据的基础上，通过分层聚类和融合的理论与方法，提取影响森林树种兴安落叶松、白桦和红皮云杉的 12 个气候因子指标，即一年的月平均蒸发量、5~9 月份的月平均蒸发量、一年的月平均降水量、5~9 月份的月平均降水量、一年的月平均温度、一年的月平均最高温度、一年的月平均最低温度、5~9 月份的月平均温度、5~9 月份的月平均最高温度、5~9 月份的月平均最低温度、1~4 月和 10~12 月份的月平均最高温度、1~4 月和 10~12 月份的月平均最低温度。同时采用严格的统计分析和数据处理理论与方法，进行三种森林树种关于提取的 12 个气候因子的统计分析和置信区间的计算。

(3) 在 (2) 的基础上，通过引入模型假设，建立起我国东北地区森林树种兴安落叶松、白桦和红皮云杉关于气候变化的统计预测数学模型，即基于 12 个气候因子的森林树种关于气候变化的统计预测数学模型。同时进行了东北地区森林树种兴安落叶松、白桦和红皮云杉关于气候变化的统计预测数学模型的算法研究。

(4) 在 (2) 和 (3) 研究的基础上，利用建立的关于气候变化的统计预测数学模型与算法，MATLAB 进行程序设计，并在 ArcGIS 9.3 界面下运行，获得了我国东北地区森林树种兴安落叶松、白桦和红皮云杉的单物种在 2041~2050 年的最适应 (置信度为 90%)、次适应 (置信度为 95%) 和可适应 (置信度为 99%) 分布区域的预测图。进一步，引入物种间的竞争机制，获得了我国东北地区森林树种兴安落叶松、白桦和红皮云杉在 2041~2050 年的最适应、次适应和可适应分布区域的竞争预测图。

(5) 在 (2)~(4) 研究的基础上，利用 MATLAB 进行程序设计，并在 ArcGIS 9.3 (置信度为 99%) 界面下运行，获得了我国东北地区森林树种兴安落叶松、白桦和红皮云杉的单物种在 2091~2100 年的最适应、次适应和可适应分布区域的预测图。进一步，引入物种间的竞争机制，获得了我国东北地区森林树种兴安落叶松、白桦和红皮云杉在 2091~2100 年的最适应、次适应和可适应分布区域的竞争预测图。

通过对研究成果 (4) 和 (5) 的进一步分析，获得了如下三个重要的结论。

(1) 从我国东北地区三种森林树种的单物种在 2041~2050 年的最适应、次适应和可适应分布区域的动态图，可获得一个结论：它们的分布区域都有向北漂移现象，且兴安落叶松和白桦向西北方向漂移，而红皮云杉向东北方向漂移。从三种树种的单物种在 2091~2100 年的最适应、次适应和可适应分布区域预测图的动态角度来看：白桦的分布区域向西北方向漂移，红皮云杉向东北方向漂移，而兴安落叶松的分布区域也有向北漂移的趋势。因此，气候变化将使得我国东北地区森林树种兴安落叶松、白桦和红皮云杉的分布向北漂移，这些现象与文献[105]、[114]、[124]、[125]、[139]~[141]的结论一致。

(2) 就中短期 (注：这里指从 1981~1990 年到 2041~2050 年) 的我国东北地区森林树种兴安落叶松、白桦和红皮云杉分布预测而言，气候变化和物种间竞争是影响其分布的主要因素。具体就本书涉及的我国东北地区三种森林树种在 2041~2050 年的分布区域的预测来说，气候变化和物种间竞争是影响白桦分布预测的主要因素，气候变化是影响兴安落叶松分布预测的主要因素，而物种间竞争是影响红皮云杉的分布预测的主要因素。

(3)就长期(注:这里指从 1981~1990 年到 2091~2100 年)的物种分布预测而言,气候变化是影响我国东北地区森林树种兴安落叶松、白桦和红皮云杉在2091~2100 年分布预测的最直接因素,但对红皮云杉来说,物种竞争也是影响其分布预测的重要原因。

从结论(2)和(3)可以获得一个更一般的结论,即气候变化是影响我国东北地区森林树种兴安落叶松、白桦和红皮云杉分布预测的主要因素。

6.4　气候变化对我国东北地区候鸟繁殖地的影响

本节以在东北地区繁殖的候鸟野生丹顶鹤为例,进行气候变化对我国东北地区候鸟的繁殖地影响研究。

6.4.1　引言

丹顶鹤是大型涉禽[162],是鹤类中的一种,因头顶有"红肉冠"而得名,它是东亚地区所特有的鸟种,俗称仙鹤。东亚地区的居民常用丹顶鹤象征幸福、吉祥、长寿和忠贞。丹顶鹤是世界濒危鸟类之一,其野生种群的个体总数在 2600 只左右[163]。目前,丹顶鹤是国家一级保护动物,在国际自然及自然资源保护联合会(IUCN)的红皮书中记载的物种是濒危物种,在《濒危野生动植物物种国际贸易公约》(CITES)中被列入附录一。

丹顶鹤具备鹤类的典型特征,即三长——嘴长、颈长、腿长,嘴为橄榄绿色。成鸟除喉颈部和二、三级飞羽为黑色外,全身洁白,头顶皮肤裸露且呈鲜红色,脚为黑色。幼鸟体羽棕黄,喙黄色。亚成体羽色黯淡,2 岁后头顶裸区红色越发鲜艳。丹顶鹤身长 120~150cm,翅膀打开约 200cm。野生丹顶鹤是典型的候鸟,成鸟每年换羽两次,春季换成夏羽,秋季换成冬羽,属于完全换羽。

丹顶鹤为杂食性,主要食用浅水的鱼虾、软体动物及某些植物根茎,随季节不同而有所变化。春季以草籽及作物种子为食,夏季食物较杂,动物性食物较多,主要动物性食物有小型鱼类、甲壳类、螺类、昆虫及其幼虫等,也食蛙类和小型鼠类,植物型食物有芦苇的嫩芽和野草种子等。丹顶鹤的栖息地主要是沼泽和沼泽化的草甸,也栖息在湖泊河流边的浅水中、芦苇荡的沼泽地区,或水草繁茂的有水湿地[164-170]。其栖息地分为繁殖地和越冬地,且每年都要在繁殖地和越冬地之间进行迁徙,只有在日本北海道是当地的留鸟,不进行迁徙,这可能与冬季当地人有组织地投喂食物,食物来源充足有关[162,171-174]。

近年来，随着各国湿地自然保护区的设立，国内外众多学者对珍稀动物丹顶鹤进行了系统的研究，包括对丹顶鹤的繁殖地、越冬地、迁徙路线、种群数量及分布、繁殖地和越冬地的生境、繁殖和越冬的行为特征，丹顶鹤与其繁殖地和越冬地的生态环境之间的关系，以及丹顶鹤栖息地保护等有了深入的了解和研究。

冯科民和李金录[175]于 1981 年 5 月 26 日至 30 日及 1984 年 5 月 5 日至 19 日两次对乌裕尔河下游地区丹顶鹤及其他珍贵水禽的种群进行航空调查，获得了丹顶鹤种群在这一区域内的乌裕尔河地区、嘟噜河地区、七星河地区、小兴凯湖地区和向海地区等分布统计数据。马逸清等[176-178]就丹顶鹤在我国黑龙江的三江平原与乌裕尔河流域的繁殖地和种群数量分布进行了调查研究。王文锋等[179]就丹顶鹤在扎龙湿地种群数量与分布，以及湿地保护等进行了研究，研究表明：乌裕尔河下游的扎龙湿地自然保护区已是世界上最大的丹顶鹤繁殖地。此外，马志军等[180]进行了丹顶鹤在中国分布现状的研究。

这些研究显示：丹顶鹤现存三个主要繁殖地，除了在日本北海道的约 1000 只为不迁徙种群，其余分布于俄罗斯和我国的丹顶鹤种群均为迁徙种群[162, 173, 174]。其中分布于我国的丹顶鹤种群是在黑龙江齐齐哈尔、三江平原洪河、七星河流域、嘟噜河下游、兴凯湖、乌裕尔河下游和辉河流域，吉林西部向海和莫莫格，辽宁盘锦双台子河下游以及内蒙古达里诺尔湖等地；而分布于俄罗斯的是在远东的黑龙江和乌苏里江流域。在三个主要繁殖地中，我国乌裕尔河下游的扎龙湿地自然保护区已是世界上最大的丹顶鹤繁殖地，其中的丹顶鹤数约占世界现存丹顶鹤总数的 50%，且分布于我国和俄罗斯的丹顶鹤种群占现存丹顶鹤总数的 70%。同时丹顶鹤夏季出现在内蒙古最东部达里诺尔湖的数量非常稀少[180]。扎龙国家级自然保护区位于黑龙江省西部乌裕尔河下游齐齐哈尔市及富裕、泰来、林甸、杜蒙县交界地域，地理坐标为东经 123°47′~124°37′，北纬 46°52′~47°32′，属湿地生态系统类型的自然保护区，平均海拔 144m。保护区南北长 65km，东西宽 37km，总面积 21 万 hm²，其中核心区 7 万 hm²，缓冲区 6.7 万 hm²，实验区 7.3 万 hm²。保护区由乌裕尔河下游流域一大片永久性季节性淡水沼泽地和无数小型浅水湖泊组成，湿地的周围是草地、农田和人工鱼塘，主要保护对象为丹顶鹤等珍禽及湿地生态系统，是中国北方同纬度地区中保留最完整、最原始、最开阔的湿地生态系统。保护区的水源有乌裕尔河、双阳河、新嫩江运河、"八一"幸福运河等，其中乌裕尔河为形成和维持保护区湿地生态系统的主导因素。扎龙国家级自然保护区属北温带大陆性季风气候，是同纬度地区景观最原始、物种最丰富的湿地自然综合体。嫩江支流乌裕尔河到此失去河道，漫溢成大片沼泽，苇丛茂密、鱼虾众多，是水禽理想的栖息地。保护区内年均气温 3~5℃，最冷月 1 月的平均气温

-19.2℃左右,极端最低气温-39.5℃,年均降水量 420mm 左右,年蒸发量 1506mm 左右,年均相对湿度 62%左右。

　　有关我国东北部和俄罗斯的丹顶鹤种群的迁徙过程,李金录和程彩云[181]及马逸清和李晓民[182]分别就丹顶鹤在我国东北繁殖地和东南沿海越冬地的分布进行航空调查与数据统计研究,同时也进行了从 1975~1986 年在繁殖地的春季始见日(从南方迁来繁殖地起始时间)和秋季终见日(迁往南方越冬地的最终时间),以及丹顶鹤迁徙途中观察的统计分析,研究显示:1975~1986 年在繁殖地的春季始见日和秋季终见日分别为每年的 3 月中下旬和 10 月下旬至 11 月中旬;春季迁徙途经北戴河、黄河故道(河南)和山东的时间为每年的 3 月至 4 月,而秋季迁徙途经北戴河、黄河故道(河南)和山东的时间为每年的 10 月至 11 月。崔守斌和陈辉[183]进行了黑龙江七星河湿地自然保护区春季迁徙的丹顶鹤及其他水禽种群动态调查研究。目前,候鸟迁徙路线的研究大都采用卫星遥感技术和全球定位系统。Higuchi等[184]利用卫星跟踪技术研究丹顶鹤的迁徙路线,研究表明繁殖于我国与俄罗斯交界的兴凯湖丹顶鹤的迁徙可分为东、西两条路线:西线是从兴凯湖到我国江苏盐城国家级自然保护区,且具体的迁徙路线是沿扎龙—双台河口—环渤海—黄河口—日照,最后到达盐城,全长约 2200km;东线是从兴凯湖到达朝鲜半岛的三八线附近,且具体的迁徙路线是沿兴凯湖、长白山东缘,经图们、江口到达朝鲜半岛的三八线附近,全长约 900 km。Minton 等[185]通过卫星遥测数据的定量分析和地理信息系统,研究了四个受威胁的丹顶鹤种群在繁殖地与越冬地之间迁徙过程的差异。此外,Kanai 等[186]利用卫星跟踪技术研究白鹤从西伯利亚东北部到我国的迁徙路线和迁徙途经的重要栖息区。这些研究表明:繁殖于我国东北部和俄罗斯的丹顶鹤迁徙种群沿东、西两条迁徙路线分别在我国东南沿海各地与长江下游、朝鲜海湾等地越冬,即西线沿扎龙—双台河口—环渤海—黄河口—日照,最后到达盐城,东线沿兴凯湖、长白山东缘,经图们、江口到达朝鲜半岛的三八线附近。

　　根据文献[187],丹顶鹤的国内越冬地主要在江苏盐城国家级自然保护区,少数群体在山东沿海滩涂越冬,截至 2005 年,丹顶鹤的越冬总数一般在 1200 只左右。盐城国家级自然保护区为国际重要湿地,是当今世界野生丹顶鹤迁徙种群最重要的越冬地,来该区越冬的种群数量已从 1982 年的 200 余只,发展到 1000 只左右,2000 年 1 月在盐城滩涂有 1128 只丹顶鹤分布,占国内种群越冬总数的 94%,占全球迁徙丹顶鹤种群的近 80%[173]。盐城国家级自然保护区又称盐城生物圈保护区,该保护区属滨海湿地,为中国最大的海岸带保护区,地处江苏中部沿海,辖东台、大丰、射阳、滨海和响水五县(市)的沿海滩涂,地理位置位于东经

119°29′~121°16′，北纬 32°20′~34°37′，东濒黄海，海岸线长达 582km；以大喇叭口为界，北部宽度为 2~9km，南部宽度为 10~16km，局部达 20km；保护区总面积 45.33 万 hm²，其中核心区为 1.74 万 hm²；滩涂上散布着众多的河流和沼泽，主要入海河流均属淮河水系。主要湿地类型包括永久性浅海水域、滩涂、盐沼和人工湿地等。盐城沿海滩涂介于暖温带与北亚热带之间，南为亚热带，北为暖温带。年平均降水量北部为 850~1000mm，南部为 1000~1080mm。年平均气温北部为 13~14℃，南部为 14~15℃。冬季多北到西北风，天气晴朗、寒冷、干燥，极端最低气温(注：射阳)可达−10.4℃；春季多东到东北风，天气日暖风和；秋季气候干燥凉爽。该区自然植被主要由陆生盐蒿、碱蒿、盐角草、大穗结缕草、獐茅、白茅、沼生大米草、芦苇、盐水生茳草等群落组成，为丹顶鹤越冬提供了良好的栖息环境。潮间带动物类群主要由文蛤、青蛤、泥螺、钉螺、沼螺、缢蛏、绒毛近方蟹、中华近方蟹及双齿围沙蚕等组成，为丹顶鹤越冬提供了丰富的食源。

　　李金录和冯克民[188]、周宗汉和还宝庆[189]及刘白[190]进行了丹顶鹤在盐城市沿海五县滩涂越冬数量与分布，以及居留时间的调查研究，研究表明：丹顶鹤在越冬地的居留时间为每年的 11 月至翌年的 2 月。严风涛[191, 192]就 1982~1986 年丹顶鹤在盐城沿海五县滩涂越冬数量的动态分布及居留时间进行研究，结果显示：1982~1986 年丹顶鹤在盐城沿海五县滩涂越冬的居留时间为 120~135 天，且丹顶鹤的秋季始见日(从北方迁来越冬地起始时间)为每年的 10 月中下旬，春季终见日(迁往北方繁殖地最终时间)为每年的 2 月下旬至 3 月上旬。吕士成[193]进行了丹顶鹤在盐城市沿海滩涂越冬数量与分布动态的研究，通过南北海岸带的数量分布比较获得结论：北部海岸带越冬丹顶鹤数量由 1982 年的 130 只下降到 1986 年的 30只，由总数的 36%下降到 5%，南部海岸带由 1982 年的 231 只增加到 1986 年的588 只，由总数的 64%上升到 95%，栖息地点由 12 个增加到 23 个，20 只以上的集群由 3 个增加到 9 个，100 只以上的大群由 1 个增加到 3 个，此表明在同一地区生境相似的条件下丹顶鹤趋向于选择与温度相关的气候因子偏高的南部海岸带越冬。同时人工生境中的丹顶鹤数量占其越冬总数的百分率显著上升，从 1982年在人工生境越冬的 139 只(占总数的 39%)增加到 1986 年的 403 只(占总数的65%)，其中尤以苇草湿地生境中的数量增加幅度较大，此显示了自然保护区采取保护措施的作用。进一步，吕士成等[194]通过盐城国家级自然保护区内生态工程及水产养殖区、水稻田、芦苇苇、盐田扬水滩等人工湿地丹顶鹤的分布动态调查，分析出丹顶鹤的最佳生境，并对未来丹顶鹤的分布趋势进行预测。在文献[195]和[196]中，吕士成还于 1982~2007 年在盐城沿海滩涂进行了丹顶鹤越冬分布变化趋势的研究，研究显示该区域越冬的种群数量已从 1982 年的 200 余只，发展到 1000

只左右，其中 2000 年 1 月在盐城滩涂的数量达到 1128 只。

冯科民和李金录[197]、李淑玲[162]及李金录和程彩云[181]进行了丹顶鹤繁殖生态的研究，研究结果显示：丹顶鹤是单配偶鸟类，一雄一雌配对后即结成终身伴侣（注：丧偶后再配）。丹顶鹤每年的 3 月中下旬以 2~3 个家族或 6~8 只小群迁飞到繁殖地后，经过 10~15 天的繁殖前休息，4 月初进入交配营巢与产卵孵化阶段。带有子女的亲鸟繁殖前将幼鹤逐出占有区，以让幼鹤独立生活。一般在 4 月中下旬产卵，每年一窝，每窝 2 枚卵，且产第一枚卵后即开始孵化，相隔 1~3 天后产第二枚卵。

邹红菲和吴庆明[198]在 2002~2006 年 4~5 月份观察数据的基础上，采用无样地取样与 GPS 定位方法，以及分布距离指数、最近邻体法等指标对黑龙江扎龙国家级自然保护区丹顶鹤巢的内分布型及巢域进行了研究，结果表明：扎龙保护区丹顶鹤巢的内分布型均为聚集分布，且巢域均为 $0.5km^2$。江红星等[199]采用遥感、地理信息系统和全球定位系统等技术，对黑龙江扎龙国家级自然保护区丹顶鹤巢址选择进行回归建模研究，结果表明：影响丹顶鹤巢址选择的自然环境因子包括芦苇高度、盖度和高程，干扰因子包括巢址距居民点距离、巢址周边堤坝和道路密度网。这些表明丹顶鹤对巢址选择具有一致性，且都与繁殖地的生境密切相关。刘学昌等[200]进行了丹顶鹤东、西种群巢址选择的差异性研究。Ma 等[201]针对盐城保护区内盐场、鱼塘、芦苇场、盐蒿滩、潮汐草地和麦田 6 种栖息地，进行了丹顶鹤对越冬栖息地选择的研究，研究显示：丹顶鹤偏向于潮汐草地，而且丹顶鹤对越冬栖息地选择受人类活动的影响较大。

施泽荣和吴凌祥[202]对在盐城保护区内越冬丹顶鹤的栖息环境、越冬习性、食性和数量分布等进行了观察研究。张培玉和李桂芝[203]进行了丹顶鹤越冬习性的研究，并提出了丹顶鹤越冬地的保护措施。于文阁和朱宝光[164]就丹顶鹤在繁殖地洪河自然保护区的秋季觅食生境进行了研究，而 Lee 等[204]对在朝鲜半岛的三八线附近越冬丹顶鹤的冬季觅食生境进行了研究，结果表明：人类活动范围的不断扩大，已经严重影响到丹顶鹤的生境。Cao 和 Liu[167]采用地理信息系统与遥感技术和生态位适宜度模型(ecological niche suitability model, ENSM)分析了 1992~2006 年内黄河三角洲自然保护区丹顶鹤生境适宜性变化规律及其原因，研究表明：由于缺乏淡水来源，无论有无人为干扰，1999 年丹顶鹤生境适宜性最差，适宜生境面积大量丧失，生境破碎化严重；人为干扰使得丹顶鹤生境质量下降，生境适宜性变得更差，并导致 2006 年生境适宜性劣于 1992 年，尤以道路干扰最为显著。因此驱动保护区内丹顶鹤生境适宜性变化的主要影响因素是水源及人为活动。张曼胤[168]就 1992~2006 年盐城滨海湿地景观变化及对丹顶鹤生境的影响进行研究。孙贤斌和刘红玉[169]以食物丰富度、水源、隐蔽条件、人类活动、最小斑块面积和日常活动距离为生境适宜性评价因子，采用生境评价模型，分析了丹顶鹤适宜越冬生境的变化，结果表明：1987~2007年，盐城海滨区域自然湿地面积减少27.6%，丹顶鹤生境类型发生显著变化。随着自然湿地景观破碎化和人类干扰逐渐加剧，丹顶鹤条件适宜生境总面积减少显著。张艳红和何春光[205]以隐蔽物、水源、人为干扰等因素来研究繁殖地扎龙自然保护区丹顶鹤的适宜生境，分析了20世纪80年代以来丹顶鹤适宜生境的动态变化过程。结果表明：自1979年以来，扎龙自然保护区丹顶鹤适宜生境面积不断萎缩，破碎化现象严重，且适宜生境退化除受天然降水的波动影响外，最主要还是人为活动干扰所致，同时丹顶鹤对于生境退化具有一定的适应性。此外，刘红玉和李兆富[206]进行了湿地景观斑块化对丹顶鹤栖息地的影响研究，秦喜文等[207]采用证据权重法对扎龙丹顶鹤栖息地适宜性进行评价，朱丽娟和刘红玉[208]应用景观连接度分析方法对三江平原挠力河流域丹顶鹤繁殖地生境进行评价与分析。

李晓民[209]和吴铁宇等[210]分别在哈拉海湿地和扎龙保护区内野生丹顶鹤种群的数量、分布和现状的调查基础上，分析了丹顶鹤受威胁的原因，并提出了相应的保护措施。王治良[211]通过我国鹤类的地理分布、迁徙路线和就地保护的现状研究，提出了加强鹤类网络监测系统与重点自然保护区建设、完善重点自然保护区管理机构等相关保护措施。Cui等[212]在长期监测数据的基础上，引入水质、盐分、土壤有机物、植物群落和鸟种群等指标，采用典范对应分析(canonical correspondence analysis, CCA)方法进行我国黄河三角洲湿地生态恢复评估研究。在文献[213]中，Li等提出了基于适宜生境的盐城生物圈保护区与丹顶鹤的生物圈核心保护区设计，Xu等[214]提出了我国丹顶鹤自然保护区系统设计问题研究。此外，林振山等[215]在小三江平原的丹顶鹤资料基础上，提出了人类活动影响下具有Allee效应的非自治种群演化模式，并对丹顶鹤种群进行了模拟与预测研究。Masatomi等[216]进行了日本北海道地区的丹顶鹤简单种群生存力分析。吕士成[217]讨论了盐城越冬丹顶鹤栖息地保护与经济发展之间的关系。

历史上丹顶鹤的分布区比目前要大得多，越冬地更为往南，可至福建、台湾、海南等地。由于全球气候及丹顶鹤栖息地环境的变化，其分布区急剧缩小，因此其种群数量近年来呈现振荡变化[173]。盛连喜等[218]针对在1997~1999年间向海自然保护区经历了严重的干旱和百年不遇的洪灾，湿地生态环境发生了巨大的变化的情况，分析了向海自然保护区自然和社会生态环境变化对丹顶鹤数量及其分布的影响，研究表明湿地自然生态环境变化对丹顶鹤的数量分布影响非常显著。李晓民和刘学昌[219]于1999~2001年间在黑龙江省挠力河国家级保护区的长林岛和雁窝岛分别设立 9 个和 8 个固定观测点，连续 3 年对丹顶鹤种群数量动态进行监测。对一年不同时期的种群数量的统计分析表明两岛间丹顶鹤年度间同期种群数量间的相关性不显著，这说明丹顶鹤生活史各阶段有不同的生境需求，保护区不能提供丹顶鹤需求的全部生境类型；对不同年度丹顶鹤动态数量的统计分析表明丹顶鹤对于水域、湿草甸、沼泽生境连续 3 年表现出一致的选择，年度间各类生境鹤类数量的相关性显著，说明鹤类种群动态变化与生境密切相关；对不同年度各固定监测点鹤类数量动态的回归分析表明长林岛每年同期各监测点的丹顶鹤数量回归显著，但有季节性差异，但雁窝岛各监测点年度间的鹤类数量回归不显著，而造成这一结果的主要原因是人为干扰和火灾。施泽荣[220]通过 1984 年底至 1988年 1 月在盐城自然保护区对越冬丹顶鹤集散行为的观察与调查，进行了自然状态下环境对越冬丹顶鹤集散行为的影响的研究，结果表明越冬期间丹顶鹤自然集散主要受气候、食源、水源及植被等因子的制约。吕士成和陈卫华[221]对丹顶鹤在盐城越冬期间环境因素对丹顶鹤越冬行为的影响进行研究，结果表明：气候因子温度、雨、雾、雪、风等是导致丹顶鹤越冬行为变化最直接的原因，当温度、雨、雾、雪、风等发生大幅度变化时，都能导致越冬期丹顶鹤的行为发生相应的适应性变化，特别是对迁徙行为的影响则更为明显。而食物和水源则是通过气候因子的变化和安全度的影响间接反映到丹顶鹤的越冬行为。

　　吴军等[222]在综述国内外有关气候变化对物种影响的研究文献后指出气候变化会造成生物物候期的改变，导致物种分布区的改变，加快物种灭绝的速率；我国是世界公认的生物多样性大国，生态系统类型和物种资源丰富多样，应加强气候变化对我国物种资源影响的研究，特别是对特有物种、濒危物种和极小种群物种等的影响；模型预测是目前评估和预测气候变化对物种影响的一种重要手段，欧美的科学家已经开发了一些比较成熟的评估模型，并进行了广泛的应用。Thomas 和 Lennon[223]首次对大尺度上气候变化如何影响鸟类分布进行了研究，结果表明：在 20 世纪末的 20 年里，英国许多鸟类分布的北界平均向北迁移 8.9km，而分布的南界没有明显变化。吴伟伟等[224]利用最大熵模型，结合大气环流模型和政府间气候变化专门委员会(IPCC)最新发布的 A2 和 B2 气候情景，模拟和预测了气候变化对我国东北地区丹顶鹤繁殖地分布范围及空间格局的影响趋势。结果表明：在 A2 和 B2 气候情景下，气候变化将导致丹顶鹤的繁殖适生区域不断缩减，核心分布区域向西和向北移动，其中东北三省的栖息地变化明显，未来内蒙古东部地区将成为丹顶鹤的主要栖息地。丁平[225]总结了我国鸟类生态学研究与发展可分为三个阶段，即萌芽期(20 世纪 30 年代至 50 年代末)、成长期(20 世纪 60 年代初至 70 年代末)和蓬勃发展期(20 世纪 80 年代以来)。1990 年以来，繁殖是我国鸟类生态学的最主要研究内容,同时鸟类的行为、栖息地、群落和迁徙等方面的研究也有明显增长。通过对鸟类的繁殖、行为、栖息地、种群和群落内容研究现状的分析,许多学者提出了今后我国鸟类生态学研究与发展应予以关注的一些问题,特别是全球气候变化对鸟类的行为、栖息地、群落和迁徙等方面的影响。

文献[162]、[173]、[174]、[181]~[193]、[195]、[197]、[202]的研究都表明1981~1990 年间我国境内的候鸟丹顶鹤种群的繁殖地与越冬地,在繁殖地与越冬地的逗留时间,以及繁殖地与越冬地间迁徙(分别是春季迁徙与秋季迁徙)时间,除生境变化影响外,都与分布区内的季节性气候密切相关,且具有以下的共同特点:

(1)丹顶鹤种群繁殖地主要集中在我国东北地区,包括黑龙江的齐齐哈尔、三江平原洪河、七星河流域、嘟噜河下游、兴凯湖、乌裕尔河下游和辉河流域,吉林的西部向海和莫莫格,辽宁的盘锦双台子河下游以及内蒙古达里诺尔湖等地。

(2)丹顶鹤种群越冬地主要集中在我国江苏盐城国家级自然保护区,少数群体也在黄河三角洲湿地和山东沿海滩涂越冬。

(3)从相关研究文献知道,丹顶鹤种群在繁殖地的春季始见日和秋季终见日分别为每年的 3 月中下旬和 10 月下旬至 11 月中旬[181, 182];而丹顶鹤越冬地的春季终见日和秋季始见日分别为每年的 2 月下旬至 3 月上旬和每年的 10 月中下旬[193, 194];春季迁徙途经北戴河、黄河故道(河南)和山东的时间为每年的 3 月至 4 月,而秋季迁徙途经北戴河、黄河故道(河南)和山东的时间为每年的 10 月至 11 月[191, 192]。同时,成年丹顶鹤每年的 3 月中下旬以 2~3 个家族或 6~8 只小群迁飞到繁殖地后,经过 10~15 天的繁殖前休息,4 月初进入交配营巢与产卵孵化阶段[181, 197]。综合这些信息表明:丹顶鹤种群的春季迁徙(即从越冬地向繁殖地)和秋季迁徙(即从繁殖地向越冬地)过程所需的时间分别为 1 个月左右,即每年的 3 月份和 10 月份前后;每年的春季迁徙之后到秋季迁徙之前的一段时间为丹顶鹤种群在繁殖地逗留的时间段;一年中除去丹顶鹤种群在繁殖地逗留的时间段及两次迁徙的时间段外即在越冬地逗留的时间段。

本节将在我国 1981~1990 年间的月平均气温、月平均最高温度、月平均最低温度、月平均净辐射和月平均降水量 5 个指标数据的基础上,分析气候变化对丹顶鹤种群在 1981~1990 年间的繁殖地和越冬地逗留时间,以及春季迁徙和秋季迁徙时间的影响,进行气候变化对丹顶鹤种群繁殖地的分布区预测研究。

6.4.2　基本假设和影响丹顶鹤种群的各气候因子提取

在 6.2 节获取的我国丹顶鹤在繁殖地和越冬地分布区域内气候数据的基础上,以下对丹顶鹤关于各月份的平均气温、平均最高温度、平均最低温度、平均蒸发量和平均降水量等气候数据进行初处理，其在繁殖地和越冬地分布区域内的计算结果见表 6.4.1 和表 6.4.2，其中 $\overline{T_i}$，$\overline{T_{\max_i}}$，$\overline{T_{\min_i}}$，$\overline{E_i}$ 和 $\overline{P_i}$ 分别表示第 i 个月的平均温度、平均最高温度、平均最低温度、平均蒸发量、平均降水量，$i=1,2,\cdots,12$。

表 6.4.1　1981~1990 年丹顶鹤在繁殖地的 5 个气候因子指标月平均值统计表

月份 i	$\overline{E_i}$	$\overline{P_i}$	$\overline{T_i}$	$\overline{T_{\max_i}}$	$\overline{T_{\min_i}}$
1	6.3709	11.8645	−15.4009	−4.7943	−25.9123
2	9.1491	12.1874	−12.8214	0.7509	−24.2016
3	21.7678	26.6741	−5.7346	9.0640	−19.2411
4	42.3331	51.3712	1.7509	17.1175	−9.9220
5	90.3595	101.1717	10.7842	27.0511	−1.2404
6	120.3267	134.2810	19.4237	33.6631	8.3225
7	131.7815	158.9553	22.5282	35.6831	14.3700
8	112.5139	121.8089	20.0029	32.9859	10.9382
9	74.5485	73.3703	12.8605	27.4539	1.3603
10	41.5653	54.3725	1.8603	15.7781	−8.4326
11	19.5054	18.2558	−7.2753	5.0818	−18.1909
12	8.2381	13.8501	−14.4866	−2.3306	−24.4591

表 6.4.2　1981~1990 年丹顶鹤在越冬地的 5 个气候因子指标月平均值统计表

月份 i	$\overline{E_i}$	$\overline{P_i}$	$\overline{T_i}$	$\overline{T_{\max_i}}$	$\overline{T_{\min_i}}$
1	19.9664	12.0307	0.0937	12.3321	−9.5396
2	31.5111	38.8484	3.3902	17.9741	−7.6042
3	65.2549	102.9865	7.9112	22.6702	−3.9289
4	90.2140	111.1183	12.9005	28.8659	1.0929
5	117.4599	101.8530	19.5389	34.5738	7.8535
6	124.2279	125.5459	25.2189	38.96289	15.4091
7	140.5609	183.8349	28.9189	40.8643	20.3992
8	130.1037	161.3399	26.9180	39.1809	19.4724
9	97.0838	96.0328	22.3400	35.1390	12.1533
10	61.2527	29.3938	14.8713	28.3377	2.4672
11	31.8974	25.6286	8.3226	21.4151	−2.5576
12	24.7407	20.0385	1.0990	14.1444	−8.9319

我国丹顶鹤种群繁殖地和越冬地分布区的形成，以及在繁殖地、越冬地逗留时间、春季迁徙和秋季迁徙时间的确定，是一个复杂的过程，它既与繁殖地和越冬地分布区域内的气候因子相关，也与丹顶鹤自身的生物学特征及分布区域内的生态环境及类型密切相关，涉及因素众多。本书仅考虑与气候因子相关的因素，即仅涉及月平均气温、月平均最高温度、月平均最低温度、月平均净辐射和月平均降水量 5 个气候因子数据，并在以下假设的基础上展开研究工作。

假设 1：丹顶鹤种群对各气候因子的依赖性是稳定的，且是相互独立的，即不考虑丹顶鹤种群的生物学和生态学特征的变化，特别是随着全球气候变化而带来的丹顶鹤对各气候因子的适应性的改变。

由于每个物种的生物学特征是该物种自身长期进化以及与生态系统和气候环境相适应的结果，各物种对各气候因子的依赖具有相对稳定性，因此假设 1 是合理的，并且它也将为本项目中丹顶鹤种群在繁殖地和越冬地逗留时间，以及春季迁徙和秋季迁徙时间的预测提供研究基础，其中"丹顶鹤种群对各气候因子的依赖性是相互独立的"是一个简化模型研究的条件。

假设 2：丹顶鹤种群在相应的分布区域逗留的时间段内关于月平均气温、月平均最高温度、月平均最低温度、月平均净辐射和月平均降水量 5 个气候因子服从某一随机分布。

由于在 1981~1990 年间的丹顶鹤种群在繁殖地和越冬地关于这 5 个气候因子的基本数据量较大，且分别有 53084 个和 2091 个，因此将这些气候指标的数据分别按随机分布处理是合理的。同时丹顶鹤种群在相应分布区域逗留的时间段内对各气候因子的适应程度可用相应的概率 $1-\alpha$ 来确定。在本节的以下研究中，α 分别取 0.1、0.05 和 0.01。

假设 3：丹顶鹤种群在分布区域内的各月平均最高温度、月平均最低温度等 5 个气候因子的数据限定了其在该区域内逗留的时间段。

对于不迁徙种群来说：高温限制了北方物种分布的南界，而低温则是热带和亚热带物种向北分布的限制因素。而对于迁徙种群，特别是对候鸟丹顶鹤种群来说，分布区域内各月平均最高温度、月平均最低温度等 5 个气候因子的数据自然就影响到丹顶鹤种群在该区域内逗留的时间段，进而影响到丹顶鹤种群的繁殖地分布区。因此这一假设是合理的。同时这一假设也将在丹顶鹤种群繁殖地的预测中发挥重要作用。

假设 4：丹顶鹤种群的越冬地分布区域不变。

假设 4 基于全球气候变化是一个渐变的过程，对于丹顶鹤种群的越冬地分布区域具有相对稳定性，这些体现在我国的丹顶鹤种群的越冬地分布区域，以及迁徙过程中停歇地都在一些自然保护区内。进一步给出如下的假设。

假设 5：我国东北地区的丹顶鹤等候鸟物种种群的春季迁徙和秋季迁徙所需要的时间不变，分别需要 1 个月左右。

依据资料可知[133, 181, 182, 192, 197]，在繁殖地的春季始见日和秋季终见日分别为每年的 3 月中下旬和 10 月下旬至 11 月中旬；而丹顶鹤越冬地的春季终见日和秋季始见日分别为每年的 3 月中下旬和每年的 10 月中下旬，春季迁徙途经北戴河、黄河故道(河南)和山东的时间为每年的 3 月至 4 月，而秋季迁徙途经北戴河、黄河故道(河南)和山东的时间为每年的 10 月至 11 月上旬。因此假设 5 是合理的。为了研究方便，以下不妨进一步假设：丹顶鹤春季迁徙和秋季迁徙所需要的时间分别是 1 个月。这样根据假设，一旦确定了丹顶鹤种群每年在繁殖地逗留的时间段，则一年中此时间段之前和之后的 1 个月分别是丹顶鹤春季迁徙和秋季迁徙的时间段，从而丹顶鹤种群每年在越冬地逗留的时间段也随之确定。因此假设 5 是全球气候变化下的丹顶鹤种群繁殖地逗留的时间段和越冬地逗留的时间段分析，以及丹顶鹤种群繁殖地预测的一个简化处理的条件。

通过以上的分析与模型假设可知：一旦确定了丹顶鹤种群每年在繁殖地逗留的时间段，则丹顶鹤种群每年在越冬地逗留的时间段也随之确定。从而将丹顶鹤种群在繁殖地和越冬地逗留的时间，以及春季迁徙和秋季迁徙时间的问题研究归结为丹顶鹤种群在繁殖地逗留时间的研究。引入对我国丹顶鹤种群在繁殖地逗留时间产生影响的 5 个气候因子指标如下：

(1) E_{4-9} 表示繁殖地 4~9 月份的月平均蒸发量(注：指在十年内按月平均数据的基础上 6 个月的月平均蒸发量，下同)；

(2) P_{4-9} 表示繁殖地 4~9 月份的月平均降水量；

(3) T_{4-9} 表示繁殖地 4~9 月份的月平均温度；

(4) $T_{\max 4-9}$ 表示繁殖地 4~9 月份的月平均最高温度；

(5) $T_{\min 4-9}$ 表示繁殖地 4~9 月份的月平均最低温度。

以下将在这 5 个气候因子指标的基础上，分析气候变化对丹顶鹤种群在 1981~1990 年间的繁殖地逗留时间的影响，进行气候变化对丹顶鹤种群繁殖地的分布区预测研究。

6.4.3　气候因子指标的数据预处理与置信区间

在提取的 1981~1990 年间丹顶鹤种群在调查分布区域内各气候因子数据的基础上，本节将对丹顶鹤种群繁殖地关于 E_{4-9}，P_{4-9}，T_{4-9}，$T_{\max 4-9}$，$T_{\min 4-9}$ 5 个气候因子指标数据进行处理，从中获取丹顶鹤种群与气候因子指标之间的信息。

计算 1981~1990 年间丹顶鹤种群繁殖地关于 5 个气候因子指标按月的平均值和标准差，见表 6.4.3。

表 6.4.3　1981~1990 年丹顶鹤种群在繁殖地内的 5 个气候因子指标按月平均值与标准差

指标	$E_{4\sim9}$	$P_{4\sim9}$	$T_{4\sim9}$	$T_{\max 4\sim9}$	$T_{\min 4\sim9}$
平均值	95.3105	106.8264	14.5584	28.9925	3.9714
标准差	32.7199	43.2648	7.2484	6.5004	8.4202

以下，在 1981~1990 年间丹顶鹤种群在繁殖地分布区域内各气候因子数据的基础上，作它们关于 4~9 月份的月平均蒸发量(注：其数据是指繁殖地分布区内 4~9 月份的月平均蒸发量数据，有 6×53084 个数据，下同)、4~9 月份的月平均降水量、4~9 月份的月平均温度、4~9 月份的月平均最高温度、4~9 月份的月平均最低温度 5 个气候因子的频率直方图(图 6.4.1~图 6.4.5)，其中，横坐标表示相应指标度量单位；纵坐标表示频率。频率直方图的做法如下。

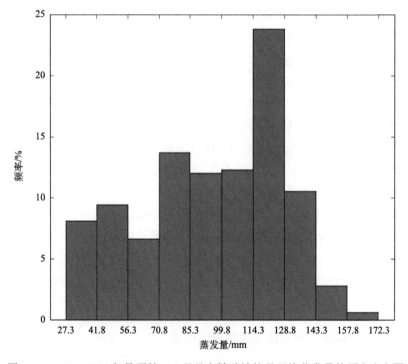

图 6.4.1　1981~1990 年丹顶鹤 4~9 月份在繁殖地按月平均蒸发量的频率直方图

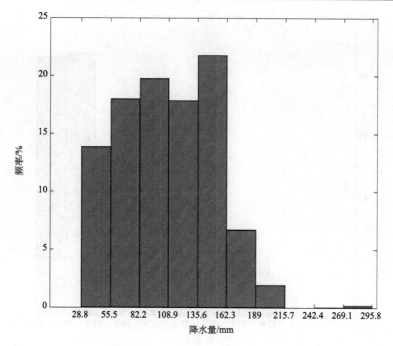

图 6.4.2　1981~1990 年丹顶鹤 4~9 月份在繁殖地按月平均降水量的频率直方图

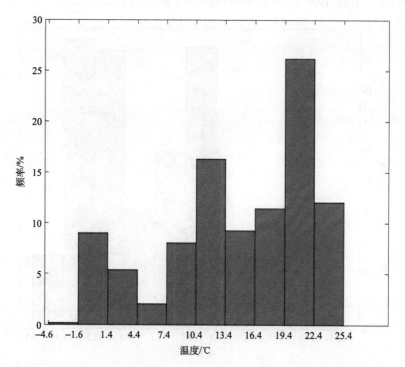

图 6.4.3　1981~1990 年丹顶鹤 4~9 月份在繁殖地按月平均温度的频率直方图

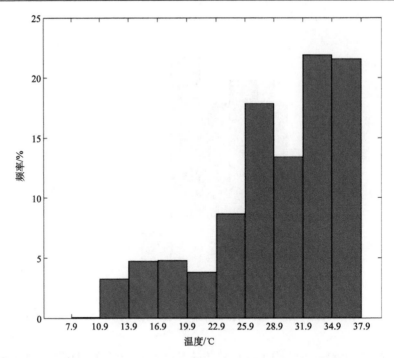

图 6.4.4　1981~1990 年丹顶鹤 4~9 月份在繁殖地按月平均最高温度的频率直方图

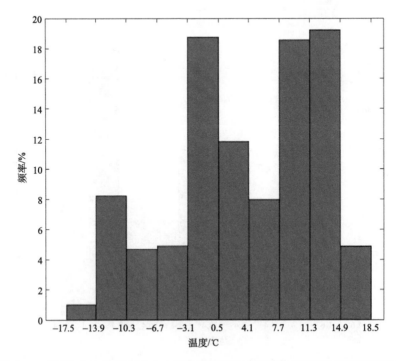

图 6.4.5　1981~1990 年丹顶鹤 4~9 月份在繁殖地按月平均最低温度的频率直方图

(1)记丹顶鹤种群关于气候因子 i 的所有数据的最大值和最小值分别为 M_i 和 m_i，则丹顶鹤种群关于气候因子 i 的数据分布于区间 $[m_i, M_i]$（$i = 1, 2, \cdots, 5$），其中 1981~1990 年 4~9 月份的月平均蒸发量、4~9 月份的月平均降水量、4~9 月份的月平均温度、4~9 月份的月平均最高温度、4~9 月份的月平均最低温度 5 个气候因子的数据分布区间分别是 [27.3, 172.6]，[28.8, 296.1]，[–4.6, 25.6]，[7.9, 38.1] 和 [–17.5, 18.2]；

(2)将数据的分布区间 $[m_i, M_i]$ 分成 10 等份，得到 10 个小区间；

(3)统计每个小区间内数据出现的频数，计算其对应的频率(即频数除以总数据的个数)；

(4)画出丹顶鹤种群关于气候因子指标 i 的频率直方图。

从图 6.4.1~图 6.4.5 可以看到：在 1981~1990 年间丹顶鹤在繁殖地关于 4~9 月份 5 个气候因子的频率直方图不具有对称性。进一步采用爱泼斯-普利 (Epps-Pulley, EP)正态性检验方法，对 5 个气候因子数据的正态性检验表明它们都不能通过 EP 检验。因此，不能用正态分布来处理这 5 个气候因子。

在获取的 1981~1990 年间丹顶鹤种群在繁殖地内 5 个气候因子指标数据的基础上，采用 6.3.4 节中方法计算各气候因子指标置信度为 $1 - \alpha$ 的置信区间，如表 6.4.4 所示。

表 6.4.4　1981~1990 年丹顶鹤种群在繁殖地 5 个气候因子指标置信度 $1 - \alpha$ 的置信区间

指标	E_{4-9}	P_{4-9}	T_{4-9}	$T_{\max 4-9}$	$T_{\min 4-9}$
$\alpha = 0.1$	[34.4, 136.0]	[39.0, 167.1]	[2.6, 24.1]	[17.0, 36.9]	[–8.6, 16.5]
$\alpha = 0.05$	[34.4, 143.1]	[28.9, 168.7]	[–0.5, 24.1]	[15.7, 37.6]	[–12.0, 16.5]
$\alpha = 0.01$	[27.4, 154.2]	[28.9, 197.5]	[–0.9, 24.2]	[13.0, 37.6]	[–14.1, 16.5]

注 6.4.1　在表 6.4.4 中，为保证每个表中的每个指标的置信度为 90%、95% 和 99%的置信区间具有嵌套关系，即 90%的置信区间包含在 95%的置信区间中，且 95%的置信区间包含在 99%的置信区间中。事实上，只需调整表 6.4.4 中指标 T_{4-9} 的 95%的置信区间，由于 95%的置信区间的计算值是[–0.5, 23.4]，而 90%的置信区间是[2.6, 24.1]，显然不满足区间的嵌套关系，调整 T_{4-9} 指标 95%的置信区间为[–0.5, 24.1]。这种调整不违反置信区间的条件 (6.3.6)的要求。

表 6.4.4 中的 5 个气候因子指标的置信区间将为未来气候变化对丹顶鹤种群在繁殖地和越冬地逗留时间，以及春季迁徙和秋季迁徙时间的影响研究提供支撑。

6.4.4　气候变化对丹顶鹤种群在繁殖地逗留时间的影响

　　以下讨论气候变化对我国丹顶鹤种群 1981~1990 年间在繁殖地逗留时间的影响，即假定丹顶鹤种群 1981~1990 年间的繁殖地不变，随着全球气候变化，分析气候因子对丹顶鹤种群在繁殖地逗留时间的影响，记 1981~1990 年间丹顶鹤种群繁殖地的网格点数据集为 Ω_0。

　　A. 2041~2050 年丹顶鹤种群在繁殖地逗留时间的影响分析

　　在 6.4.2 节中的假设 1~假设 5，以及表 6.4.4 的基础上，通过 2041~2050 年丹顶鹤种群在它的 1981~1990 年间繁殖地的气候预测数据，可获得 2041~2050 年我国丹顶鹤种群在它的 1981~1990 年间繁殖地适应度为 $1-\alpha$ 的逗留时间分析，即丹顶鹤种群在它的 1981~1990 年繁殖地的最适应（$\alpha=0.1$）、次适应（$\alpha=0.05$）和可适应（$\alpha=0.01$）逗留时间。其具体算法如下。

　　算法 F：

　　Step 1. 打开文件夹丹顶鹤 2041_2050 气候数据中繁殖地数据文件夹，内有丹顶鹤繁殖地按月平均的月平均气温、月平均最高温度、月平均最低温度、月平均蒸发量和月平均降水量这 5 个气候因子的预测数据（共有 60 个文件），取出 Ω_0 上的这 5 个气候因子的预测数据，分别统计计算 2041~2050 年间第 i 个月的月平均气温 $\overline{T_i}$、月平均最高温度 $\overline{T_{\max_i}}$、月平均最低温度 $\overline{T_{\min_i}}$、月平均蒸发量 $\overline{E_i}$ 和月平均降水量 $\overline{P_i}$ 这 5 个气候因子（注：共有 60 个数值），其中 $i=1,2,\cdots,12$。

　　Step 2. 对于给定的 α 值和月份 i，在表 6.4.4 和 Step 1 的基础上，依次选取第 i 个月的平均温度 $\overline{T_i}$、平均最高温度 $\overline{T_{\max_i}}$、平均最低温度 $\overline{T_{\min_i}}$、平均蒸发量 $\overline{E_i}$ 和平均降水量 $\overline{P_i}$ 数值，分别与表 6.4.4 中相应的气候因子指标 $1-\alpha$ 置信区间进行检验。如果其数值都在相应气候因子指标的 $1-\alpha$ 置信区间内，则称该月在 $1-\alpha$ 置信水平下通过适应性检验；否则，就称该月在 $1-\alpha$ 置信水平下没有通过适应性检验。

　　Step 3. 在 Step 2 的基础上，将 $1-\alpha$ 置信水平下通过适应性检验的月份合并在一起就得到 2041~2050 年丹顶鹤种群在繁殖地逗留的时间。

　　最终，通过 MATLAB 编程及运行可获得 2041~2050 年我国丹顶鹤种群在它的 1981~1990 年间繁殖地适应度为 $1-\alpha$ 的逗留时间。以下，以 2041~2050 年丹顶鹤种群在它的 1981~1990 年间繁殖地的最适应（$\alpha=0.1$）逗留时间为例，说明算法 F 的计算过程。

　　首先，分别统计计算 2041~2050 年间丹顶鹤种群在它的 1981~1990 年间繁殖地的网格点数据集为 Ω_0 上每个月的平均气温、平均最高温度、平均最低温度、平均蒸发量和平均降水量这 5 个气候因子，其结果见表 6.4.5。

表 6.4.5　2041~2050 年丹顶鹤种群在 1981~1990 年间繁殖地 5 个气候因子指标的平均值统计表

月份 i	$\overline{E_i}$	$\overline{P_i}$	$\overline{T_i}$	$\overline{T_{\max_i}}$	$\overline{T_{\min_i}}$
1	8.2740	15.5088	−12.5248	−1.9754	−22.3510
2	11.2674	14.8560	−9.7265	1.7646	−20.9321
3	25.2092	28.7934	−3.4983	10.8694	−15.4026
4	47.8454	67.4477	3.4270	19.1271	−7.4506
5	95.2802	100.5198	13.2870	30.0708	1.2005
6	121.6232	109.9956	22.8189	38.3271	11.1243
7	136.7091	155.0943	26.0208	39.6302	17.1077
8	119.4521	147.9724	23.3936	35.9828	14.8143
9	79.7082	87.7839	15.8934	30.2391	4.1513
10	45.8104	49.4667	5.5880	20.0298	−4.2343
11	23.7307	28.6074	−3.8218	8.5563	−13.6833
12	11.3002	16.3715	−10.3309	0.1288	−20.0561

其次，对于给定的 α 值和月份 i，根据表 6.4.4 和表 6.4.5 进行判定：若 2041~2050 年间某气候因子指标的第 i 月的平均值属于表6.4.4 中该指标的 $1-\alpha$ 置信区间，则表示该指标的第 i 个月通过适应性检验，用符号√表示，否则用符号×表示。例如，2041~2050 年间的 $\overline{E_1} = 8.2740$ 不属于 $E_{4\text{-}9}$ 的 90%置信区间[34.4, 136.0]，就用×号表示。所有判定结果见表 6.4.6。

表 6.4.6　2041~2050 年丹顶鹤种群在 1981~1990 年间繁殖地 5 个气候因子指标的各月份最适应（$\alpha = 0.1$）逗留的判定统计表

月份 i	1	2	3	4	5	6	7	8	9	10	11	12
$\overline{E_i}$	×	×	×	√	√	√	×	√	√	√	×	×
$\overline{P_i}$	×	×	×	√	√	√	×	√	√	√	×	×
$\overline{T_i}$	×	×	×	√	√	√	√	√	√	√	×	×
$\overline{T_{\max_i}}$	×	√	√	√	√	√	√	√	√	√	√	√
$\overline{T_{\min_i}}$	×	×	×	√	√	√	×	√	√	√	×	×

最后，在表 6.4.6 的基础上，若第 i 月所有 5 个指标 $\overline{E_i}$、$\overline{P_i}$、$\overline{T_i}$、$\overline{T_{max_i}}$ 和 $\overline{T_{min_i}}$ 都通过适应性检验，则表示第 i 个月仍适合丹顶鹤在繁殖地逗留。否则，就表示第 i 个月已不适合丹顶鹤在繁殖地逗留。因此，可得 2041~2050 年丹顶鹤种群在 1981~1990 年间繁殖地的最适应逗留时间为 4、5、8、9、10 这 5 个月份。

类似地，可得 2041~2050 年丹顶鹤种群在 1981~1990 年间繁殖地关于 5 个气候因子指标的各月份次适应和可适应逗留的判定统计表，其中：次适应与可适应的逗留判定统计表相同，见表 6.4.7。因此，2041~2050 年丹顶鹤种群在 1981~1990 年间繁殖地的次适应和可适应逗留时间均为 4、5、8、9、10 月这 5 个月份。

表 6.4.7　2041~2050 年丹顶鹤种群在 1981~1990 年间繁殖地 5 个气候因子指标的各月份次适应（$\alpha = 0.05$）和可适应（$\alpha = 0.01$）逗留的判定统计表

月份 i	1	2	3	4	5	6	7	8	9	10	11	12
$\overline{E_i}$	×	×	×	√	√	√	√	√	√	√	×	×
$\overline{P_i}$	×	×	×	√	√	√	√	√	√	√	×	×
$\overline{T_i}$	×	×	×	√	√	√	√	√	√	√	×	×
$\overline{T_{max_i}}$	×	×	×	√	√	×	×	√	√	√	×	×
$\overline{T_{min_i}}$	×	×	×	√	√	×	√	×	√	√	√	×

综上所述，2041~2050 年丹顶鹤种群在 1981~1990 年间繁殖地的最适应、次适应和可适应逗留时间的分析都是每年的 4、5、8、9、10 月这 5 个月份。与 1981~1990 年丹顶鹤种群在繁殖地逗留时间为每年的 4~9 月份的情形相比，逗留时间增加了 10 月份，减少了 6 月份和 7 月份，且逗留时间中 4、5 月份与 8、9、10 月份被 6、7 月份分开。由于丹顶鹤雏鸟不具有迁徙能力，因此随着全球气候变暖，到 2041~2050 年我国东北地区的 1981~1990 年间的丹顶鹤繁殖地已不再适合丹顶鹤繁殖。从表 6.4.6 和表 6.4.7 进一步分析产生这一改变的原因可知：在丹顶鹤种群繁殖地的三种适应程度的逗留判定统计表中，除在最适应逗留的判定统计表中 7 月份的平均蒸发量对应的判定结果为×外，6 月份和 7 月份的 $\overline{T_{max}}$ 指标的判定结果均为×，7 月份的 $\overline{T}$ 和 $\overline{T_{min}}$ 指标的判定结果均为×。因此，产生 2041~2050 年间的 6 月份和 7 月份不适应丹顶鹤种群栖息的原因与繁殖地的气温升高或全球气候变暖密切相关，特别是月平均最高温度指标。

B. 2091~2100 年丹顶鹤种群在繁殖地逗留时间的影响分析

类似于前面的方法，通过 2091~2100 年丹顶鹤种群在 1981~1990 年间繁殖地气候预测数据及算法 F，可获得 2091~2100 年我国丹顶鹤种群在 1981~1990 年间繁殖地适应度为$1-\alpha$的逗留时间分析,即丹顶鹤种群在 1981~1990 年间繁殖地的最适应($\alpha=0.1$)、次适应($\alpha=0.05$)和可适应($\alpha=0.01$)逗留时间分析。具体过程如下。

首先,分别统计计算 2091~2100 年间丹顶鹤种群在 1981~1990 年间繁殖地的网格点数据集为Ω_0上每个月的平均气温、平均最高温度、平均最低温度、平均蒸发量和平均降水量这 5 个气候因子,其结果见表 6.4.8。

表 6.4.8　2091~2100 年丹顶鹤种群在 1981~1990 年间繁殖地 5 个气候因子指标的平均值统计表

月份 i	$\overline{E_i}$	$\overline{P_i}$	$\overline{T_i}$	$\overline{T_{\max_i}}$	$\overline{T_{\min_i}}$
1	10.4130	16.4996	−10.0086	0.1738	−19.0189
2	12.7243	21.0400	−7.6134	4.0050	−17.9191
3	26.9594	38.7851	−1.8493	12.1133	−13.2620
4	55.5036	57.7939	6.6597	23.2137	−4.3075
5	103.6139	111.1571	15.7918	33.0058	3.0232
6	127.6788	125.4620	24.7049	39.7095	13.9796
7	139.1339	127.4641	29.9264	43.2826	20.4993
8	123.7897	132.1169	26.9851	40.7025	18.0041
9	83.4064	105.5699	18.9408	33.5908	6.7760
10	49.4189	67.3301	7.7156	20.2074	−2.3292
11	24.7183	23.3020	−0.8184	10.1619	−8.8815
12	14.6992	21.3978	−7.3835	2.3682	−16.1892

其次,对于给定的α值和月份i,根据表 6.4.4 和表 6.4.8 进行判定,可得丹顶鹤种群在 1981~1990 年间繁殖地关于 5 个气候因子指标的各月份最适应($\alpha=0.1$)、次适应($\alpha=0.05$)和可适应($\alpha=0.01$)逗留的判定统计表,见表 6.4.9~表 6.4.11。

表 6.4.9　2091~2100 年丹顶鹤种群在 1981~1990 年间繁殖地 5 个气候因子指标的各月份最适应($\alpha=0.1$)逗留的判定统计表

月份 i	1	2	3	4	5	6	7	8	9	10	11	12
$\overline{E_i}$	×	×	×	√	√	√	×	√	√	√	×	×
$\overline{P_i}$	×	×	×	√	√	√	√	√	√	√	×	×
$\overline{T_i}$	×	×	×	√	√	×	×	×	√	×	×	×
$\overline{T_{\max_i}}$	×	×	×	√	√	×	×	×	√	×	×	×
$\overline{T_{\min_i}}$	×	×	×	√	√	√	√	√	√	√	×	×

表 6.4.10　2091~2100 年丹顶鹤种群在 1981~1990 年间繁殖地 5 个气候因子指标的各月份次适应（$\alpha = 0.05$）逗留的判定统计表

月份 i	1	2	3	4	5	6	7	8	9	10	11	12
$\overline{E_i}$	×	×	×	√	√	√	√	√	√	√	×	×
$\overline{P_i}$	×	×	√	√	√	√	√	√	√	√	×	×
$\overline{T_i}$	×	×	×	√	√	×	×	×	√	√	×	×
$\overline{T_{\max_i}}$	×	×	×	√	√	×	×	×	√	×	×	×
$\overline{T_{\min_i}}$	×	×	×	√	√	√	×	×	√	√	√	×

表 6.4.11　2091~2100 年丹顶鹤种群在 1981~1990 年间繁殖地 5 个气候因子指标的各月份可适应（$\alpha = 0.01$）逗留的判定统计表

月份 i	1	2	3	4	5	6	7	8	9	10	11	12
$\overline{E_i}$	×	×	×	√	√	√	√	√	√	√	×	×
$\overline{P_i}$	×	×	√	√	√	√	√	√	√	√	×	×
$\overline{T_i}$	×	×	×	√	√	×	×	×	√	√	√	×
$\overline{T_{\max_i}}$	×	×	×	√	√	×	×	×	×	×	×	×
$\overline{T_{\min_i}}$	×	×	×	√	√	√	×	×	×	×	×	×

最后，在表 6.4.9~表 6.4.11 的基础上，可得 2091~2100 年丹顶鹤种群在 1981~1990 年间繁殖地的最适应、次适应和可适应逗留时间预测均为 4、5、9、10 月这 4 个月份。与 1981~1990 年丹顶鹤种群在繁殖地逗留时间为每年的 4~9 月份的情形相比，逗留时间增加了 10 月份，减少了 6~8 月份，与 2041~2050 年丹顶鹤种群在繁殖地逗留时间预测结果相比，继续减少了 8 月份。由于 2091~2100 年丹顶鹤种群在 1981~1990 年间繁殖地的逗留预测时间中 4、5 月份与 9、10 月份被 6~8 月份分开，而丹顶鹤雏鸟不具有迁徙能力，因此随着全球气候变暖，到 2091~2100 年我国东北地区丹顶鹤种群 1981~1990 年间繁殖地也不再适合丹顶鹤繁殖。从表 6.4.9~表 6.4.11 的进一步分析产生这一改变的原因可以看到：在丹顶鹤种群繁殖地的三种适应程度的逗留判定统计表中，除在最适应逗留的判定统计表中 7 月份的平均蒸发量对应的判定结果为×外，6~8 月份的月平均最高温度和月平均温度指标的判定结果均为×，7 月份和 8 月份的月平均最低温度指标的判定结果均为×。这一情况与 2041~2050 年相比可知：与温度相关的气候指标判定结果均为×的月份数增加了，即造成 2091~2100 年间的 6~8 月份不适应丹顶鹤种群在

1981~1990 年间繁殖地栖息的原因也与繁殖地的气温升高或全球气候变暖密切相关，特别是月平均最高温度和月平均温度指标。

综合以上所获得的 2041~2050 年和 2091~2100 年间我国东北地区丹顶鹤种群在 1981~1990 年间繁殖地逗留时间的影响，以下进一步分析逗留时间结果与各气候因子间的关系：

(1) 从表 6.4.6、表 6.4.7 和表 6.4.9~表 6.4.11 可以看到：2041~2050 年与 2091~2100 年间的 4~10 月份的月平均降水量都适合于丹顶鹤种群在我国东北地区繁殖地逗留。比较表 6.4.1、表 6.4.5 和表 6.4.8 可以看到：随着全球气候的变暖(或全球气温升高)，我国东北地区 1~12 月份的月平均降水量都在增大，这有利于丹顶鹤种群偏爱的繁殖地湿地生态系统保护；对气候因子指标月平均蒸发量，除在繁殖地的最适应逗留外(即 7 月份的月平均蒸发量对应的判定结果为×)，2041~2050 年与 2091~2100 年间的 4~10 月份的月平均蒸发量都适合于丹顶鹤种群在 1981~1990 年间繁殖地逗留。尽管随着全球气候的变暖(或全球气温升高)，我国东北地区 1~12 月份的月平均蒸发量都在增大，但不影响 2041~2050 年与 2091~2100 年间丹顶鹤种群在 1981~1990 年间繁殖地逗留。因此，随着全球气候的变暖，气候因子指标月平均降水量和月平均蒸发量不是影响或制约丹顶鹤种群在我国东北地区繁殖地繁殖的因素。

(2) 进一步分析可知：2041~2050 年间逗留时间预测是 4、5 月和 8~10 月份，2091~2100 年间逗留时间预测是 4、5、9、10 月份，且影响 2041~2050 年间的 6、7 月份及 2091~2100 年间 6~8 月份不再适应丹顶鹤种群繁殖的原因是月平均温度、月平均最高温度和月平均最低温度这 3 个气候因子指标。由于这 3 个气候因子指标都与温度相关，因此在所有的气候因子中，丹顶鹤种群繁殖地逗留时间受温度影响最大，这一结论与文献[156]、[159]、[193]、[221]相吻合。

以下就丹顶鹤种群 1981~1990 年间的繁殖地不变情况下，从中短期(注：指 2041~2050 年)和长期(注：指 2091~2100 年)气候因子对丹顶鹤种群在繁殖地逗留时间的结果中具体分析与温度相关 3 个气候指标影响的差异。

首先，由 2041~2050 年间 6 月份和 7 月份的月平均最高温度指标判定结果均为×，以及 2091~2100 年间 6~8 月份的月平均最高温度指标判定结果也均为×，可知：在选择的 3 个与温度相关的气候因子指标中，月平均最高温度影响程度是最大的。这一点从丹顶鹤种群繁殖地和越冬地的选择可以看到：丹顶鹤种群在我国东北地区的繁殖地都属于北温带湿地生态系统，而我国主要的丹顶鹤种群越冬地盐城国家级自然保护区介于暖温带与北亚热带之间(即南为亚热带,北为暖温带)。这些表明丹顶鹤属于喜欢在温带栖息的候鸟，同时也很好地解释了在选择的 3 个与温度相关的气候因子指标中，月平均最高温度对丹顶鹤种群在繁殖地逗留时间的影响最大。

其次，由 2041~2050 年间 7 月份的月平均温度指标判定结果均为×，以及 2091~2100 年间的 6~8 月份的月平均温度指标的判定结果也均为×，表明在这 3 个与温度有关的气候因子指标中，月平均温度影响程度居中，即比月平均最高温度指标弱，但比月平均最低温度指标强。

最后，由 2041~2050 年间 7 月份的月平均最低温度指标判定结果均为×，以及 2091~2100 年间 7 月份和 8 月份的月平均最低温度指标判定结果也均为×，表明在选择的 3 个与温度相关的气候因子指标中月平均最低温度影响程度是最小的，这与文献[162]、[171]~[174]的研究结果相吻合。栖息于日本北海道的丹顶鹤种群是一支不迁徙种群，当地人将这类丹顶鹤称为留鸟，这可能与冬季当地人有组织地投喂食物及食物来源充足有关。这些研究表明：丹顶鹤作为候鸟可以在低温条件下生存，而低温对自然状态下丹顶鹤种群的影响主要是食物的来源，即在冬季来临时，所有的湿地被冻结，所有的陆地被雪覆盖，丹顶鹤无法取得食物。这也可以解释自然生活状态下的丹顶鹤种群在冬季需要迁徙的原因。

通过以上分析可得结论：到 2041~2050 年和 2091~2100 年，我国东北地区丹顶鹤种群 1981~1990 年的繁殖地将不再适合丹顶鹤种群繁殖。以下进行气候变化对我国丹顶鹤种群繁殖地的分布区预测。

6.4.5　气候变化对丹顶鹤种群繁殖地的分布区预测研究

我国丹顶鹤种群繁殖地的分布区预测是一个复杂的问题，它既与繁殖地分布区域内的气候因子相关，也与丹顶鹤自身的生物学特征及分布区域内的生态环境和类型密切相关，涉及因素众多。本书仅考虑丹顶鹤繁殖地的分布区与气候因子相关性，即涉及繁殖地分布区的月平均气温、月平均最高温度、月平均最低温度、月平均净辐射和月平均降水量这 5 个气候因子。

以下假设：一年中的 4~9 月份是我国东北地区丹顶鹤种群在繁殖地必须逗留的时间。由于我国东北地区丹顶鹤种群每年的 4 月初进入交配营巢与产卵孵化阶段[162, 181, 197]，直到 9 月份幼鹤才具有长途迁徙能力，因此这一假设是我国东北地区丹顶鹤种群选择繁殖地的一个必要条件。

A. 气候变化对东北地区 2041~2050 年丹顶鹤种群繁殖地分布区预测

在 6.4.2 节中的假设 1~假设 5 和丹顶鹤种群在繁殖地内关于月平均气温、月平均最高温度、月平均最低温度、月平均净辐射和月平均降水量 5 个气候因子的置信度为 $1-\alpha$ 的置信区间表 6.4.4 的基础上，通过气候情景数据 SRESA1B（2001-

2100)中 2041~2050 年东北地区的气候预测数据，可获得 2041~2050 年丹顶鹤种群在我国东北地区适应度为 $1-\alpha$ 的繁殖地分布气候的预测区域，即丹顶鹤种群繁殖地的最适应（$\alpha=0.1$）、次适应（$\alpha=0.05$）和可适应（$\alpha=0.01$）分布气候预测。以下以丹顶鹤种群繁殖地的最适应分布预测区域为例，给出具体算法如下。

算法 G：

Step 1. 打开文件夹 2041_2050，内有我国东北地区 2041~2050 年按月平均的月平均气温、月平均最高温度、月平均最低温度、月平均蒸发量和月平均降水量 5 个气候因子指标的预测数据，共有 60 个文件。取出每个具有相同网格点 (i,j)、同一月份的 5 个指标的数据 y_{ijk}^{t}，其中下标 i，j 和 k 分别表示数据矩阵的列数、行数和月份数，$i=1,2,\cdots,3930$，$j=1,2,\cdots,1923$，$k=1,2,\cdots,12$；上标 t 取 1、2、3、4、5，分别表示取自同一个月的月平均气温、月平均最高温度、月平均最低温度、月平均蒸发量和月平均降水量这 5 个气候因子，记取出的所有网格点 (i,j) 的集合为 W。

Step 2. 当 $\alpha=0.1$ 时，在表 6.4.4 和 Step 1 的基础上，对于 W 中任一点，依次选取该点上 2041~2050 年间 4~9 月份的月平均最高温度、月平均气温、月平均最低温度、月平均降水量和月平均蒸发量这 5 个气候因子的第 i 月份指标值进行检验，如果 5 个气候因子指标值都在它们相应的 $1-\alpha$ 置信区间内，则该点保留（注：也称此点在第 i 月份通过适应性检验）。W 上第 i 月份所有通过适应性检验点的集合为 W_i，其中 $i=4,5,\cdots,9$。

Step 3. 在 Step 2 的基础上，求出 2041~2050 年间 4~9 月份关于月平均最高温度、月平均气温、月平均最低温度、月平均降水量和月平均蒸发量这 5 个气候因子都通过适应性检验的点的集合 W^{*}，即 $W^{*}=\bigcap_{i=4}^{9}W_i$，则 W^{*} 即 2041~2050 年丹顶鹤种群在我国东北地区适应度为 $1-\alpha$ 的繁殖地分布的预测区域点的集合。

Step 4. 标识 W^{*} 的点，并停止。

最终，在应用软件 ArcGIS 9.3 环境下，通过 MATLAB 编程运行可获得我国东北地区丹顶鹤种群在 2041~2050 年的繁殖地的最适应分布（置信度为 90%）气候区域预测图。同理，可得我国东北地区丹顶鹤种群在 2041~2050 年的繁殖地的次适应（置信度为 95%）和可适应（置信度为 99%）分布气候区域预测图，且这里略去这些分布气候预测图。

从这些分布气候预测图可以看到我国东北地区丹顶鹤种群在 2041~2050 年间繁殖地的最适应、次适应和可适应分布气候预测图的变化具有以下特征：

(1)随着气候的变化,1981~1990 年丹顶鹤种群繁殖地的大片区域已不再适合其繁殖,只有与 1981~1990 年丹顶鹤种群繁殖地重叠的部分区域到 2041~2050 年间仍适合其繁殖。

(2)从丹顶鹤种群繁殖地的最适应、次适应和可适应分布气候预测图的动态角度来看:它们的分布气候预测区在我国都有向西和向北漂移(注:在大、小兴安岭的区域内,即黑龙江省西部和内蒙古的东部区域)的趋势,这些现象与文献[105]、[114]、[124]、[125]、[180]、[223]、[224]的结论一致。

(3)2041~2050 年间丹顶鹤种群繁殖地的最适应、次适应和可适应分布气候预测区域内的点数统计值分别是 891、15790 和 229017(注:其中 1 个点数相当于表示 1km^2 的面积)。

有关气候变化对 2041~2050 年我国东北地区丹顶鹤种群繁殖地的影响分析留在下一部分中去总结。

B. 气候变化对东北地区 2091~2100 年丹顶鹤种群的繁殖地分布区预测

在 6.4.2 节中的假设 1~假设 5 和丹顶鹤种群在繁殖地内关于月平均气温、月平均最高温度、月平均最低温度、月平均净辐射和月平均降水量 5 个气候因子的置信度为 $1-\alpha$ 的置信区间表 6.4.4 的基础上,通过未来气候情景预测 SRESA1B (2001-2100)中 2091~2100 年东北地区的气候预测数据,类似地采用算法 G(注:将算法 G 中的我国东北地区 2041~2050 年的气候数据换成 2091~2100 年的气候数据),可获得 2091~2100 年丹顶鹤种群在我国东北地区适应度为 $1-\alpha$ 的繁殖地分布的预测区域,即丹顶鹤种群繁殖地的最适应($\alpha=0.1$)、次适应($\alpha=0.05$)和可适应($\alpha=0.01$)分布气候预测图,且这里略去这些分布气候预测图。

从这些分布气候预测图可以看到我国东北地区丹顶鹤种群在 2091~2100 年间繁殖地的最适应、次适应和可适应分布气候区域预测图的变化具有以下特征:

(1)随着气候的变化,1981~1990 年丹顶鹤种群繁殖地的存在区域均不适合其繁殖,即分布气候预测图中均无重叠点存在。与 2041~2050 年丹顶鹤种群繁殖地的预测区域相比,特别是可适应分布气候区域预测,2091~2100 年丹顶鹤种群繁殖地的气候预测区域只有一些零星分布。

(2)从丹顶鹤种群繁殖地的最适应、次适应和可适应分布气候区域预测图的动态角度来看:它们的分布气候预测区都有向西和向北部漂移(注:在大、小兴安岭的区域内,即黑龙江西部和内蒙古的东部)的趋势,这些现象与文献[105]、[114]、[124]、[125]、[180]、[223]、[224]的结论一致。

(3)丹顶鹤种群繁殖地的最适应、次适应和可适应分布气候预测区域与 2041~2050 年相比都有显著的减小,特别是最适应分布气候区域内几乎找不到点。

进一步，给出 2041~2050 年和 2091~2100 年丹顶鹤种群繁殖地的最适应、次适应和可适应分布气候预测区域内的点数统计表，如表 6.4.12 所示，其中表中 1 个点数相当于表示 $1km^2$ 的面积。

表 6.4.12 我国东北地区 2041~2050 年和 2091~2100 年丹顶鹤种群繁殖地的最适应、次适应和可适应分布气候预测区域内的点数统计表

年份	最适应分布区点数	次适应分布区点数	可适应分布区点数
2041~2050 年	891	15790	229017
2091~2100 年	19	785	5582

1981~1990 年我国东北地区丹顶鹤种群繁殖地分布区域内的点数统计是53084，从表 6.4.12 可计算出：2091~2100 年我国东北地区丹顶鹤种群繁殖地的最适应、次适应和可适应分布气候区域预测的面积分别为 1981~1990 年分布区域面积的 0.04%、1.48% 和 10.52%；2041~2050 年我国东北地区丹顶鹤种群繁殖地的最适应、次适应和可适应分布气候区域预测的面积分别为 1981~1990 年分布区域面积的 1.68%、29.75% 和 431.42%。

由于在讨论的物种的最适应、次适应和可适应分布气候的这 3 个预测区域中，可适应分布气候区域最能反映物种与气候因子的关系，因此以下就以物种的可适应分布气候区域为例，对从中短期(指 2041~2050 年)和长期(指 2091~2100 年)对丹顶鹤种群繁殖地的可适应分布预测结果进行分析。

(1)由于 2041~2050 年我国东北地区丹顶鹤种群繁殖地的可适应分布气候区域预测的面积是 1981~1990 年分布区域面积的 431.42%，因此从中短期看：全球气候变化对丹顶鹤种群在我国东北地区的繁殖地影响不大，丹顶鹤种群可以通过在我国东北地区选择新的繁殖地来适应气候变化。

(2)由于 2091~2100 年我国东北地区丹顶鹤种群繁殖地的可适应分布气候区域预测的面积是 1981~1990 年分布区域面积的 10.52%，因此从长期看：全球气候变化对丹顶鹤种群在我国东北地区的繁殖地影响较大，进而对丹顶鹤种群的生存和发展起到限制的作用。

(3)从分布气候预测图的动态角度来看：气候变化将导致丹顶鹤种群的繁殖适生区域不断缩减，核心分布区域向西和向北移动，且我国东北地区大、小兴安岭的区域(即黑龙江西部和内蒙古的东部)将成为我国丹顶鹤种群的主要繁殖地。这一结论与文献[179]一致。

从上面的(1)和(2)可以看到：未来气候变化是影响我国丹顶鹤种群繁殖地分

布区预测的最重要因素。

在以上丹顶鹤种群的 3 个适应分布气候预测区域的研究中，有以下不足：

(1)只考虑丹顶鹤种群繁殖地分布与气候因子的关系，忽略了丹顶鹤的繁殖地分布区与分布区的生态环境及类型之间的关系。

(2)没有考虑丹顶鹤种群的变异与环境的适应变化。

(3)向国外(如俄罗斯、蒙古和朝鲜半岛)的漂移情况不得而知。

6.4.6 结论

在国家气候中心提供的我国气候的情景数据 20C3M(1951~2000 年)和未来气候情景数据 SRESA1B(2001~2100 年)，以及东北林业大学提供的有关我国丹顶鹤种群在 1981~1990 年间繁殖地和越冬地分布区域调查和文献挖掘数据基础上，通过 ArcGIS 界面与 MATLAB 编程，提取我国丹顶鹤种群繁殖地和越冬地的 1981~1990 年间关于月平均蒸发量、月平均降水量、月平均温度、月平均最高温度和月平均最低温度 5 个气候因子数据，以及 2041~2050 年和 2091~2100 年的气候预测数据。在此基础上，通过气候数据的统计分析和文献的挖掘，进行研究问题简化的模型假设和气候因子指标的提取，将气候变化对我国丹顶鹤种群繁殖地和越冬地逗留时间，以及相应栖息地分布区的影响研究转化为对丹顶鹤种群繁殖地逗留时间和繁殖地分布区域的影响研究。本章采用严格的统计分析和数据处理理论与方法，建立了我国丹顶鹤种群在繁殖地逗留时间和繁殖地分布区域的随机预测数学模型，同时进行了相关的数学模型算法研究及丹顶鹤种群在繁殖地逗留时间和繁殖地分布区域预测研究。

从丹顶鹤种群在我国东北地区 1981~1990 年的繁殖地的逗留时间预测研究中，获得如下两个重要的结论：

(1)随着全球气候变暖，到 2041~2050 年和 2091~2100 年，丹顶鹤种群在我国东北地区 1981~1990 年的繁殖地将不再适合其繁殖。

(2)从中短期预测和长期预测的结果分析看：影响我国候鸟丹顶鹤种群在繁殖地逗留时间的因素主要是与温度相关的 3 个气候因子指标，即月平均温度、月平均最高温度和月平均最低温度，且影响程度的次序为：月平均最高温度最强，月平均温度居中，月平均最低温度最弱。

从丹顶鹤种群在我国东北地区繁殖地关于繁殖地分布气候区域预测研究中，获得如下三个重要的结论：

(1)从中短期预测看：全球气候变化对丹顶鹤种群在我国东北地区的繁殖地影响不大，丹顶鹤种群可以通过在我国东北地区选择新的繁殖地来适应气候变化。

(2) 从长期预测看：全球气候变化对丹顶鹤种群在我国东北地区的繁殖地影响较大，进而对丹顶鹤种群的生存和发展起到限制的作用。

(3) 气候变化将导致丹顶鹤种群的繁殖适生区域不断缩减，核心分布区域向西和向北移动，且我国东北地区大、小兴安岭的区域(即黑龙江西部和内蒙古的东部)将成为我国丹顶鹤种群的主要繁殖地。

6.5　本 章 小 结

本章的研究得到生态环境部公益性行业科研专项(200909070)的资助，研究内容选自该项目研究报告。

本章从全球气候变化出发，分别选择我国东北地区兴安落叶松、白桦和红皮云杉3种森林物种，以及候鸟丹顶鹤为研究对象，在国家气候中心提供的我国气候的情景数据 20C3M(1951~2000 年)和未来气候情景数据 SRESA1B(2001~2100年)，以及相关物种的分布区域调查和文献挖掘数据基础上，采用粒度计算的方法进行相关影响因子分析，建立了它们的随机预测数学模型和算法，并开展它们的分布气候预测区域及相关问题研究。从中容易看到粒度理论在建模过程起到了关键的作用。特别地，所构建的随机预测数学模型与算法都属于"白箱"模型，易于操作、应用和改善。这些研究结果和结论为未来气候变化的物种分布提供了一整套强有力的数学建模的理论、分析与算法工具，有助于提升为应对全球气候变化而进行的物种保护、监测和控制等研究水平，提高我国生态环境系统的管理水平。相关发表的研究结果参见研究文献[147]、[148]、[161]、[226]~[230]。

第 7 章　粒度计算在生物信息学中的应用

粒度计算的本质就是获取复杂系统的最优结构信息，以有效降低复杂系统的计算复杂度。在 4.3 节中，曾讨论过基于归一化(伪)距离粒度空间的最佳聚类确定问题。事实上，这一优化模型可推广到基于模糊邻近关系粒度空间的最佳聚类确定问题研究上。在粒度空间的基础上，充分利用统计学的基本原理，提出了一种新的最优聚类指标，建立相应的最优聚类模型，并应用于解决复杂系统的结构信息提取与分析，以降低系统处理的复杂度。

7.1　基于粒度计算的优化聚类模型

设 $d \in ND(X)$（$d \in WND(X)$），$\aleph_{Td}(X)$ 是 d 在 X 上诱导的粒度空间。给定 $X(\lambda) \in \aleph_{Td}(X)$，记 $X(\lambda) = \{a_1, a_2, \cdots, a_{C_\lambda}\}$，$a_k = \{x_{k1}, x_{k2}, \cdots, x_{kJ_k}\}$，其中 $k = 1, 2, \cdots,$ C_λ 且 $\sum_{k=1}^{C_\lambda} J_k = n$。记 $\overline{a}_k = \dfrac{1}{J_k} \sum_{i=1}^{J_k} x_{ki}$ 表示第 a_k 类的形心（$k = 1, 2, \cdots, C_\lambda$），$\overline{a} = \dfrac{1}{n} \sum_{i=1}^{n} x_i$ 表示 X 的形心。如此可构造 $X(\lambda)$ 的类间偏差 $S_{inter}(X(\lambda))$ 和类内偏差 $S_{intra}(X(\lambda))$ 如下：

$$S_{inter}(X(\lambda)) = \frac{1}{n} \sum_{i=1}^{C_\lambda} J_k \left\| \overline{a}_i - \overline{a} \right\|_2^2, \quad S_{intra}(X(\lambda)) = \frac{1}{n} \sum_{i=1}^{C_\lambda} \sum_{j=1}^{J_i} \left\| x_{ij} - \overline{a}_i \right\|_2^2$$

其中 $\|\cdot\|_2$ 表示 2-范数。于是总偏差为

$$S(X(\lambda)) = S_{inter}(X(\lambda)) + S_{intra}(X(\lambda)) = \frac{1}{n} \sum_{i=1}^{C_\lambda} J_k \left\| \overline{a}_i - \overline{a} \right\|_2^2 + \frac{1}{n} \sum_{i=1}^{C_\lambda} \sum_{j=1}^{J_i} \left\| x_{ij} - \overline{a}_i \right\|_2^2$$

从分类角度来说，$X(\lambda)$ 越细，则类内偏差 $S_{intra}(X(\lambda))$ 越小，类间偏差 $S_{inter}(X(\lambda))$ 越大。但是，对于同一粒度 $X(\lambda)$，类内偏差 $S_{intra}(X(\lambda))$ 和类间偏差 $S_{inter}(X(\lambda))$ 之间又有什么关系呢？应用统计学知识[231]，很容易获得下面的引理成立。

引理 7.1.1　若 $d \in ND(X)$（或 $d \in WND(X)$），d 引导的粒度空间为 $\aleph_{Td}(X)$，则

$$\forall X(\lambda) \in \aleph_{Td}(X), \quad S(X(\lambda)) = \frac{1}{n} \sum_{i=1}^{n} \left\| x_i - \overline{a} \right\|_2^2$$

特别地，

$$S_{\text{intra}}(X(0)) = 0 , \qquad S_{\text{inter}}(X(0)) = \frac{1}{n}\sum_{i=1}^{n}\left\| x_i - \bar{a} \right\|_2^2$$

$$S_{\text{inter}}(X(1)) = 0 , \qquad S_{\text{intra}}(X(1)) = \frac{1}{n}\sum_{i=1}^{n}\left\| x_i - \bar{a} \right\|_2^2$$

引理 7.1.1 表明：在 d 诱导的任一粒度 $X(\lambda)$ 上，总偏差 $S(X(\lambda))$ 总是不变的，即类内偏差 $S_{\text{intra}}(X(\lambda))$ 和类间偏差 $S_{\text{inter}}(X(\lambda))$ 之和不变。以下将在引理 7.1.1 的基础上，开展基于粒度计算的优化聚类模型的研究。

7.1.1　基于粒度空间的优化聚类模型

聚类分析是构造数据分层结构的重要方法，而聚类数的确定是聚类分析中的重要问题。

定理 7.1.1　设 X 是一个有限集，$d \in ND(X)$（或 $d \in WND(X)$），$\aleph_{Td}(X)$ 是由 d 引导的粒度空间。则 $\forall \lambda \in [0,1]$，类内偏差 $S_{\text{intra}}(X(\lambda))$ 关于 λ 是单调递增的，即

$$\lambda_1 < \lambda_2 \to S_{\text{intra}}(X(\lambda_1)) \leqslant S_{\text{intra}}(X(\lambda_2))$$

特别地，当 $\lambda_1 < \lambda_2$ 且 $X(\lambda_1) \neq X(\lambda_2)$，则

$$S_{\text{intra}}(X(\lambda_1)) < S_{\text{intra}}(X(\lambda_2))$$

证明　记 $X = \{x_1, x_2, \cdots, x_n\}$，由性质 4.2.4 知 d 引导的粒度空间 $\aleph_{Td}(X)$ 是一个有序集。当 $X(\lambda_1) = X(\lambda_2)$ 时，显然有 $S_{\text{intra}}(X(\lambda_1)) = S_{\text{intra}}(X(\lambda_2))$。当 $X(\lambda_1) \neq X(\lambda_2)$ 时，有 $X(\lambda_1) > X(\lambda_2)$。记 $X(\lambda_1) = \{a_1, a_2, \cdots, a_{C_{\lambda_1}}\}$，$X(\lambda_2) = \{b_1, b_2, \cdots, b_{C_{\lambda_2}}\}$，$X(\lambda_1)$ 和 $X(\lambda_2)$ 的类内偏差分别是

$$S_{\text{intra}}(X(\lambda_1)) = \frac{1}{n}\sum_{i=1}^{C_{\lambda_1}}\sum_{j=1}^{J_j}\left\| x_{ij} - \bar{a}_i \right\|_2^2 , \qquad S_{\text{intra}}(X(\lambda_2)) = \frac{1}{n}\sum_{i=1}^{C_{\lambda_2}}\sum_{j=1}^{J_j^{\prime}}\left\| y_{ij} - \bar{b}_i \right\|_2^2$$

其中，$C_{\lambda_i} = |X(\lambda_i)|$ 为集合 $X(\lambda_i)$ 的基数，$i = 1,2$；$J_j = |a_j|$，$j = 1,2,\cdots,C_{\lambda_1}$；$J_j^{\prime} = |b_j|$，$j = 1,2,\cdots,C_{\lambda_2}$；$C_{\lambda_2} < C_{\lambda_1}$。在聚类的过程中，粒度的改变主要有下列三种情况：

（1）若 $C_{\lambda_1} = C_{\lambda_2} + 1$，存在 $a_j = \{x_{j1}, x_{j2}, \cdots, x_{jJ_j}\}$，$a_k = \{x_{k1}, x_{k2}, \cdots, x_{kJ_k}\} \in X(\lambda_1)$ 和 $b_s = \{y_{s1}, y_{s2}, \cdots, y_{sJ_s^{\prime}}\} \in X(\lambda_2)$，且 $a_j \bigcup a_k = b_s$，即类 a_j 和 a_k 聚类到 b_s 中，$J_s^{\prime} = J_j + J_k$，$\bar{b}_s = \dfrac{J_j \bar{a}_j + J_k \bar{a}_k}{J_j + J_k}$，同时 $X(\lambda_1)$ 和 $X(\lambda_2)$ 的其余类不变。因此，由

引理 7.1.1 可得

$$\Delta S_{\text{intra}} = S_{\text{intra}}(X(\lambda_1)) - S_{\text{intra}}(X(\lambda_2))$$

$$= \left[\frac{1}{n}\sum_{i=1}^{n}\left\|x_i - \overline{a}\right\|_2^2 - S_{\text{inter}}(X(\lambda_1))\right] - \left[\frac{1}{n}\sum_{i=1}^{n}\left\|x_i - \overline{a}\right\|_2^2 - S_{\text{inter}}(X(\lambda_2))\right]$$

$$= -\frac{1}{n}\left(J_j\left\|\overline{a_j} - \overline{b_s}\right\|_2^2 + J_k\left\|\overline{a_k} - \overline{b_s}\right\|_2^2\right)$$

依据距离聚类原理，$\overline{a}_j$，$\overline{a}_k$ 和 $\overline{b}_s$ 不全相同，因此有 $\Delta S_{\text{intra}} < 0$，即

$$S_{\text{intra}}(X(\lambda_1)) < S_{\text{intra}}(X(\lambda_2))$$

(2) 若 $C_{\lambda_1} = C_{\lambda_2} + m$（$m > 1$），且存在 $X(\lambda_1)$ 中 $m+1$ 类 $a_1, a_2, \cdots, a_{m+1}$ 同时聚到 $X(\lambda_2)$ 的类 b_s 中，而 $X(\lambda_1)$ 和 $X(\lambda_2)$ 的其余类不变。此时，由引理 7.1.1 可得

$$\Delta S_{\text{intra}} = S_{\text{intra}}(X(\lambda_1)) - S_{\text{intra}}(X(\lambda_2))$$

$$= \frac{1}{n}\left(\sum_{i=1}^{m+1}\sum_{j=1}^{J_i}\left\|x_{ij} - \overline{a_i}\right\|_2^2 - \sum_{j=1}^{J_s}\left\|x_{sj} - \overline{b_s}\right\|_2^2\right)$$

$$= -\frac{1}{n}\sum_{i=1}^{m+1}J_i\left\|\overline{a_i} - \overline{b_s}\right\|_2^2$$

其中 $J_s^j = \sum_{i=1}^{m+1} J_i$。

由于 $\overline{a}_1, \overline{a}_2, \cdots, \overline{a}_{m+1}$ 和 $\overline{b}_s$ 不全相等，因此有 $\Delta S_{\text{intra}} < 0$，即

$$S_{\text{intra}}(X(\lambda_1)) < S_{\text{intra}}(X(\lambda_2))$$

(3) 若 $C_{\lambda_1} > C_{\lambda_2}$，且 $X(\lambda_1)$ 中的一些类分别聚到 $X(\lambda_2)$ 中若干个不同的类中。不妨设 $X(\lambda_1)$ 中的一些类 $\{a_{11}, a_{12}, \cdots, a_{1m_1}\}$，$\{a_{21}, a_{22}, \cdots, a_{2m_2}\}$，$\cdots$，$\{a_{p1}, a_{p2}, \cdots, a_{pm_p}\}$ 分别聚到 $X(\lambda_2)$ 中 p 个类 $b_1, b_2, \cdots, b_p$ 中，记符号 $\overline{a}_{ij}$ 和 $\overline{b}_i$ 分别表示类 a_{ij} 与类 b_i 的形心，$|a_{ij}| = J_{ij}$，$|b_i| = J_i$（$i = 1, 2, \cdots, p$，$j = 1, 2, \cdots, m_i$），且 $J_i = \sum_{j=1}^{m_i} J_{ij}$，则结合 (1) 和 (2)，有

$$\Delta S_{\text{intra}} = S_{\text{intra}}(X(\lambda_1)) - S_{\text{intra}}(X(\lambda_2)) = -\frac{1}{n}\sum_{i=1}^{p}\sum_{j=1}^{m_i}J_{ij}\left\|\overline{a_{ij}} - \overline{b_i}\right\|_2^2$$

由于 $\overline{a}_{ij}$ 和 $\overline{b}_i$（$i = 1, 2, \cdots, p$，$j = 1, 2, \cdots, m_i$）不全相等，因此有 $\Delta S_{\text{intra}} < 0$，即

$$S_{\text{intra}}(X(\lambda_1)) < S_{\text{intra}}(X(\lambda_2))$$

综合 (1)~(3) 可知：$\forall \lambda \in [0,1]$，$S_{\text{intra}}(X(\lambda))$ 关于 λ 是单调递增的。

由引理 7.1.1 和定理 7.1.1，可直接获得下列定理成立。

定理 7.1.2　设 X 是一个有限集，$d \in ND(X)$（或 $d \in WND(X)$），$\aleph_{Td}(X)$ 是由 d 引导的粒度空间。则 $\forall \lambda \in [0,1]$，类间偏差 $S_{\text{inter}}(X(\lambda))$ 关于 λ 是单调递减的，即

$$\lambda_1 < \lambda_2 \rightarrow S_{\text{inter}}(X(\lambda_1)) \geqslant S_{\text{inter}}(X(\lambda_2))$$

特别地，当 $\lambda_1 < \lambda_2$ 且 $X(\lambda_1) \neq X(\lambda_2)$，则

$$S_{\text{inter}}(X(\lambda_1)) > S_{\text{inter}}(X(\lambda_2))$$

由引理 7.1.1、定理 7.1.1 和定理 7.1.2 可知：$\forall \lambda \in [0,1]$，$S_{\text{inter}}(X(\lambda))$ 关于 λ 是单调递减的，$S_{\text{intra}}(X(\lambda))$ 关于 λ 是单调递增的。因此，由类间偏差 S_{inter} 与类内偏差 S_{intra} 之间关于 λ 的关系，可获得一个新的基于粒度的分层聚类指标（hierarchical clustering index, HCI），记为 $\text{HCI}(X(\lambda))$，其表达式如式(7.1.1)所示：

$$\text{HCI}(X(\lambda)) = \left| S_{\text{inter}}(X(\lambda)) - S_{\text{intra}}(X(\lambda)) \right|$$

$$= \left| \frac{1}{n} \sum_{i=1}^{C_\lambda} J_i \left\| \overline{a_i} - \overline{a} \right\|_2^2 - \frac{1}{n} \sum_{i=1}^{C_\lambda} \sum_{j=1}^{J_i} \left\| x_{ij} - \overline{a_i} \right\|_2^2 \right| \tag{7.1.1}$$

且 $S_{\text{intra}}(X(\lambda))$、$S_{\text{inter}}(X(\lambda))$ 与 $\text{HCI}(X(\lambda))$ 关于 λ 的变化趋势如图 7.1.1 所示。

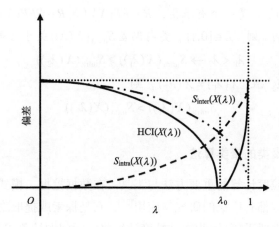

图 7.1.1　$S_{\text{inter}}(X(\lambda))$、$S_{\text{intra}}(X(\lambda))$ 与 $\text{HCI}(X(\lambda))$ 关于 λ 的变化趋势

指标 $\text{HCI}(X(\lambda))$ 可用于基于粒度空间的聚类分析。从聚类（或分类）角度，任何合理的分类都应该反映它的最大分类能力，且满足以下的条件[232]：

$$S_{\text{inter}}(X(\lambda)) \geqslant S_{\text{intra}}(X(\lambda))$$

于是，可获得基于结构聚类（或粒度空间）的最优聚类的数学模型如下：

$$\begin{cases} \min\limits_{X(\lambda) \in \aleph_{Td}(X)} \{\text{HCI}(X(\lambda))\} \\ \text{s.t.}\quad S_{\text{inter}}(X(\lambda)) \geqslant S_{\text{intra}}(X(\lambda)) \end{cases} \tag{7.1.2}$$

由引理 7.1.1、定理 7.1.1 和定理 7.1.2 容易获得下列定理成立。

定理 7.1.3　设 X 是一个有限集，$d \in ND(X)$（或 $d \in WND(X)$），$\aleph_{Td}(X)$ 是由 d 引导的粒度空间。则存在唯一的 $X(\lambda_0) \in \aleph_{Td}(X)$，使 $X(\lambda_0)$ 是模型 (7.1.2) 的最优解，即

$$\mathrm{HCI}(X(\lambda_0)) = \arg\min_{X(\lambda) \in \aleph_{Td}(X)} \{\mathrm{HCI}(X(\lambda))\}$$

由 5.2 节给出的模糊邻近关系与归一化(伪)距离间的关系，以及它们所诱导的粒度空间的特征，很容易将以上结论推广到模糊邻近关系上，这里不再赘述。

推论 7.1.1　设 X 是一个有限集，$R \in FP(X)$（或 $R \in SFP(X)$），$\aleph_{TR}(X)$ 是由 R 引导的粒度空间。则 $\forall \lambda \in [0,1]$，类间偏差 $S_{\mathrm{inter}}(X(\lambda))$ 关于 λ 是单调递增的，即

$$\lambda_1 < \lambda_2 \to S_{\mathrm{inter}}(X(\lambda_1)) \leqslant S_{\mathrm{inter}}(X(\lambda_2))$$

特别地，当 $\lambda_1 < \lambda_2$ 且 $X(\lambda_1) \neq X(\lambda_2)$，则

$$S_{\mathrm{inter}}(X(\lambda_1)) < S_{\mathrm{inter}}(X(\lambda_2))$$

推论 7.1.2　设 X 是一个有限集，$R \in FP(X)$（或 $R \in SFP(X)$），$\aleph_{TR}(X)$ 是由 R 引导的粒度空间。则 $\forall \lambda \in [0,1]$，类内偏差 $S_{\mathrm{intra}}(X(\lambda))$ 关于 λ 是单调递减的，即

$$\lambda_1 < \lambda_2 \to S_{\mathrm{intra}}(X(\lambda_1)) \geqslant S_{\mathrm{intra}}(X(\lambda_2))$$

特别地，当 $\lambda_1 < \lambda_2$ 且 $X(\lambda_1) \neq X(\lambda_2)$，则

$$S_{\mathrm{intra}}(X(\lambda_1)) > S_{\mathrm{intra}}(X(\lambda_2))$$

7.1.2　获取最优聚类的聚类算法

聚类分析是粒度计算的重要方法与工具，在数据挖掘、模式识别、生物信息学和统计学等领域都有广泛的研究与应用[25]。它是探索或提取隐含在数据中的新规律和新知识的重要手段。因此通过粒度计算将实际问题抽象成具体的数学模型，结合聚类分析达到解决实际问题的目的。本节采用基于粒度空间的层次聚类方法获取系统的分层结构[26]。以下介绍求解模型 (7.1.2) 的算法。

设有限集 $X = \{x_1, x_2, \cdots, x_n\}$，$d \in ND(X)$（或 $d \in WND(X)$），记

$$D = \{d(x, y) | x, y \in X\} = \{d_0, d_1, \cdots, d_m\}$$

其中，$d_0 = 0 < d_1 < \cdots < d_m$。结合定理 7.1.1 和定理 7.1.2，以及文献[26]，可得求解模型 (7.1.2) 的算法如下：

算法 H:

Step 1. $i = 0$，$X(d_i) = C = \{a_1, a_2, \cdots, a_{c_i}\}(c_i \leqslant n)$，$s_0 \Leftarrow S_{\text{inter}}(C)$，$s_1 \Leftarrow S_{\text{intra}}(C)$，$S_0 \Leftarrow |s_0 - s_1|$；

Step 2. $i \Leftarrow i+1$，$A \Leftarrow C$，$C \Leftarrow \varnothing$；

Step 3. $B \Leftarrow \varnothing$；

Step 4. Taken $a_j \in A$，$B \Leftarrow B \cup \{a_j\}$，$A \Leftarrow A \backslash \{a_j\}$；

Step 5. For any $a_k \in A$, if there exists $x_j \in a_j$，$y_k \in a_k$ such that $d(x_j, y_k) \geqslant d_i$, then $B \Leftarrow B \cup \{a_k\}$，$A \Leftarrow A \backslash \{a_k\}$，$C \Leftarrow B \cup C$；

Step 6. If $A \neq \varnothing$, then go to Step 3; otherwise, $X(d_i) \Leftarrow C$；

Step 7. If $X(d_i) \neq X(d_{i-1})$, to calculate $s_0 \Leftarrow S_{\text{inter}}(C)$，$s_1 \Leftarrow S_{\text{intra}}(C)$，$S \Leftarrow |s_0 - s_1|$；

Step 8. If $s_0 > s_1$ and $S < S_0$, then $S_0 \Leftarrow S$, go to Step 2；

Step 9. Output d_{i-1}，$X(d_{i-1})$ and S_0；

Step 10. End。

注 7.1.1 算法 H 中 Step 8 的终止条件为"$s_0 > s_1$ and $S < S_0$"，这是因为：依据定理 7.1.1 和定理 7.1.2，随着阈值 d_i 由 0 开始逐步增大，$\text{HCI}(X(d_i))$ 的值由逐步递减向逐步增大变化。而算法 H 中 Step 2~Step 8 是实现基于粒度空间的计算。

通过算法 H，可获得数据系统 X 的最优聚类(或粒度)，其对应的是 X 的结构信息，本章中也称为数据系统 X 的第一级结构。进一步，如果在 X 的一级结构的基础上，针对等价类重复使用算法 H，就可获得数据系统 X 的第二级结构。由第一级结构和第二级结构可构成数据系统 X 的二级结构。因此，重复使用算法 H 可获得 X 的多级结构。

7.2　H1N1 流感病毒蛋白系统的多层结构与系统简约

流感病毒基因组由 8 个线状负链 RNA 片段组成[233]，这 8 个片段共编码 PB1、PB2、PA、HA、NP、NA、M1、M2、NS1、NS2 10 种病毒蛋白质。10 种病毒蛋白质中除 NS1、NS2 为非结构蛋白外，其他均为结构蛋白。更重要的是，依据位于病毒外膜的血凝素(HA)和神经氨酸酶(NA)蛋白抗原性的不同，可将流感病毒分为 16 个 H 亚型(H1~H16)和 10 个 N 亚型(N1~N10)[233, 234]。所以在流感病毒暴发时，HA 和 NA 片段发挥直接且非常重要的作用，与流感的发生和流行最为密切。由此可知基于流感病毒 HA 和 NA 蛋白序列的分类，可以揭示流感病毒本质上的分子结构变异关系，为预防控制流感的发生提供理论依据。

为实验本章提出的模型和算法，从 NCBI 中 Molecular Databases 的 Protein Sequence 上下载了 1902~2015 年间甲型 H1N1 流感病毒 27287 条 HA 和 21098 条 NA 蛋白序列。由于测序实验的原因，并不是每条流感病毒均包含 HA 与 NA 蛋白，为了研究 HA 与 NA 蛋白序列对流感病毒的影响，本节按病毒发生的时间、地点和宿主进行简并，同时剔除掉部分标志模糊、蛋白序列不完整等的流感病毒，获得了同时含有 HA 与 NA 蛋白的病毒序列 16392 条 H1N1 流感病毒作为实验数据库。

7.2.1　H1N1 流感病毒蛋白的序列特征提取

众所周知，蛋白质序列通常由 20 种氨基酸组成，若考虑氨基酸的物理和化学性质，依据经典的 HP 模型[235]可将氨基酸分为 4 类，即极性亲水性（PQ）、极性疏水性（PR）、非极性疏水性（SR）和非极性亲水性（SQ），且 $PQ = \{G\}$，$PR = \{A, V, L, I, P, F\}$，$SR = \{W, M, Y\}$，$SQ = \{S, T, C, N, Q, K, R, H, D, E\}$。

含有 n 个氨基酸的流感病毒蛋白质序列 $s = s_1 s_2 \cdots s_n$，其中 s_i（$i = 1, 2, \cdots, n$）为组成此蛋白质序列的氨基酸，引入数值映射：

$$\alpha_i = \begin{cases} 0, & 若 s_i \in PQ \\ 1, & 若 s_i \in PR \\ 2, & 若 s_i \in SQ \\ 3, & 若 s_i \in SR \end{cases} \tag{7.2.1}$$

如此可将任意一条流感病毒蛋白质序列转化为一条由 0、1、2、3 组成的数值序列，记为 $X(s) = \alpha_1 \alpha_2 \cdots \alpha_n$。

傅里叶变换能将满足一定条件的某个函数表示成三角函数（正弦和/或余弦函数）或者它们的积分的线性组合[236, 237]。使用离散傅里叶变换的优点是使隐藏或潜伏在原始数据中的信息经周期性变换之后变得清晰，以下以极性亲水性为例进行说明。通过离散傅里叶变换，定义序列的功率谱

$$P_{PQ}(k) = \left| U_{PQ}(k) \right|^2, \quad k = 0, 1, \cdots, n-1$$

其中，$U_{PQ}(k) = \sum_{l=0}^{n-1} u_{PQ}(k) e^{-i \frac{2\pi lk}{n}}$（$l, k = 0, 1, \cdots, n-1$）；$u_{PQ}(l)$ 为基因序列的指示序列；i 为虚数单位，即 $i = \sqrt{-1}$。引入 j 阶矩[236]如下：

$$M_j^{PQ} = \frac{1}{n_{PQ}^{j-1} (n - n_{PQ})^{j-1}} \sum_{k=1}^{n/2} [P_{PQ}(k)]^j \tag{7.2.2}$$

其中，$j = 1,2,3$；n_{PQ} 为序列 s 中具有极性亲水性氨基酸的个数。类似地，可获得 M_j^{PR}，M_j^{SR} 和 M_j^{SQ}。因此可以构建 12 维向量，也称为基于矩的蛋白质特征向量。综合流感病毒的 HA 和 NA 蛋白质序列的 12 维特征信息，可获得流感病毒蛋白质的 24 维特征向量。以下将采用基于矩提取的蛋白质 24 维特征向量以提取流感病毒的结构信息。

记第 i 条流感病毒蛋白序列的 24 维特征向量为 $\boldsymbol{x}_i = (x_{i1}, x_{i2}, \cdots, x_{i24})$，其中 x_i 的前 12 个分量和后 12 个分量分别表示第 i 条流感病毒蛋白序列的 HA 和 NA 蛋白序列的 12 维的特征信息。数据集 X 记作 $X = \{x_1, x_2, \cdots, x_N\}$，本节中 $N = 16392$。$\forall x_i \in X$，x_i 与 x_j 之间的距离 $d(x_i, x_j)$ 按欧氏距离进行计算，即 $d_{ij} = d(x_i, x_j) = \|x_i - x_j\|_2$，其中 $\|\bullet\|_2$ 为 2-范数。

7.2.2 H1N1 流感病毒的最优聚类与签名病毒选取

基于 H1N1 流感病毒特征数据集 X，采用优化算法 H 可得数据的最优聚类数为 C。相应的最优聚类记为 $a_i = \{x_{i1}, x_{i2}, \cdots, x_{iJ_i}\}$，其中，$J_i = |a_i|$，$i = 1, 2, \cdots, C$，且 $\sum_{i=1}^{C} J_i = N$。记 $\overline{a}_i$ 是类 a_i 的中心，且 $\overline{a}_i = \frac{1}{J_i} \sum_{k=1}^{J_i} x_{ik}$。为更有效地开展新方法的研究和讨论，在最优聚类的每个类中挑选一个签名病毒蛋白（或代表）。挑选签名病毒蛋白的基本准则是基于中心最近原理，即在最优聚类的每个类中挑选出距离该类中心最近的病毒蛋白，其具体数学模型为

$$x_i^* = \arg\min\{d(x_{ik}, \overline{a}_i) \mid k = 1, 2, \cdots, J_i\} \tag{7.2.3}$$

其中，$i = 1, 2, \cdots, C$。

通过运行算法 H 和模型 (7.2.3)，获得 H1N1 流感病毒系统 Ω 的最优聚类数为 5，且一级结构的签名病毒蛋白名称及编号见表 7.2.1，其中 $A_i (i = 1, 2, \cdots, 5)$ 表示 Ω 一级结构的 5 个等价类。

表 7.2.1 H1N1 病毒蛋白系统一级结构及签名病毒

序号	分类编码	签名病毒
1	A_1	A/Kolkata/959/2007
2	A_2	A/Argentina/9593.25/2009
3	A_3	A/American black duck/Newfoundland/1150/2009
4	A_4	A/Chattisgarh/025/2010
5	A_5	A/Guangdong/192/2009

在 Ω 一级结构的基础上,重复运行算法 H 可获得 H1N1 流感病毒系统 Ω 的第二级结构,第二级结构的签名病毒蛋白名称及编号见表 7.2.2。其中符号 B_{ij} 的第一个下标 i 表示它属于一级结构的分类,B_{ij} 的第二个下标 j 表示它在一级结构中的二级,且 Ω 一级结构的二级分类的子类数分别是 5、2、6、5 和 3。显然,通过表 7.2.1 和表 7.2.2,可获得 H1N1 流感病毒系统 Ω 的二级结构,这里略去。

表 7.2.2　H1N1 病毒蛋白系统第二级结构及签名病毒

序号	分类编码	签名病毒	序号	分类编码	签名病毒
1	B_{11}	A/Kolkata/951/2007	12	B_{35}	A/Singapore/SS14/2010
2	B_{12}	A/Kolkata/578/2006	13	B_{36}	A/Santiago/2009/2009
3	B_{13}	A/Austria/403914/2008	14	B_{41}	A/Paris/2591/2009
4	B_{14}	A/Egypt/306 (NS)/2008	15	B_{42}	A/Daegu/1854/2009
5	B_{15}	A/Amapa/118223/2012	16	B_{43}	A/Charlottesville/95
6	B_{21}	A/Connecticut/04/2011	17	B_{44}	A/Daejeon/1841/2009
7	B_{22}	A/Paris/1694/2001	18	B_{45}	A/Luxembourg/116/2008
8	B_{31}	A/Panama/303246/2009	19	B_{51}	A/Guangdong/195/2009
9	B_{32}	A/Habana/10904/2010	20	B_{52}	A/Guangdong/192/2009
10	B_{33}	A/Santiago/2968/2009	21	B_{53}	A/Regensburg/Germany/01/2009
11	B_{34}	A/Thailand/CU-H85/2009			

7.2.3　病毒系统二级结构的有效性验证与系统简约

为了验证系统二级结构的有效性,在实验数据库 Ω 的 16392 条序列中剔除签名病毒蛋白(或代表)集 $X^* = \{x_i^* \mid i = 1, 2, \cdots, C\}$,以构成实验的测试集 $\Omega - X^*$。在 X^* 的基础上,设计分类器如下:

$$x_{i_0} = \arg\min\{d(x, x_i^*) \mid x \in \Omega - X^*, i = 1, 2, \cdots, C\} \tag{7.2.4}$$

对所有测试集 $\Omega - X^*$ 的数据,以签名病毒蛋白为中心,按照分类器(7.2.4)可获得测试集的 C 个分类,记为 b_i $(i = 1, 2, \cdots, C)$。与前面的最优分类比较,可定义病毒系统结构聚类的正确率如下:

$$\text{correct} = \frac{\sum_{i=1}^{C} |a_i \cap b_i|}{|\Omega - X^*|}$$

其中,a_i $(i = 1, 2, \cdots, C)$ 表示通过分层聚类的结果。类似地,可给出病毒系统第二级结构正确率的计算公式。

通过计算，可得 H1N1 流感病毒系统 Ω 的第二级结构表达的正确率为 93.25%。结果证实所提出的方法及挑选出的签名病毒是有效的。

注 7.2.1　H1N1 流感病毒系统 Ω 的第二级结构错误率仍有 6.75%，这是挑选签名病毒蛋白时采用中心近似方法带来的。而从系统近似的角度来看，正确率达到 93.25% 已经满足要求。此表明了所建立优化模型和算法的有效性。若采用系统的第一级结构，正确率仅为 79.97%。另外，含有 21 种签名病毒蛋白集可用于近似表达包含 16392 种病毒的系统，因此可使系统简约。当一个新的 H1N1 流感病毒出现时，依据其与 21 条签名病毒蛋白之间的最小距离进行分类。

进化树是研究分类单元的亲缘关系的一种有效工具，清晰地反映病毒蛋白的同源关系[238]。在病毒系统第二级结构的 21 个签名病毒基础上，可以获得 H1N1 流感病毒系统的核心进化树[26]，如图 7.2.1 所示。

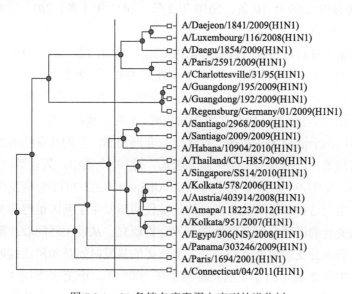

图 7.2.1　21 条签名病毒蛋白序列的进化树

7.2.4　结果分析与讨论

第一，从系统进化树上可以明显地看出，亚洲和美洲是流感病毒病发的中心地带。实际上，甲型 H1N1 流感疫情蔓延至中国前已在墨西哥和美国等地暴发，美国曾有人类感染猪流感的病例，墨西哥与美国暴发的猪流感疫情，为 H1N1 病毒引起，2013 年 12 月 H1N1 扩散到美国 10 个州。在图上可以看出很多病毒的蛋白质序列与出现在上述地方的病毒的蛋白质序列的进化距离非常近，这说明它们之间一定存在着某种进化关系，后者可能是由前者发生基因重组和变异得来的。

　　第二，在图上还了解到，不同流感病毒之间的进化关系还与这些病毒的暴发时间及分布地带有一定的联系。2009 年 3 月，墨西哥暴发新型甲型 H1N1 流感，将近 100 个国家短时间内出现感染人群[239]。据 WHO 统计，截至 2010 年 8 月，该次流感大流行基本结束，最后导致全球 214 个国家和地区感染，18398 人死亡[240]。从图 7.2.1 可发现 21 条代表序列中有 10 条来自 2009 年，因此表明 H1N1 流感病毒在 2009 年具有复杂的蛋白结构及较高的丰富度。而我国甲型 H1N1 流感病毒监测发现[241]：2009 年冬季甲型 H1N1 流感病毒成为流感主要流行株；2010 年甲流疫情出现缓解，输入性甲流病例逐渐减少；2010 年冬季至 2011 年春季，甲型 H1N1 流感病例迅速增加，呈现小高峰期；2011 年 5 月到 2012 年 9 月输入性 H1N1 流感病例较少；2012 年冬季甲型 H1N1 流感病毒再度活跃。本节挑选的 21 条签名病毒中 2009 年 10 条、2010 年 2 条、2011 年 1 条、2012 年 1 条，此与监测结果基本吻合。

　　第三，如果将病毒系统的核心进化树分为 7 类(图 7.2.1)，从发生地点看：第 1 类 5 个病毒中有 4 个在欧洲和亚洲，1 个在北美洲；第 2 类 3 个病毒都在欧洲和亚洲；第 3 类 3 个病毒都在美洲；第 4 类 7 个病毒中有 6 个在欧洲、亚洲及非洲，1 个在南美洲；另外 3 类分别有 2 类在北美洲，1 类在欧洲。发生在欧洲、亚洲和非洲的病毒，由于欧亚大陆相连，且欧洲与非洲相邻，它们具有较近的地缘关系和类似的气候条件，分在同一类中较为合理。这 7 个类中，只有第 1 类中毒株 A/Charlottesville/31/95 和第 4 类中毒株 A/Amapa/118223/2012 分别发生在北美洲和南美洲，出现这种结果可能是候鸟的迁徙使病毒发生了基因重组和变异，所以需要对这些变异的流感病毒亚型做进一步分析研究。从发生时间看：第 2 类与第 3 类的两个病毒分支中，处于同一分支上病毒的暴发时间是相同或接近的，且地域相近，其中第 2 类中的 3 个病毒都发生在 2009 年，而第 3 类的 3 个病毒中 2 个发生在 2009 年，1 个发生在 2010 年。此外，第 5~7 类中 3 个病毒分别发生在 2001 年、2009 年和 2011 年，它们的发生时间差异较大。因此，病毒发生的地点和时间在病毒的进化过程中起着重要的作用。这些结论都和文献[233]、[234]中的结论非常接近。

　　总体上看：宿主相同、时间跨度相似、发生地点相近的病毒蛋白更倾向处于相同的分支，所以不同的年限、暴发地和宿主对流感病毒同源性有着重要的影响，这与文献[233]、[234]中的结论一致，但这里所获结果更加具体、清晰。而相同的病毒名称，或者因为时间跨度、宿主的不同造成变异相似性的远近差异，因此精确地分类需要进一步对流感病毒亚型进行分析和研究。

7.3　乳腺癌亚型异质性的分子标志

复杂疾病的异质性，造成其在诊断、预后和治疗上存在不同的结果，从临床上，将其分成不同的亚型，便于有效治疗。随着高通量测序和基因芯片技术的发展，疾病样本和正常样本间的差异被用来研究发病机理；临床上、免疫组织化学（IHC）上定义的亚型间的差异，被用来探究不同亚型的转化关系，以及治疗差异。一般地，由于收集和探测癌症样本昂贵，所以造成了样本量少，基因、蛋白维度高，而且含有测量噪声的数据。实际中，与疾病相关的突变或者基因只占这个基因组的很小一部分，所以识别疾病的内在差异表达基因，作为标志物，也可以作为后续药物使用和设计的靶标。

乳腺癌是一类异质性疾病，表现在临床、生物分子水平上存在着巨大的差异。因此，对乳腺癌进行分子水平上的有效分类，有利于预后和治疗方案确定[242, 243]。一般地，IHC 和临床学上的指标会被优先用来对乳腺癌分类并且预测疾病结果[244]。随着越来越多的 IHC 分子被用来识别乳腺癌亚型，其中雌激素受体（estrogen receptor，ER）、孕酮受体（progesterone receptor，PR）和人上皮细胞生长因子受体（human epidermal growth factor receptor 2，HER2）是使用最广泛的标志物，它们将乳腺癌分成四类，分别是[ER+|PR+]HER2–、[ER+|PR+]HER2+、[ER–|PR–]HER2+和[ER–|PR–]HER2–（注：三阴性乳腺癌，triple negative tumors, TNP）[245]。其他的IHC 分子，例如表皮生长因子受体（epidermal growth factor receptor, EGFR）在三阴性乳腺癌中也被用来进行分类[246]。近十年，基因表达谱（gene expression profile, GEP）已被用来研究乳腺癌的异质性和亚型分类。Sørlie 等[247-249]首先提出用内在基因来分类乳腺癌亚型，将其主要分成四类：luminal A、luminal B、HER2 positive、basal-like，以及后来增加的 normal 亚型。Parker 等[250]开发了一种由 50 个基因组成的分类器，用来识别主要的内在分类，叫做 PAM50。由 IHC 标志物定义的乳腺癌亚型与 GEP 识别的分类是相互一致的，即 luminal A 和 luminal B 分别与[ER+|PR+]HER2–和[ER+|PR+]HER2+tumors 基本等价，存在少部分[ER+|PR+]HER2–癌症伴有 Ki67 阳性被报道属于 luminal B 亚型，HER2 positive 癌症与[ER–|PR–]HER2+亚型相对[251]，[ER–|PR–]HER2–亚型包括了 basal-like 癌症。另外，miRNA 作为一类非编码 RNA 分子，在转录组水平起到调控细胞的功能，作为基因表达预后靶标的补充[252, 253]。在这一领域，一些 miRNA 分子，例如 miR-7、miR-128a、miR-210 被发现在乳腺癌分类中存在差异表达。Dai 等[245]已经发表了四类 IHC 定义的乳腺癌亚型间的差异表达基因集，其包含了 1015 个 mRNA 和 69

个 miRNA。虽然差异基因可以获取不同亚型间的内在差异，同时可以利用基因表达数据来进行亚型识别，但是大量的基因不利于临床的广泛使用。一般地，只有部分基因与疾病相关，有效的信息有可能被那些冗余且含有噪声的无关基因覆盖。通过识别差异表达集中最精简的关键基因，可以使得亚型识别率最高。亚型相关的特征基因也将被用来揭示亚型间的差异。

　　基于文献[245]，以及 mRNA 和 miRNA 水平上，本节将采用分层聚类方法进行疾病的特征基因提取，并通过网络分析和通路分析来发现特征基因间的调控和功能关系，以揭示四类乳腺癌亚型的主要差异。最终，可通过给定特定基因的表达数据来区别乳腺癌亚型，并在 IHC 定义的亚型与 GEP 之间架起一座相互连接的桥梁。

7.3.1　数据资源

　　三个公共数据集被用于发现差异表达基因并且进行特征基因验证，即 HEBCS、GSE22220 和 TCGA。

　　HEBCS 由 GEO 数据库中的 GSE24450 和 GSE43040 数据集组成[254]，分别包含了 183 个乳腺癌样本的 24660 个 mRNA（Illumina Human HT-12_V3 Expression Bead Chips）和 1104 个 miRNA（Illumina Human MI_V2 Bead Chips）表达数据，这些样本是从赫尔辛基大学的肿瘤学中心医院和外科部获得的[255]。根据 ER、PR 和 HER2 状态，这些样本可以分成四类亚型，即[ER+|PR+]HER2–（简称Ⅰ型，下同）、[ER+|PR+]HER2+（Ⅱ型）、[ER–|PR–]HER2+（Ⅲ型）和[ER–|PR–]HER2–（Ⅳ型）。文献[245]已经获得了 1015 个 mRNA 和 69 个 miRNA 差异表达基因，这些是本节数据实验的基础。

　　GSE22220 包括 GSE22219 和 GSE22216 两个数据集，其中 GSE22219 包含 216 个病人的 24332 个 mRNA 表达数据（Illumina Human Ref-8_V1 Expression Bead Chips），GSE22216 含有 207 个病人的 734 个 miRNA 表达数据（Illumina Human MI_V1 Bead Chips）。这些样本被分成了 ER+ 和 ER–癌症两种类型。

　　TCGA 数据（level 3）是从 TCGA 接口 http://tcga.cancer.gov/dataportal 整理获得的，包括 451 个样本的 17814 个 mRNA 表达数据和 315 个病人的 miRNA 表达数据，这些样本像 HEBCS 数据集一样也被分成四类。

　　GSE22220 和 TCGA 的数据在本节中主要被用来进行模型与方法的验证。

7.3.2　特征基因识别和聚类评价

　　A. 层次聚类和准确率评价

　　层次聚类被用来识别具有相似基因表达的样本，在聚类迭代中，每一个样本

是一个|G1|维的叶子节点，所有样本基于特定的相似性度量凝聚成类，由于平均连接聚类算法在分析多维样本中具有有效性，这里它也被用来进行基因表达数据的分类。

在已知真实结构分类的情况下，两个已有的外部评价指标被引入来评价聚类的准确性，即 Rand index 和 F-value[256]。Rand index 考虑样本对间的关系，假设原有分类集 U 和聚类结构 V，样本间存在四种情况：

$$
\begin{aligned}
a &= \left|\{i,j\}\,|\,C_U(i) = C_U(j) \wedge C_V(i) = C_V(j)\right| \\
b &= \left|\{i,j\}\,|\,C_U(i) = C_U(j) \wedge C_V(i) \neq C_V(j)\right| \\
c &= \left|\{i,j\}\,|\,C_U(i) \neq C_U(j) \wedge C_V(i) = C_V(j)\right| \\
d &= \left|\{i,j\}\,|\,C_U(i) \neq C_U(j) \wedge C_V(i) \neq C_V(j)\right|
\end{aligned}
\tag{7.3.1}
$$

考虑聚类结构的一致性和偏差，Rand index 被定义为

$$
R(U,V) = \frac{a+d}{a+b+c+d}
\tag{7.3.2}
$$

其中，$R(U,V) \in [0,1]$。在信息检索中，F-value 用来表示查准率和查全率。类 U_i 和 V_j 的交集 N_{ij} 可用来计算类 U_i 的查准率和查全率，$P_i = \text{Prect}(N_{ij}, U_i) = \left|N_{ij}\right| / \left|U_i\right|$，$R_j = \text{Rec}(N_{ij}, V_j) = \left|N_{ij}\right| / \left|V_j\right|$，这里 $|\cdot|$ 表示样本集个数。F-value 定义如下：

$$
F(U_i) = \frac{2 P_i R_j}{P_i + R_j}
\tag{7.3.3}
$$

其中，$F(U_i) \in [0,1]$，且 F-value 越大越好。

B. 特征基因识别

在全基因组中，能够刻画复杂疾病异质性的基因称为基因标签，一般地，具有相同的特征基因表达谱的样本更有可能属于同一亚型，并且和其他的样本具有显著的表型差异。通过去除无关基因使得特征基因集尽可能精简，在文献[245]选出的差异表达基因的基础上，进行了两步处理。

第一步，根据类内的内聚性，确定每一基因类选出的代表数 $N(C_r)$，给出类的内聚性的度量

$$
\text{Co}(C_r) = \left(\frac{2 \cdot \sum_i \sum_{j>i} d_{ij}}{|C_r| \cdot (|C_r| - 1)} \right)^{-1}, \qquad i,j \leqslant n
\tag{7.3.4}
$$

其中，$|C_r|$ 指示类 C_r 包含的样本数；d_{ij} 表示类内 C_i^r 和 C_j^r 样本间的距离(欧氏距离)。类的内聚性指标反映了类内样本基因表达谱的相似程度，以 F-value 最大为

目标来确定类 C_r 选取的样本数 $N(C_r)$。

$$N(C_r) = \frac{K}{\text{Co}(C_r)}, \qquad 1 \leqslant r \leqslant n \tag{7.3.5}$$

其中，K ($K > 0$) 是内聚强度且 $\min(K) = \max_r \{\text{Co}(C_r)\}$ 保证每一类至少有一个特征基因。类内选取样本数与类的内聚性呈反相关，因为一个基因类有更大的多样性，需要更多的特征基因来反映其特征。

第二步，基于中心最近原则 (nearest to center principle)，选取类内特征基因。类 C_r 被分成 $N(C_r)$ 个子类，每个子类的中心 $\text{Cen}(C_{ri})$ 被定义为

$$\text{Cen}(C_{ri}) = \frac{\sum_j C_j^{ri}}{|C_{ri}|} \tag{7.3.6}$$

其中，$\text{Cen}(C_{ri})$ 为子类 C_{ri} 的中心。基于中心最近原则，每一个子集中的特征基因被选出，其模型如下：

$$\text{del}(C_{ri}) = \{C_j^{ri} \mid \min_j \{|C_j^{ri} - \text{Cen}(C_{ri})|\}\} \tag{7.3.7}$$

其中，$\text{del}(C_{ri})$ 为子类 C_{ri} 中靠近虚拟中心的代表基因。这种被挑选出来的代表基因叫作特征基因，最终用来进行乳腺癌亚型识别的基因模板被称为基因标记。

识别特征基因的过程如图 7.3.1 所示。

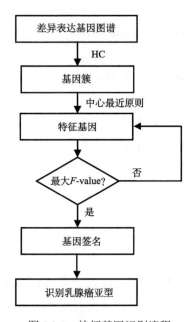

图 7.3.1　特征基因识别流程

在流程图 7.3.1 中，HC 表示分层聚类方法；基于中心最近原则即指式(7.3.7)；最大 F-value 意指按式(7.7.3)取最大，且菱形判断框是采用逐步迭代过程选取；最后，实现特征基因选取-基因签名，用以识别乳腺癌亚型。

C. 网络和通路分析

为了探索乳腺癌内在的异质性，代谢通路和网络分析被应用到获得的特征基因。一类实验验证的 miRNA 靶标的综合资源，MiRecords[257]由系统的实验支持材料和基于 11 种预测算法组成(DIANA-microT、MirTarget2 和 TargetScan/TargertScanS 等)，被用来分析特征 miRNA 的靶标基因。DAVID(注：在功能注释聚类中，相似度重叠为 3，阈值 0.5；富集阈值为 1.0，并使用 Benjamini 检验。 在功能注释图中，阈值计数 2，缓解度 0.1。显示方式为 Benjamini)[258]和 KOBAS(注：统计方法为超几何检验/费舍尔精确检验；FDR 校正方法为 Benjamini 和 Hochberg；短期截止阈值为 5)[259]被用来解释特征 mRNA 和 miRNA 基因在基因本体、代谢通路和相关疾病的富集。特征基因的网络分析是由 GeneMANIA(注：一种自动选择的加权方法，其连接属性有共表达，共定位，遗传相互作用和途径，物理相互作用的预测和共享的蛋白结构域)[260]实现的，用来解释基因的功能特征。识别特征基因和揭示乳腺癌亚型异质性的整个过程如图 7.3.2 所示。

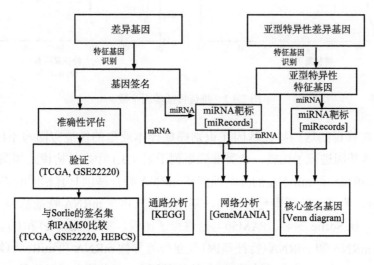

图 7.3.2 乳腺癌亚型异质性探索过程

方括号内表示分析工具，圆括号内表示数据集

在图 7.3.2 中，上部表示特征基因取自乳腺癌病人的 mRNA 和 miRNA 的差异基因，以及乳腺癌亚型(IHC 数据)的差异基因，其处理过程如图 7.3.1 所示；左

下侧是用于本书的方法验证；右下侧是用于本书方法获取的特征基因和乳腺癌亚型识别方法的网络验证。

7.3.3　实验结果与分析

A. 特征基因的识别和性能评估

在文献[245]得到的 1015 个 mRNA 和 69 个 miRNA 基础上，通过使得 F-value 最大，将差异基因集精简到 119 个 mRNA 和 20 个 miRNA 特征基因，其中：F-value 的变化过程见图 7.3.3。每一个亚型相关的特征基因也被降维，四亚型 [ER+|PR+] HER2–、[ER+|PR+]HER2+、[ER–|PR–]HER2+、[ER–|PR–]HER2–分别筛选出 13 个、19 个、16 个、18 个特征 mRNA。

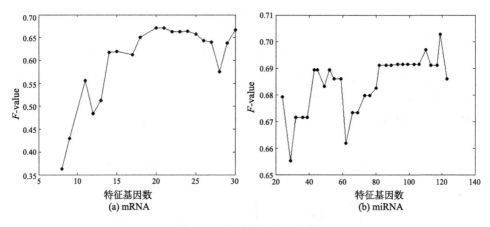

图 7.3.3　挑选特征基因个数

我们对获得的这些特征基因在识别癌症样本亚型的性能方面与不同文献中的差异表达基因进行了比较，聚类准确率列于表 7.3.1 中，结构模式如图 7.3.4 所示。综合 mRNA 和 miRNA 的分类性能和 mRNA 特征基因具有相同的 F-value 和 Rand index，为了使特征集足够精简，基因标志只包含 mRNA 特征基因。与其他的基因集，如 Sorlie 签名、PAM50，也进行了比较，见图 7.3.4(e) 和 (f)。

特征 mRNA 和 miRNA(特征基因)及亚型特异性 mRNA 和 miRNA(综合特异性基因)进行了比较，在 119 个 mRNA 特征基因和 62 个综合亚型特异 mRNA 中，存在 8 个 mRNA 重复；在 20 个 miRNA 特征基因和 25 个综合亚型特异 miRNAs 中，存在 9 个 miRNA 重复。这些重复的基因，在分型乳腺癌亚型过程中，可能有着重要作用，如表 7.3.2 所示。

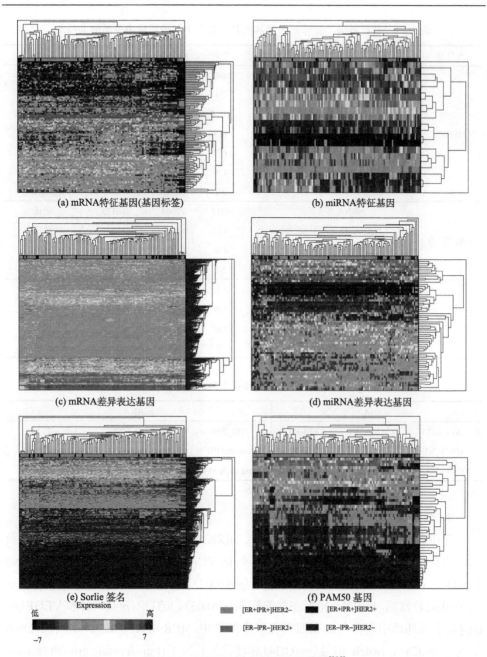

(a) mRNA特征基因(基因标签)

(b) miRNA特征基因

(c) mRNA差异表达基因

(d) miRNA差异表达基因

(e) Sorlie 签名

(f) PAM50 基因

Expression

低　　　　　　　　　　高

−7　　　　　　　　　　7

[ER+|PR+]HER2−　　[ER+|PR+]HER2+

[ER−|PR−]HER2+　　[ER−|PR−]HER2−

图 7.3.4　HEBCS 样本集层次聚类图[295]

表 7.3.1　特征基因、差异基因和其他基因集在不同数据集中聚类的准确率

数据集	基因	个数	F-value	Rand index	目的
HEBCS	miRNA 差异基因	69	0.5682	0.5	标识
	miRNA 特征基因	20	0.6712	0.6898	标识
	mRNA 差异基因	1015	0.6599	0.6577	标识
	mRNA 特征基因(签名)	119	0.7029	0.7272	标识
	亚型特征基因总数	139	0.7029	0.7272	标识
	Sorlie 签名	456	0.63	0.5981	比较
	PAM50 基因	50	0.618	0.6003	比较
GSE22220	mRNA 差异基因	1015	0.7084	0.6175	验证
	mRNA 特征基因(签名)	119	0.8449	0.7454	验证
	Sorlie 签名	456	0.683	0.5305	比较
	PAM50 基因	50	0.7316	0.6364	比较
TCGA	mRNA 差异基因	1015	0.7225	0.7044	验证
	mRNA 特征基因(签名)	119	0.7237	0.7032	验证
	Sorlie 签名	456	0.7189	0.7028	比较
	PAM50 基因	50	0.7304	0.7068	比较

表 7.3.2　特征基因和亚型特异性基因交集

mRNA			miRNA		
ALCAM	CAMK2N1	EFHD1	HS_239	hsa-miR-130b*	hsa-miR-135b
SPARCL1	DCTN4	GRP	hsa-miR101*	hsa-miR-33b	hsa-miR135a
C19orf33	DHRS2		hsa-miR-184	hsa-miR-521	hsa-miR-411

B. 基因标志通路和疾病分析

存在多个疾病重要通路在基因标志、miRNA 靶标、亚型特异性特征基因以及它们的并集中富集，特别地，特征基因，包括 VCAN、ALCAM、CLDN11、CLDN8 和 CD6，在细胞黏附(cell adhesion)通路($p=0.004$)富集，亚型特异性基因在 p53 通路($p=0.024$)富集，miRNA 靶标在细胞周期($p=0.03$)、mTOR($p=0.043$)和 VEGF($p=0.044$)信号通路中有参与。在四类乳腺癌亚型中，[ER+|PR+]HER2+基因在 DNA 复制($p=0.026$)、Notch 信号($p=0.034$)和转化生长因子(transforming growth factor, TGF)β($p=0.056$)通路中存在富集，我们也探索了特征基因与相关癌症的关系。

利用网络工具 GeneMANIA 来分析特征基因、亚型特异性基因的网络结构，其网络结构见图 7.3.5，而网络连接的属性如表 7.3.3 所示。[ER+|PR+]HER2-（Ⅰ型)的特征基因参与了许多疾病通路并且其网络中包括了更多的物理连接。遗传交

互在[ER+|PR+]HER2–（Ⅰ型）、[ER+|PR+]HER2+（Ⅱ型）和 [ER–|PR–]HER2–（Ⅳ型）癌症中都较为正常，而在[ER–|PR–]HER2+亚型（Ⅲ型）中较少。因为基因网络一般基于共表达构建，所以其是特征基因网络连接的主要属性。这些特征基因，例如 ESR1、FOXA1、NQO1、GATA3、ALDH3B2、Keratins，在网络中与其他基因都是紧密相连的，而且在已有的研究中它们在乳腺癌的异质性和致病性上都起到驱动作用。

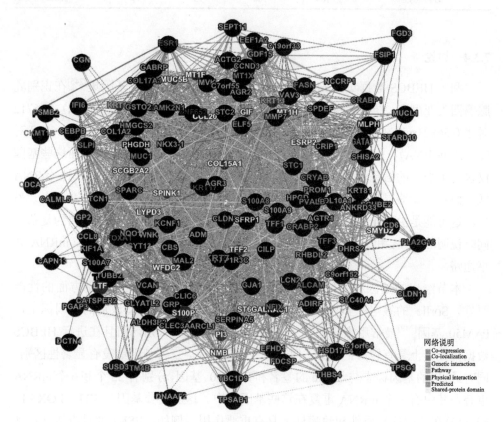

图 7.3.5 利用 GeneMANIA 构建的特征基因网络[295]

ESR1、FOXA1 和 KRT17 是特征基因、Sorlie 签名基因和 PAM50 基因的交互基因；MLPH、PHGDH 和 SFRP1 是特征基因与 Sorlie 特征基因的重复基因，浅色字母标志（如 GATA3、KRT7、MT1X 等 23 个）是与 PAM50 基因重复的基因，且不同的交互属性利用不同的色差标注

表 7.3.3 特征基因和亚型特异性基因网络连接属性

连接属性	Ⅰ型	Ⅱ型	Ⅲ型	Ⅳ型	签名数
互表达	54	40	86	9	1141
共定位		8		44	133

连接属性	Ⅰ型	Ⅱ型	Ⅲ型	Ⅳ型	签名数
基因相互作用	20	31		26	310
共享路径	48				8
物理相互作用	47	6			25
共蛋白结构域		95	7		66
连接总数	169	180	93	79	1683

7.3.4　讨论

利用 HEBCS 数据集，mRNA 和 miRNA 特征基因比差异基因集[245]在识别乳腺癌四类亚型上，准确率更高，其中 F-value：0.7029 对比 0.6599（mRNA），0.6712 对比 0.5682（miRNA）。Rand index：p=0.7272 对比 0.6577（mRNA），p=0.6898 对比 0.5（miRNA）。此说明了部分无关的基因被从特征基因集中去除，而这些基因仅包含了少量的信息，但加入了更多的噪声。miRNA 集分类的准确率比 mRNA 低，而且不能够提高综合特征基因集（miRNA 和 mRNA 并集）的分类准确率。另外，这可能是由于 miRNA 对于乳腺癌表型差异有着间接调控作用且较为复杂，同时说明 miRNA 和 mRNA 通过通路来相互影响，即 miRNA 的靶标和 mRNA 共享通路。

本节给出的基因标签比两个有名的基因标签在乳腺癌亚型识别方面的性能要好，Sorlie 的签名[248]是最早利用 GEP 来进行乳腺癌亚型识别的基因标记，PAM50 基因[249]最常用来进行基于 GEP 的乳腺癌亚型识别，而且在进行 HEBCS 数据集分类上具有较好的结果。但是在分类效果上，三种基因集没有显著性区别。同时,给出的基因标志与 Sorlie 的签名和 PAM50 基因,分别有 25 个和 6 个 mRNA 重叠，其中有 3 个 mRNA 重复在这些基因集中。这些交叠基因（ESR1、FOXA1、KRT17）在乳腺癌异质性和致病性上具有重要作用。例如，ESR1 通过直接绑定到雌激素响应元素的目标基因来调节雌激素的生物效应，使其成为 ER 阳性和 ER 阴性癌症的区分因子[253]。FOXA1 的甲基化与癌症抑制因子的启动子相关，并且被认为是预防和治疗乳腺癌的潜在的去甲基化目标[261]；细胞角蛋白（cytokeratins，即 KRT17 和 KRT7）是基本的靶标[262]，在肿瘤细胞中被向上调控。另外，GATA3 是在乳腺癌的导管上皮细胞中高度表达而在浸润癌中低表达的转录因子，它的低表达与 ER 阴性和 HER2 过表达有关[263, 264]。在这三个共有的基因中，两个分子已经被用来进行乳腺癌的分型，ESR1 是将乳腺癌分成 ER 阳性和 ER 阴性的主要标志，KRT17 在三阴性乳腺癌中将 basal-like 亚型和其他亚型分开，FOXA1 可能是一个新的乳腺癌分型标志分子。

从总的差异表达基因中挑选的特征基因，有 8 个 mRNA(6.7%)和 9 个 miRNA(45%)与亚型特异性特征基因交互。用两种方法得到的相对的交互率间接说明了乳腺癌的复杂性，这些交互的 mRNA 和 miRNA 靶标在癌症和肿瘤细胞系中有着重要的作用。例如，ALCAM[265, 266]与乳腺癌的转移、发生发展有关，GRP[267]可以促进乳腺癌细胞系的有丝分裂；SPARCL1[268, 269]与侵入性癌症相关，可以促使前列腺癌的再发生，DHRS2[270]可以编码 Hep27，其在骨肉瘤和 MCF7 乳腺癌细胞系中对细胞周期和细胞凋亡存在分子调控作用，CAMK2N1[271]在前列腺癌中扮演肿瘤抑制作用，作为癌症检验和治疗的靶标。从 miRNA 的角度，hsa-miR-33b[272]被报道调控靶标基因参与癌症通路，如 MAPK、Wnt 和 Nf-kB 信号。hsa-miR-184 的一个直接靶标，SND1 被认为是治疗恶性胶质瘤药物靶标[273]。hsa-miR-135a/b 通过在肺癌细胞系作用于 MCL1，来调节细胞凋亡[274]。更有趣的是，hsa-miR-135a 和 hsa-miR-135b 具有相同的 mRNA 靶标，并且被认为可区别乳腺癌的 ER 阳性和阴性。更进一步，hsa-miR-135b 是[ER–|PR–]HER2–亚型的特征基因，而 hsa-miR-135a 标志[ER+|PR+]HER2+和[ER–|PR–]HER2–两种亚型，也显示了两种亚型间存在潜在联系。

亚型特异性基因网络揭示了每一亚型的主要分子。NOTCH1，在[ER+|PR+]HER2–亚型中，标志了 Notch 信号通路在该癌症中的重要性，该通路是介导细胞之间的通信进化机制[275]。CDKN2A 可以引导细胞阻滞在 G1 和 G2 阶段发生[276]，作为[ER+|PR+]HER2+亚型分子，显示了细胞周期信号(cell cycle signaling)通路在该亚型中的重要性。

7.3.5　结论

本节针对全基因表达数据，确定与免疫组化分子定义的乳腺癌亚型相关的差异表达记忆。在已有的乳腺癌亚型差异表达基因(1015 个 mRNA 和 69 个 miRNA)基础上，以分类准确率最高为目标，通过降维的方法，利用层次聚类方法将基因组成成若干类，然后定义类内的内聚性来确定基因类中选取的特征基因数，用以挑选出特征基因并且去除与乳腺癌亚型识别无关的基因，获得了 119 个 mRNA 和 20 个 miRNA，最终确定以 119 个 mRNA 作为乳腺癌亚型差异标签。通过与 Sorlie 的特征基因以及 PAM50 基因进行配对和分类准确性的比较，发现获得的特征基因可以有效表示乳腺癌亚型间的差异。最后利用通路和网络检验分析，探索选出的特征基因集是否显著相关。一些新的重要基因，如 FOXA1 等可以用来进行新的分子标记。网络分析发现，重要的分型基因在网络中处于中心位置，而且与癌症相关的通路，如 Notch 信号等在乳腺癌亚型特异性上具有重要作用。同时，在确定与免疫组化分子定义的乳腺癌亚型相关的差异表达过程中，ER 和 HER2 的高低表达或者低表达起到了决定性作用。

7.4　基于决策树的乳腺癌亚型异质性探索

复杂疾病的异质性，常常会造成其在诊断、预后和治疗上存在不同的结果。在临床上，将其分成不同的亚型，便于有效地治疗。在 7.3 节中，我们知道：在确定与免疫组化分子所定义的乳腺癌亚型相关的差异表达过程中，ER 和 HER2 的高低表达或者低表达起到了决定性作用。正因为如此，本节将进一步开展乳腺癌亚型异质性的探索研究。

考虑乳腺癌发生发展过程中存在分型，可以逐步识别乳腺癌亚型。值得强调的是，PR 与 ER 状态高度一致，但 ER 阳性和阴性有着不同的临床特征。同时，HER2 是上皮细胞生长因子受体家族的重要一员，常被用于预后和亚型细分[276, 277]。在 7.3 节研究的基础上，本节进一步开展乳腺癌亚型分类的决策树分类模式研究，并探索基因标志的功能属性和它们之间的内在关系，以逐步确定乳腺癌的亚型分类和揭示乳腺癌的层次分型模式。

此外，本节实验中所涉及的特征基因挑选和验证数据集仍采用 7.3 节中的 3 个数据集。

7.4.1　方法和模型

A. 数据标准化

基因表达数据的标准化，有助于对不同平台数据的处理。每一个数据集中，基因的调控方向用 $a \in \{-1, 0, 1\}$ 表示，其中：-1，0 和 1 分别表示低表达、正常表达和高表达。$\bar{x}$ 表示基因的平均表达，δ 表示标准方差，通过以下规则，基因表达数据被转化成基因状态 $\tilde{x}$：

$$\text{基因是} \begin{cases} \text{低表达}, & x < \bar{x} - \delta \\ \text{正常表达}, & x \in [\bar{x} - \delta, \bar{x} + \delta] \\ \text{高表达}, & x > \bar{x} + \delta \end{cases} \tag{7.4.1}$$

式 (7.4.1) 为基因表达数据被转化成基因状态 $\tilde{x}$ 的规则。

B. 决策树构建和特征基因识别

乳腺癌根据 ER 的状态可以分成 ER 阳性和 ER 阴性肿瘤，根据 HER2 状态，

这两类肿瘤又被细分成四类，即[ER+|PR+]HER2+、[ER+|PR+]HER2–、[ER–|PR–]HER2+和[ER–|PR–]HER2–（PR 状态和 ER 状态基本一致），乳腺癌亚型识别过程可以用决策树来描述，它可以将复杂分类问题转化成多个简单问题的混合[278,279]，其设计研究思路见图 7.4.1。

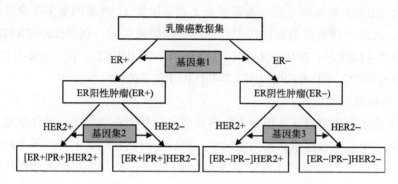

图 7.4.1　基于 IHC 分子构建的乳腺癌亚型决策树框架

　　HEBCS 数据集被用来检测差异表达基因。在差异基因检测之前，需要对数据进行整理和预处理。差异表达基因采用成对形式进行识别，即 ER+与 ER–、[ER+|PR+]HER2+与[ER+|PR+]HER2–和[ER–|PR–]HER2+与[ER–|PR–]HER2–。通过 ER驱动乳腺癌的分型差异进行乳腺癌亚型间的差异表达基因选取，其规则如下：

　　(1)基于成对比较的方式，检测基因表达的显著差异；

　　(2)相同亚型内的标准差相对较小；

　　(3)被选取基因的相关系数要比较小，这用来保证选取的基因集最精简。

　　亚型对差异基因的识别过程主要包含三步：第一步，选取成对样本组间可区分的基因，即在进行对数变换的基础上，每组基因平均表达差值大于 1，得到可区分基因集；第二步，组对间选择差异表达基因，利用 t 检验，$p\text{-value} < 0.05$ 为检验阈值，对可区分基因进行筛选；第三步，度量组间基因表达差异，差异表达程度通过引进类内差异 $\mathrm{MS}_{\mathrm{intra}}$ 和类间差异 $\mathrm{MS}_{\mathrm{inter}}$ 来度量，分别表示为 $\mathrm{MS}_{\mathrm{intra}} = \sum_{i}\sum_{j}\left(x_{ij} - \bar{x}_i\right)^2 / n$ 和 $\mathrm{MS}_{\mathrm{inter}} = \sum_{i} n_i\left(\bar{x}_i - \bar{x}\right)^2 / n$，这里 $\bar{x}_i$ 表示第 i 组基因的平均表达，n_i 表示第 i 组包含的样本数，$\bar{x}$ 为总样本中基因表达均值。从统计学的角度看[280]，$\mathrm{MS}_{\mathrm{inter}}$ 越大，$\mathrm{MS}_{\mathrm{intra}}$ 就越小，那么组间的区分度越大，因此定义一个区分度指标如下：

$$F = \frac{\mathrm{MS}_{\mathrm{inter}}}{\mathrm{MS}_{\mathrm{intra}}} \tag{7.4.2}$$

其中，指标 F 是 7.1 节中指标 HCI 的一种变形形式。可通过式(7.4.2)计算 F 值的排序确定差异表达基因。考虑成对亚型间的分子差异，所以 $i=\{1,2\}$。将 F 值最大的前 10 个基因挑选为特征基因集。采用上述方法，区分 ER+和 ER–癌症的基因叫做基因集 1，区分[ER+|PR+]HER2+与[ER+|PR+]HER2–和[ER–|PR–]HER2+与[ER–|PR–]HER2–的基因分别叫做基因集 2 和基因集 3，将基因集 1~3 合并称为特征基因。此外，剩余亚型对间的差异也可类似地被探索，包括[ER+|PR+]HER2+与[ER–|PR–] HER2+，[ER+|PR+]HER2+与[ER–|PR–]HER2–，[ER–|PR–]HER2+与[ER+|PR+] HER2–和[ER+|PR+]HER2–与[ER–|PR–]HER2–。

C. 特征基因验证

基于构建的决策树逐步识别乳腺癌亚型，在基因表达数据标准化基础上，可以通过从一个已知数据集获得先验知识，然后应用到其他数据集。利用朴素贝叶斯分类器[281]，获得亚型样本特征基因先验概率分布，然后应用到其他新样本的亚型识别中。作为比较，一种传统的亚型识别方法——最近中心分类和支持向量机(SVM)分类器被引入。

朴素贝叶斯分类器：朴素贝叶斯分类器用来计算癌症样本属于特定亚型的概率。假设特征基因表达是条件独立的，那么条件概率 $P(x|c_j)$ 可以表示成 $P(x|c_j)=\prod_{i=1}^{n}p(x_i|c_j)$，其中 $c_j\in C$（这里 C 是样本亚型的集合）。给定一个包含基因状态的新样本，利用 HEBCS 作为发现数据集来训练朴素贝叶斯分类器，其分类为不同亚型的后验概率分布为

$$P(c_j|x)=\frac{p(x|c_j)p(c_j)}{p(x)}$$

可获得优化模型

$$C_{\text{map}}=\arg\max_{j}P(c_j|x) \tag{7.4.3}$$

式(7.4.3)是以样本亚型分类准确率最高为目标的优化模型。

最近中心分类：采用欧氏距离度量，癌症样本 T_x 被分配到距离最近的亚型中，于是最近中心分类器被设计成模型(7.4.4)：

$$C_{\text{map}}=\arg\min_{j\in C}\left\{\left\|T_x-a_j\right\|\right\} \tag{7.4.4}$$

最近中心、朴素贝叶斯和支持向量机三个分类器在应用条件的优劣性比较见表 7.4.1。

表 7.4.1　三个分类器应用条件比较

分类器	优势	劣势
最近中心	便于临床应用	线性分类器,不能获得良好的结果
朴素贝叶斯	从任意样本集获得先验概率,可跨平台识别样本亚型	先验概率获取需大量带有标签样本
支持向量机	如果训练样本可获得,可以得到令人满意的结果	不利于推广到其他平台数据集

　　为了研究乳腺癌的异质性,对获得的特征基因进行代谢通路和网络分析验证。基于决策树的特征基因识别建模与验证的流程图见图 7.4.2。在图 7.4.2 中,上半部分为基于决策树的特征基因识别建模流程图,下半部分左侧为模型检验,右侧为模型的生物学检验,即乳腺癌的内在异质性的检验。

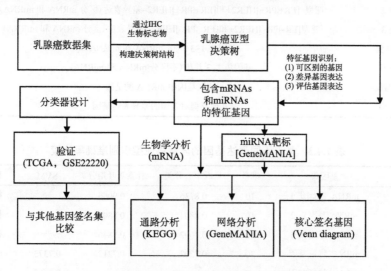

图 7.4.2　乳腺癌亚型差异表达基因识别及验证流程图

7.4.2　实验结果

　　A. 特征基因识别

　　在 HEBCS 数据集中,183 个样本,182 个被标记 ER 状态,115 个被 IHC 标记为 ER、PR 和 HER2 状态,可以分成四类,即[ER+|PR+]HER2+、[ER+|PR+]HER2−、[ER−|PR−]HER2+和[ER−|PR−]HER2−亚型。本小节所用到的一些术语列于表 7.4.2,其中"其他亚型对之间的差异表达基因"是指除表中所列出亚型对之外的剩余亚型对:[ER+|PR+]HER2+与[ER−|PR−]HER2+,[ER+|PR+]HER2+与[ER−|PR−]HER2−,[ER−|PR−]HER2+ 与 [ER+|PR+]HER2− 和 [ER+|PR+]HER2− 与 [ER−

|PR–]HER2–。特征基因集包括了 30 个 mRNA 和 8 个 miRNA，而 RSP 基因集由 31 个 mRNA 和 19 个 miRNA 组成。值得注意的是，在[ER+|PR+]HER2+和 [ER+|PR+]HER2–中，没有 miRNA 被发现差异表达。另外，hsa-miR-9 和它的低 表达形式 hsa-miR-9*都在 ER–癌症高表达中。所以 hsa-miR-9*被从最终的基因集 中去除。在 HEBCS 中，各种分类器利用不同的基因集得到的亚型识别准确率见 表 7.4.3。

表 7.4.2　术语解释

基因集名称	描述
基因集 1	ER+和 ER–癌症差异表达(mRNA 和 miRNA)
基因集 2	亚型 [ER+|PR+]HER2+和[ER+|PR+]HER2–差异表达(区分 mRNA 和 miRNA)
基因集 3	亚型[ER–|PR–]HER2+和[ER–|PR–]HER2–差异表达(区分 mRNA 和 miRNA)
基因集并集	基因集 1~3(区分 mRNA 和 miRNA)
特征基因	基因集 1~3 并集(不区分 mRNA 和 miRNA)
签名基因集	特征基因中 mRNA 的基因
RSP 基因	其他亚型对之间的差异表达基因

表 7.4.3　基于不同表达基因的乳腺癌亚型识别准确率比较

数据集	基因集	维数	最近中心分类	朴素贝叶斯分类	SVM	目的
HEBCS	mRNA 基因集 1	10	0.8736	0.9066	—	标识
	mRNA 基因集 2	10	0.8804	0.8804	—	标识
	mRNA 基因集 3	10	0.7692	0.8846	—	标识
	mRNA 特征基因	30	0.7203	0.7712	0.7373	验证
	miRNA 特征基因	8	—	—	0.6667	验证
	特征基因	38	—	—	0.7276	验证
GSE22220	基因集 1	6	0.7963	0.8565	0.8469	验证
TCGA	mRNA 特征基因	24	0.6152	0.6242	0.7696	验证

表 7.4.3 给出了不同的分类器使用特征基因的分类准确率，如使用 SVM 分类 器结果：0.6667(miRNA 特征基因)、0.7373(mRNA 特征基因)、0.7276(特征基因)。 不同分类器得到的结果虽然有一些差异，但这间接表明了得到的基因标志具有好 的结果。另外，分类器在应用中的优缺点也被列于表 7.4.1，不同基因集亚型识别 的热图见图 7.4.3。

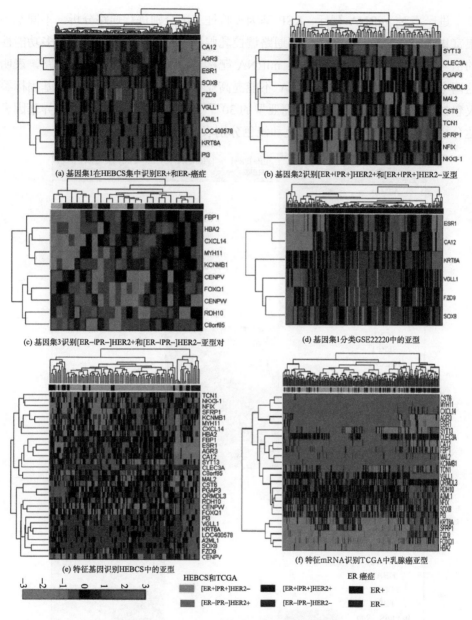

(a) 基因集1在HEBCS集中识别ER+和ER–癌症

(b) 基因集2识别[ER+|PR+]HER2+和[ER+|PR+]HER2–亚型

(c) 基因集3识别[ER–|PR–]HER2+和[ER–|PR–]HER2–亚型对

(d) 基因集1分类GSE22220中的亚型

(e) 特征基因识别HEBCS中的亚型

(f) 特征mRNA识别TCGA中乳腺癌亚型

图 7.4.3　不同基因集亚型识别热图[296]

注 7.4.1　在表 7.4.3 中，基因集 1~3，可利用最近中心分类器和朴素贝叶斯分类器来逐层识别乳腺癌亚型。因为 miRNA 在亚型 [ER+|PR+]HER2+对比 [ER+|PR+]HER2–中没有差异表达，不能进行逐层分类。GSE22220 被分成 ER+和 ER–癌症，所以仅利用基因集 1 来进行分类识别。

进一步对 miRNA 靶标、RSP 基因和特征基因分别进行通路分析。不同基因集富集于相同的通路，说明信号通路调控乳腺癌分化，如调控干细胞的多功能性的信号通路和 VEGF 信号通路。miRNA 靶标与特征基因富集到相同通路，表明这两个层次具有冗余。因 miRNA 不能提高亚型识别的准确性，最终的基因标签仅包括 30 个 mRNA。关于乳腺癌亚型的 30 个 mRNA 和 7 个 miRNA 差异基因表达分析图参见图 7.4.4，其中深色和浅色分别表示高、低的表达。

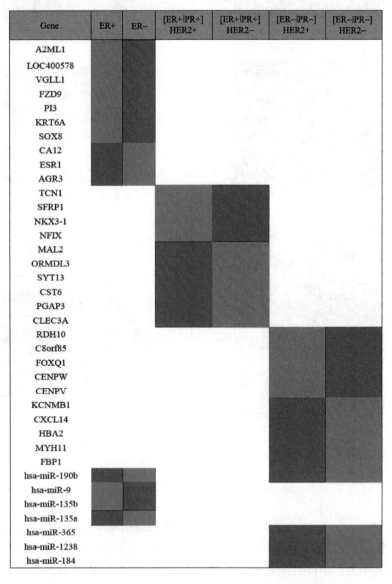

图 7.4.4　乳腺癌亚型中差异基因表达(包括 mRNA 和 miRNA)

B. 特征基因及其生物学分析

对特征基因和 RSP 基因进行比较，在 30 个 mRNA 中有 6 个重复，在 7 个 miRNA 中有 5 个重复，见表 7.4.4。

表 7.4.4　特征基因和 RSP 基因间的重叠

mRNA			miRNA		
PI3	VGLL1	FZD9	hsa-miR-190b	hsa-miR-184	hsa-miR-135b
LOC400578	KRT6A	SOX8	hsa-miR-135a	hsa-miR-1238	

因特征基因的选取基于表达差异程度，它们的表达状态都是相对的，而且选取的特征基因较为精简，亚型对之间基因鲜有交互。

几个与乳腺癌发生发展以及分型有关的基因被挖掘，如 ESR1、FZD9 和 CXCL14。利用 miRecords 来探索 miRNA 特征基因的靶标。进一步，利用 KEGG 和 KOBAS 通路分析来探索基因标志、特征基因及特征 miRNA 靶标。例如，与雌激素相关的信号 ESR1，是至今用来识别乳腺癌亚型最重要的分子，被选在基因集中，基因集中几个重要的分子，如 CLEC3A 等，富集在 Jak-STAT 信号通路中。

FZD9（RSP 基因集）和 miRNA 靶标的基因 AKT2、KRAS 和 NFAT1，在通路 mTOR（$p=0.037$）和 VEGF（$p=0.007$）信号通路中富集。另外，利用 KEGG 探索了与特征基因、RSP 基因及 miRNA 靶标相关的疾病，其中 56.7% 的疾病为癌症。根据物理属性如共表达、遗传相互作用和共同通路，利用 GeneMANIA 构建基因交互网络，其交互网络图参见图 7.4.5。在构建基因交互网络中，网络由特征基因和 20 个相关基因组成，并且有 668 条边，不同的连接属性被不同的颜色标注，其中共表达和共定位分别占到 79.5% 和 8%。在 RSP 网络中，共 45 个基因被 1102 个边连接成整体，其中：共表达占 81.93%；同位置占 12.08%；遗传交互占 4.2%；共有蛋白域占 1.79%。许多与乳腺癌有关的重要基因，如 FOXQ1 和 SFRP1，与其他基因连接紧密。

7.4.3　结果讨论

利用 HEBCS 识别出的 mRNA 和 miRNA 特征基因，通过应用到其他数据集的统计检验，分析其在基于 IHC 定义的乳腺癌亚型识别中具有良好的性能，结果说明决策树是一种识别乳腺癌分型基因的有效方法。同时发现特征基因和 RSP 基因存在 6 个 mRNA 和 5 个 miRNA 交互。与 Sorlie 签名基因和 PAM50 比较，存在 3 个 mRNA（ESR1、NFIX、SFRP1）基因重叠。除了 C8orf85、CENPW、CENPV、

CXCL14 和 hsa-miR-1238，其他基因均与 7.3 节所挑选的差异表达基因重叠，这些重叠的基因列在表 7.4.5 中。这些重叠的基因更值得去探索，以揭示其在乳腺癌发生发展中的作用，而决策树方法获得的其他基因是对其他方法的有效补充。

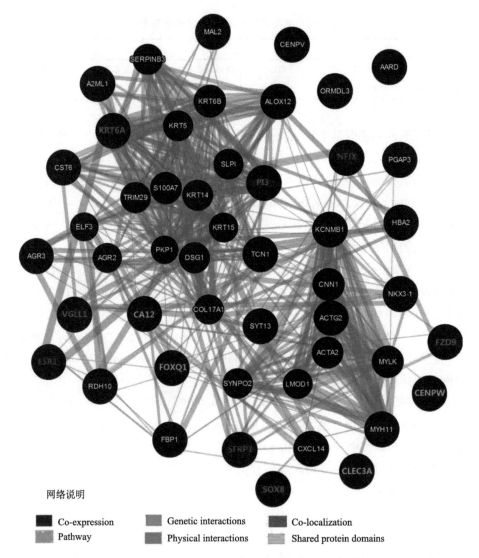

图 7.4.5　利用 GeneMANIA 构造基因网络，网络由特征基因和 20 个相关基因组成，并且有 668 条边，不同的连接属性被粗细不同的线标注[296]

　　基于获得的特征基因，三个分类器在特定情况下，可被用于癌症亚型分类。以基因表达谱为预测网络的基础信息，采用网络和通路分析，可获得共表达特征基因网络和 RSP 网络占据的主要物理特征, 且分别为 79.5%和 81.93%。同时, 一些基因, 如 FOXQ1、SFRP1 和 ESR1, 作为乳腺癌分型分子参与的重要癌症通路, 在网络中处于关键位置。选取的特征基因需要从生物学角度被仔细探索。

表 7.4.5　特征基因与 7.3 节所挑选的差异基因交互结果

特征基因类别	交互基因名称
mRNA	A2ML1, LOC400578, VGLL1, FZD9, ESR1, AGR3, PI3, KRT6A, SOX8, CA12, TCN1, CST6, SFRP1, NKX3-1, NFIX, MAL2, SYT13, ORMDL3, PGAP3, CLEC3A, RDH10, FOXQ1, KCNMB1, HBA2, MYH11, FBP1
miRNA	hsa-miR-190b, hsa-miR-9*, hsa-miR-9, hsa-miR-135b, hsa-miR-135a, hsa-miR-365, hsa-miR-184

A. 特征 miRNA

在[ER+|PR+]HER2+和[ER+|PR+]HER2−亚型对中, 没有差异 miRNA 被发现, 说明对于 ER 阳性癌症, 没有显著的基因型差异。同时, 显著差异的 miRNA 数量太少且用于亚型识别准确率比 mRNA 低。造成这一现象可能有两个原因: 第一, miRNA 是通过调控 mRNA 表达来驱动表型差异, 所以在这两个层面上会出现某种冗余; 第二, miRNA 调控是一个复杂非直接的过程, 可能通过调节其他基因且伴有噪声, 从而导致分类效果不好。特征 mRNA 与 miRNA 靶标基因间没有重复, 说明特征基因的精简性。hsa-miR-135a 和 hsa-miR-135b 在识别乳腺癌 ER 型癌症中具有重要作用, 在文献[245]中已有讨论。hsa-miR-9 甲基化被报道与细胞新陈代谢有关[282], hsa-miR-9 在 ER 阴性癌症中过表达, 说明其在分型 ER 状态中具有重要作用。在 MCF7 乳腺癌细胞系中, hsa-miR-190b 被低调控[283], 我们发现 hsa-miR-190b 在 ER+和[ER−|PR−]HER2+中高表达。实际上, hsa-miR-190b 首先与激素受体 ER 有关, 其次与增长受体 HER2 有关, 这与构建的决策树层次相一致。另外, hsa-miR-190b 调控的基因可能揭示乳腺癌的分型过程, 我们探讨了 hsa-miR-190b 的 mRNA 靶标, 这些 mRNA 靶标富集到调节干细胞的多能性信号通路 ($p=0.058$), 细胞黏附分子(cell adhesion molecules, CAMs) ($p=0.058$)[284]和 AMPK 信号通路($p=0.042$)[285]。另外 hsa-miR-365、hsa-miR-1238 和 hsa-miR-184 在[ER−|PR−]HER2−中低表达。

许多 miRNA 靶标参与癌症相关通路, 例如 hsa-miR-184 靶标 AKT2 参与 Pten 通路, 激活下游一系列靶标, 这与细胞功能(注: 细胞增殖与存活、葡萄糖代谢和蛋白质迁移)调控相关。hsa-miR-18a 靶标 KRAS, 被报道在乳腺癌三阴性发展中作为遗传标志物。hsa-miR-135a 靶标 JAK2, 因为对干细胞的多功能性有调节作用而被熟知，与乳腺癌和雌性生殖器官癌有关。hsa-miR-135b 作用靶标 APC，参与 Wnt 信号通路，涉及细胞命运规范和细胞增殖。

B. 特征基因集 1

这一基因集主要用于对 ER 状态的乳腺癌亚型识别。ER 也为 ESR1，通过目标基因的雌激素反应元件来调控雌激素的生物影响，已经广泛应用于乳腺癌亚型识别和预后，在 ER+癌症中高表达。相似地，CA12 和 AGR3 在 ER+癌症中高表达，碳酸酐酶Ⅻ（carbonic anhydrase Ⅻ，CA12）被报道编码一个与癌症细胞微环境的酸化有关的锌金属酶，在乳腺癌细胞中雌性激素通过 ER-α 对其进行调控。AGR3，又名乳腺癌膜蛋白（breast cancer membrane protein 11，BCMP11）[286]，是最初在乳腺癌细胞系中被识别的膜蛋白，它与 AGR2 皆同乳腺癌和卵巢癌有关。

这一基因集中 A2ML1、LOC400578、VGLL1、FZD9、PI3、KRT6A 和 SOX8，在 ER+类型中低表达。A2ML1 编码分泌蛋白酶抑制剂 α-2-macroglobulin（A2M）-like-1，激活 RAS/mitogen-activated protein kinase（MAPK）通路信号转导。FZD9 编码 WNT 受体，作为 WNT 通路的重要因子[287]，MAPK 和 WNT 通路都有利于细胞增殖调控，其中细胞增殖是 ER+和 ER–癌症的关键属性且参与许多癌症发病过程。Keratin 作为基础标志物，KRT6A 为其家族成员，也在该基因集中被发现。KRT6A 也被报道可能与循环肿瘤细胞有关，且被用于乳腺癌病理和治疗的早期标志物，这显示了它是区别 ER+和 ER–肿瘤的重要指标。此外，其他 Keratins（KRT14、KRT15）被引入构建的基因交互网络。VGLL1（Vestigial-like 1）是可以编码转录辅激活物的基因，来调制 Hippo 通路，该通路与乳腺癌基础表型相关[288]。

C. 特征基因集 2

这一基因集用来区别[ER+|PR+]HER2+与[ER+|PR+]HER2–亚型。特别地，TCN1、SFRP1、NKX3-1 和 NFIX 在[ER+|PR+]HER2+亚型中被抑制，在[ER+|PR+]HER2–中高表达。TCN1 被证实是与乳腺癌有关的基因，在正常和恶性肿瘤细胞系中具有显著表达差异且影响复制时间。SFRP1，编码相关的分泌蛋白，该蛋白是 Wnt 的拮抗因子，它的失活对于乳腺癌病人预后具有不良影响。NKX3-1 是一类前列腺癌特异性基因，是前列腺癌早期上皮细胞的重要标志物且随后在人体内各阶段皆有表达[289]。NFIX 乙醇化在乳腺癌模型中被识别，并且在 ER 阳性中差异表达，说明甲基化、乙酰化等在表型差异中具有调控作用。

在这类基因集中，MAL2、ORMDL3、SYT13、CST6、PGAP3 和 CLEC3A 在[ER+|PR+]HER2–亚型中低表达。MAL2、Mal 和 T-细胞分化蛋白 2（T-cell differentiation protein 2）在卵巢癌、结肠癌和胰腺癌细胞系中高表达被证实，并且作为癌症转移的分子预测。CST6 作为癌症抑制剂在正常的乳腺上皮细胞中表达，

它的不表达会造成乳腺癌细胞增长和转移，进一步证实 CST6 的缺失机制在乳腺癌发展到转移过程中的作用。PGAP3 在 HER2+癌症中特异表达，它在 [ER+|PR+]HER2–和[ER+|PR+]HER2+亚型中差异表达，与先前(即 7.3 节中)的发现是一致的。突触素 13(synaptotagmin 13，SYT13)被认为是肝癌的抑制基因，在肝癌细胞系中起到补充作用，而且通过诱导大鼠 WT1 产生 SYT13 进行癌症抑制。CLEC3A 是肝磷脂细胞黏附调制器[290]，通过调节肿瘤细胞黏附和纤溶酶原/纤溶酶原激活物系统来影响肿瘤细胞入侵和转移。通过通路分析，CLEC3A 参与调控干细胞的很多功能性通路，且基因集富集到 JAK-STAT 信号通路(p=0.038)，以及其他通路。ORMDL3 的变异在乳腺癌细胞系中是有表达的，但是 ORMDL3 在乳腺癌中相关作用尚未报道。在本节研究中，其在 ER+癌症中被识别差异表达，为研究亚型关系提供了依据。

D. 特征基因集 3

该基因集将 ER 阴性癌症分成 HER2 阳性和 HER2 阴性。RDH10、C8orf85、FOXQ1、CENPW 和 CENPV 在[ER–|PR–]HER2+亚型中低表达，而在[ER–|PR–]HER2–中高表达。RDH10 在非小细胞肺癌发展中具有重要的致病作用，通过淋巴结参与癌症过程。FOXQ1 的表达受到 TGF-β_1 调控、参与 EMT 过程[291]，它在[ER–|PR–]HER2+亚型中高表达，与三阴性乳腺癌转移相一致，因此它也是划分这两个亚型的重要因素。CENPV 和 CENPW 对于染色体着丝粒组织、校准和胞质分裂有着重要作用。

KCNMB1、CXCL14、HBA2、MYH11 和 FBP1 在[ER–|PR–]HER2+亚型中高表达。CXCL14，作为乳腺、肾腺趋化因子(BRAK)，是癌症细胞增殖和转移的负调控因子，它的表达和乳腺癌病人的总体生存和淋巴节点(LN)转移具有很强的相关性。活性氧通过激活蛋白-1(activator protein-1)信号通路对其进行上调控，提高细胞活性。HBA2 在癌症组织中被下调，在三阴性亚型中低表达，这说明它可以作为癌症具备干细胞和侵略性的重要标志。通过系统的乳腺癌基因组分析，MYH1 和 MYH9 被识别为乳腺癌候选基因[292]。KCNMB1-4 在 MFK223 和 MCF7 细胞系中的不同表达水平导致了对生理上的受体激动剂的不同敏感性。MYH11 通过扰乱干细胞分化或者影响细胞能量平衡来促进癌症的形成，在结直肠癌中被认为是驱动基因[293]。它在[ER–|PR–]HER2–亚型中的相对低表达显示三阴性乳腺癌低分化。已有的研究报道称 FBP1 的低表达导致低生存率，这与 FBP1 分化[ER–|PR–]HER2–和[ER–|PR–]HER2+癌症相对应。

这些研究表明基于决策树的乳腺癌亚型分类模式具有系统简约、高效等特性。

7.5　本　章　小　结

目前,基于粒度的最优结构信息的提取与复杂系统降维的研究已成为粒度计算亟须解决的一个重要问题。在本章中,提出了一种基于粒度空间理论的优化聚类指标及改进的优化模型,并给出改进的优化模型的相关应用研究。具体研究工作如下:

(1) 7.1 节:通过引入粒度的类内偏差和类间偏差,提出了获取数据分层结构的优化聚类指标,并建立相应的最优聚类优化模型。从理论上,严格证明了该模型是全局最优的,并给出了相应的算法设计。

(2) 7.2 节:结合 1902~2015 年同时含有 HA 与 NA 蛋白的甲型 H1N1 流感病毒序列作为实验数据库,进行 7.1 节中构建的优化模型和算法的应用研究。主要工作包括:构建了流感病毒蛋白系统的第一级结构和第二级结构;基于距离中心最近原理建立了签名病毒选取的优化模型,挑选签名病毒蛋白,并构建 H1N1 流感病毒的核心进化树;基于距离中心最近原则构建分类器以验证本章方法的有效性。实验结果表明:应用本章方法处理甲型 H1N1 流感病毒可得到非常好的分类结果,且正确率达到 93.25%。

(3) 7.3 节:在已有的乳腺癌亚型差异表达基因(1015 个 mRNA 和 69 个 miRNA)基础上,结合乳腺癌的 mRNA 和 miRNA 的全基因表达数据,采用免疫组化成对亚型间的差异分析、分层聚类方法进行系统的降维,将基因组分成若干类,以分类准确率最高为目标,通过类内的内聚性来挑选特征基因,并剔除与乳腺癌亚型识别无关的基因,最终获得 119 个 mRNA 和 20 个 miRNA 作为乳腺癌亚型差异的标签。通过与 Sorlie 的特征基因以及 PAM50 进行配对和分类准确性的比较研究,结果表明所获得的特征基因可以有效表示乳腺癌亚型间的差异。此外,采用通路分析和生物网络检验分析等方法,进一步开展了所选出特征基因集的显著性检验,结果显示:一些新的重要基因,如 FOXA1 等可以用来进行新的分子标记;通过生物网络检验分析发现重要的分型基因在网络中处于中心位置,而且与癌症相关的通路,如 Notch 等在乳腺癌亚型特异性上具有重要作用。

(4) 7.4 节:在 7.3 节研究的基础上,结合乳腺癌的 mRNA 和 miRNA 转录组数据,采用免疫组化成对亚型间的差异分析、分层聚类方法,进行乳腺癌亚型分类的决策树分类模式研究,探索基因标志的功能属性及它们之间的关系,以逐步确定乳腺癌的亚型分类,揭示乳腺癌的层次分型模式。结合基因调控网络的通路分析和 HEBCS 数据集,获得了乳腺癌亚型识别的特征基因集,即特征基因集 1~3

中共 30 个 mRNA 和 7 个 miRNA。同时，结合 GSE22220 和 TCGA 实际数据集，进行模型的检验：分别采用最近中心、朴素贝叶斯和支持向量机分类器进行了模型的检验与比较研究；采用 GeneMANIA 方法构造特征基因集的基因网络，通过网络的通路分析进行模型的生物学验证。研究结果表明，基于决策树的乳腺癌亚型分类模式具有系统简约、高效等特性。

　　特别地，在 7.3 节和 7.4 节的研究中，针对生物数据，引进了"干"实验方法(注：相对于生物学研究中的"湿"实验方法)——生物网络分析方法，开启了应用生物网络进行相关生物学验证的研究。相关发表的研究论文参见文献[79]~[81]、[294]~[303]。

参 考 文 献

[1] Nilsson N J. 人工智能[M]. 2 版. 郑扣根, 庄越挺, 译. 北京: 机械工业出版社, 2003.

[2] 唐旭清, 王林君, 方伟. 数值计算方法[M]. 北京: 科学出版社, 2015.

[3] 史忠植. 知识发现[M]. 北京: 清华大学出版社, 2002.

[4] 吴文俊. 数学机械化[M]. 北京: 科学出版社, 2003.

[5] 张铃, 张钹. 人工神经网络理论及应用[M]. 杭州: 浙江科学技术出版社, 1997.

[6] Zadeh L A. Fuzzy logic = computing with words [J]. IEEE Transactions on Fuzzy Systems, 1996, 4(2): 103-111.

[7] Zadeh L A. Some reflections on information granulation and its centrality in granular computing, computing with words, the computational theory of perceptions and precisiated natural language [M]//Lin T Y, Yao Y Y, Zadeh L A. Data Mining, Rough Sets and Granular Computing. Heidelberg: Physica-Verlag, 2002.

[8] Pawlak Z. Rough Sets Theoretical Aspects of Reasoning about Data [M]. Dordrecht: Kluwer Academic Publishers, 1991.

[9] Zhang B, Zhang L. The Theory and Application of Problem Solving [M]. North-Holland: Elsevier Science Publishers, 1992.

[10] 张铃, 张钹. 问题求解理论及应用——商空间粒度计算理论及应用[M]. 2 版. 北京: 清华大学出版社, 2007.

[11] Zhang L, Zhang B. The quotient space theory of problem solving [J]. Fundamenta Informaticae, 2003, 59(2-3): 287-298.

[12] 张铃, 张钹. 模糊商空间理论(模糊粒度计算方法)[J]. 软件学报, 2003, 14(4): 770-776.

[13] Zhang L, Zhang B. The structure analysis of fuzzy sets [J]. International Journal of Approximate Reasoning, 2005, 40: 92-108.

[14] Zhang L, Zhang B. Multi-granular computing and quotient structure[M]//Meyers R. Encyclopedia of Complexity and Systems Science. New York: Springer, 2009.

[15] Piangkh O S. Analytically traceable case of fuzzy C-means clustering [J]. Pattern Recognition, 2006, 39: 35-46.

[16] Tsekouras G, Sarimveis H, Kavakli E, et al. A hierarchical fuzzy-clustering approach to fuzzy modeling [J]. Fuzzy Sets and Systems, 2005, 150: 246-266.

[17] Zhang L, Zhang B. Relationship between support vector set and kernel functions in SVM [J]. Journal of Computer Science and Technology, 2002, 17(5): 549-555.

[18] 张铃, 张钹, 殷海风. 多层前向网络的交叉覆盖设计算法[J]. 软件学报, 1999, 10(7): 737-742.

[19] Zhang L, Zhang B. A geometrical representation of McCulloch-Pitts neural model and its applications [J]. IEEE Transactions on Neural Networks, 1999, 10(4): 925-929.

[20] Palla G, Derenyi I, Farkas I, et al. Uncovering the overlapping community structure of complex networks in nature and society [J]. Nature, 2005, 435(7043): 814-818.

[21] 李国纲, 李宝山. 管理系统工程[M]. 北京: 中国人民大学出版社, 1992.

[22] 唐旭清, 朱平. 后基因组时代生物信息学的发展趋势[J]. 生物信息学, 2008, 6(3): 142-145.

[23] 赵芸, 唐旭清. 基于层次结构数据的多元线性回归问题研究[J]. 数据采集与处理, 2019, 34(5): 883-892.

[24] Chen W Y, Song Y, Bai H, et al. Parallel spectral clustering in distributed systems [J]. IEEE Transactions on Pattern Analysis and Machine Intelligence, 2010, 33(3): 568-586.

[25] Tang X Q, Zhu P, Cheng J X. The structural clustering and analysis of metric based on granular space[J]. Pattern Recognition, 2010, 43(11): 3768-3786.

[26] Tang X Q, Zhu P. Hierarchical clustering problems and analysis of fuzzy proximity relation on granular space[J]. IEEE Transactions on Fuzzy Systems, 2013, 21(5): 814-824.

[27] 关肇直. 泛函分析讲义[M]. 北京: 高等教育出版社, 1958.

[28] 李骏, 王国俊. Gödel n 值命题逻辑中命题的 α-真度理论 [J]. 软件学报, 2007, 18(1): 33-39.

[29] 吴承忠. 模糊集引论(上)[M]. 北京: 北京师范大学出版社, 1989.

[30] 唐旭清. 基于粒度空间的复杂系统结构聚类分析[D]. 合肥: 安徽大学, 2008.

[31] 唐旭清, 朱平, 程家兴. 基于模糊商空间的聚类分析方法[J]. 软件学报, 2008, 19(4): 861-868.

[32] 唐旭清, 朱平, 程家兴. 基于等腰归一化距离的模糊粒度空间研究[J]. 计算机科学, 2008, 35(4): 142-145.

[33] 唐旭清, 赵静静, 方雪松. 模糊粒度空间的性质研究[J]. 模糊系统与数学, 2009, 23(5): 70-78.

[34] Sergion T, Konstantions K. 模式识别(英文)[M]. 2 版. 北京: 机械工业出版社, 2006.

[35] 徐宗本, 张讲社, 郑亚林. 计算智能中的仿生学: 理论与算法[M]. 北京: 科学出版社, 2004.

[36] Duda R O, Hart P E, Stork D G. 模式分类[M]. 李宏东, 姚天翔, 译. 北京: 机械工业出版社, 2003.

[37] Yao Y Y, Yao J T. Granular computing as a basis for consistent classification problems [J]. Communications of Institute of Information and Computing Machinery, 2002, 5(2): 101-106.

[38] Pedrycz W. Collaborative fuzzy clustering [J]. Pattern Recognition Letters, 2002, 23: 1625-1686.

[39] Devillez A, Billaudel P, Lecolier G V, et al. A fuzzy hybrid hierarchical clustering method with a new criterion able to find the optimal partition [J]. Fuzzy Sets and Systems, 2002, 128: 323-338.

[40] Miyamoto S. Information clustering based on fuzzy multi-sets [J]. Information and Management, 2003, 39: 195-213.

[41] Aldenderfer M, Blashfield R. Cluster Analysis [M]. Beverly Hill: SAGE Publications, 1984.

[42] Ruspini E H. A new approach to clustering [J]. Information and Control, 1969, 15(1): 22-32.

[43] He Q, Li H X, Shi Z Z, et al. Fuzzy clustering method based on perturbation [J]. Computers and Mathematics with Applications, 2003, 46: 929-946.

[44] Lee H S. An optimal algorithm for computing the max-min transitive closure of a fuzzy similarity maxtrix [J]. Fuzzy Sets and Systems, 2001, 123: 129-136.

[45] Liang G S, Zhou T Y, Han T C. Cluster analysis based on fuzzy equivalence relation [J]. European Journal of Operational Research, 2005, 166: 160-171.

[46] Esogbue A O, Liu B D. Cluster validity for fuzzy criterion clustering [J]. Computers and Mathematics with Applications, 1999, 37: 95-100.

[47] Kamimura H, Kurano M. Clustering by a fuzzy metric [J]. Fuzzy Sets and Systems, 2001, 120: 249-254.

[48] Kim D W, Lee K H, Lee D. Fuzzy clustering of categorical data using fuzzy centroids [J]. Pattern Recognition Letters, 2004, 25: 1263-1271.

[49] Angelov P. An approach for fuzzy rule-base adaptation using on-line clustering [J]. International Journal of Approximate Reasoning, 2004, 35: 275-289.

[50] Wu K L, Yu J, Yang M S. A novel fuzzy clustering algorithm based on a fuzzy scatter matrix with optimality tests [J]. Pattern Recognition Letters, 2005, 26: 639-652.

[51] Fu G. Optimization methods for fuzzy clustering [J]. Fuzzy Sets and Systems, 1998, 93: 301-309.

[52] Yang M S, Ko C H. On a class of fuzzy C-numbers clustering procedures for fuzzy data [J]. Fuzzy Sets and Systems, 1996, 84: 49-60.

[53] Hung W L, Yang M S. Fuzzy clustering on LR-type fuzzy numbers with an application in Taiwanese tea evolution [J]. Fuzzy Sets and Systems, 2005, 150: 561-577.

[54] Vapnik V. The Nature of Statistical Learning Theory [M]. New York: Springer-Verlag, 1999.

[55] 张铖, 张铃. 人工神经网络的设计方法[J]. 清华大学学报, 1998, 38(s1): 1-4.

[56] 吴涛, 张铃, 张燕平. 机器学习中的核覆盖算法[J]. 计算机学报, 2005, 28(8): 1295-1301.

[57] Bezdek J C, Pal N R. Some new indexes of cluster validity [J]. IEEE Transactions on Systems Man Cybernetics, 1998, 28(3): 301-315.

[58] Kothari R, Pitts D. On finding the number of classes [J]. Pattern Recongition Letters, 1999, 20: 405-416.

[59] Hardy A. On the number of classes [J]. Computational Statistics and Data Analysis, 1996, 23(1): 83-96.

[60] Sun H, Wang S, Jiang Q. FCM-based model selection algorithms for determining the number of clusters [J]. Pattern Recognition Letters, 2004, 37: 2027-2037.

[61] Kim D W, Lee K H, Lee D. On cluster validity index for estimation of optimal number of fuzzy

clusters [J]. Pattern Recognition, 2004, 37(10): 2009-2024.

[62] Yu J, Cheng Q. The search scope of optimal cluster number in fuzzy clustering methods [J]. Science in China(Series E), 2002, 32(4): 274-280.

[63] Rezaee R M, Lelieveldt B P F, Reiber J H C. A new cluster validity index for the fuzzy C-mean [J]. Pattern Recongition Letters, 1998, 19: 237-246.

[64] Pal N R, Bezdek J C. On cluster validity for the fuzzy C-mean model [J]. IEEE Transations on Fuzzy System, 1995, 3(3): 370-379.

[65] Backer E, Jain A K. A clustering performance measure based on fuzzy set decomposition [J]. IEEE Transactions on Pattern Analysis and Machine Intelligence, 1981, 3(1): 66-75.

[66] Bezdek J C. Cluster validity with fuzzy sets [J]. Journal of Cybernetics, 1974, 3(3): 58-73.

[67] Bezdek J C. Pattern Recognition with Fuzzy Objective Function Algorithms [M]. New York: Plenum Press, 1981.

[68] Windham M P. Cluster validity for fuzzy clustering algorithms [J]. Fuzzy Sets and Systems, 1981, 5: 177-185.

[69] Bezdek J C. Mathematical models for systematics and taxonomy[C]//Proceedings 8th International Conference on Numberical Taxonomy, San Francisco, 1975: 143-166.

[70] Fukuyama Y, Sugeno M. A new method of choosing the number of clusters for the fuzzy C-means method[C]//Proceedings 5th Fuzzy Systems Symposium, Japanese, 1989: 247-250.

[71] Xie L X, Beni G. A validity measure for fuzzy clustering [J]. IEEE Transations on Pattern Analysis and Machine Intelligence, 1991, 13(8): 841-847.

[72] Tang X Q, Fang X, Zhu P. Clustering characteristic analysis based on fuzzy granular space [C]//Proceedings of 1st International Conference on Modelling and Simulation, Nanjing, 2008: 371-377.

[73] 唐旭清, 朱平, 程家兴. 基于归一化距离的结构聚类分析[J]. 模式识别与人工智能, 2009, 22(5): 678-688.

[74] Tang X Q, Zhang K. New results on a fuzzy granular space [J]. Lecture Notes in Computer Science, 2011, 6728: 568-577.

[75] 陶华, 唐旭清. 基于模糊邻近关系的聚类结构分析[J]. 计算机科学, 2013, 40(1): 257-261.

[76] 孙梦梦, 唐旭清. 基于粒度空间的最小生成树分类算法[J]. 南京大学学报(自然科学版), 2017, 53(5): 963-971.

[77] Tang X Q, Li Y, Li W W, et al. A novel method for constructing the hierarchical structure based on fuzzy granular space [J]. Applied Soft Computing, 2020, 87: 105962.

[78] 唐旭清, 梁启浩, 李阳. 基于粒度空间的最优聚类指标研究[J]. 系统工程理论与实践, 2018, 38(3): 755-764.

[79] 唐旭清. 基于粒度空间的最优聚类模型及其应用[M]//张燕平, 姚一豫, 苗夺谦, 等. 粒计算、商空间及三支决策的回顾与发展. 北京: 科学出版社, 2017: 66-93.

[80] Zadeh L A. Fuzzy sets [J]. Information and Control, 1965, 3(8): 338-353.

[81] Lin T Y. Granular fuzzy sets: A view from rough sets and probability theories [J]. International

Journal of Fuzzy Systems, 2001, 3（2）: 373-381.

[82] Liang P, Song F. What does a probabilistic interpretation of fuzzy sets mean [J]. IEEE Transactions on Fuzzy Systems, 1996, 3（2）: 200-205.

[83] Lin T Y. Neighborhood systems—application to qualitative fuzzy and rough sets [C]//Wang P P. Advances in Machine Intelligence and Soft-Computing, Durham, USA, 1997: 132-155.

[84] Lin T Y. Topological and fuzzy rough sets[M]//Słowiński R. Intelligent Decision Support: Theory and Decision Library (Series D: System Theory, Knowledge Engineering and Problem Solving). Dordrecht: Springer, 1992: 287-304.

[85] Lin T Y. Measure theory on granular fuzzy sets[C]//The 18th International Conference of the North American Fuzzy Information Processing Society, New York, 1999.

[86] Lin T Y, Tsumoto S. Qualitative fuzzy sets revisited: Granulation on the space of membership function [C]//The 19th International Meeting of the North American Fuzzy Information Processing Society, Atlanta, 2000: 331-337.

[87] Lin T Y. Qualitative fuzzy sets: A comparison of three approaches [C]//Proceedings of Joint 9th IFSA World Congress and 20th NAFIPS International Conference, Vancouver, 2001: 2359-2363.

[88] 程云鹏. 矩阵论[M]. 3 版. 西安: 西北工业大学出版社, 2006.

[89] Xue X L, Tao H, Peng L T, et al. Hierarchical structure invariance and optimal approximation for proximity data[C]//The 11th International Conference on Fuzzy Systems and Knowledge Discovery, Xiamen, 2014: 462-468.

[90] IPCC. Climate Change 2007: The Physical Science Basis-Summary for Policymakers of the Working Group I Report [M]. Cambridge: Cambridge University Press, 2007.

[91] IPCC. Climate Change 2001: Inpacts, Adaptation, and Vulnerability-Contribution of Working Group II to the Third Assessment Report of the Intergovernmental Panel on Climate Change[M]. Cambridge: Cambridge University Press, 2001.

[92] IPCC. Climate Change 2007: Inpacts, Adaptation, and Vulnerability-Contribution of Working Group II to the Forth Assessment Report of the Intergovernmental Panel on Climate Change [M]. Cambridge: Cambridge University Press, 2007.

[93] 方精云. 全球生态学[M]. 北京: 高等教育出版社, Berlin: Springer Verlag, 2000.

[94] 刘国华, 傅伯杰. 全球气候变化对森林生态系统的影响[J]. 自然资源学报, 2001, 16（1）: 71-78.

[95] Walker B H, Steffen W. An overview of the implications of global change for natural and managed terrestrial ecosystem [J]. Ecology and Society, 1996, 1(2): 2.

[96] Holmes T P, Aukema J E, von Holle B, et al. Economic impacts of invasive species in forests: Past, present and future [J]. New York Academy of Sciences, 2009, 1162: 18-38.

[97] Williamson M. Biological Invasions [M]. London: Chapman and Hall, 1996.

[98] 徐汝梅. 生物入侵——数据集成、数量分析与预警[M]. 北京: 科学出版社, 2003.

[99] 徐海根, 王建民, 强盛, 等. 生物多样性公约热点研究: 外来物种入侵、生物安全、遗传资源[M]. 北京: 科学出版社, 2004.

[100] Vilà M, Tessier M, Suehs C M, et al. Local and regional assessments of the impacts of plant invaders on vegetation structure and soil properties of Mediterranean islands[J]. Journal of Biogeography, 2006, 33: 853-861.

[101] 孙菊, 李秀珍, 胡远满, 等. 大兴安岭沟谷冻土湿地植物群落分类、物种多样性和物种分布梯度[J]. 应用生态学报, 2009, 20(9): 2049-2056.

[102] 张文驹, 陈家宽. 物种分布区研究进展[J]. 生物多样性, 2003, 11(5): 364-369.

[103] MacArthur R H, Wilson E O. The Theory of Island Biogeography [M]. Princeton: Princeton University Press, 1967.

[104] Good R. The Geography of the Flowering Plants [M]. 4th ed. London: Longman Group Limited, 1974.

[105] 曹福祥, 徐庆军, 曹受金, 等. 全球变暖对物种分布的影响研究进展[J]. 中南林业科技大学学报, 2008, 28(6): 86-89.

[106] Bell G. Ecology-neutral macroecology [J]. Science, 2001, 293: 2413-2418.

[107] Maurer B A. Biogeography: Big thinking [J]. Nature, 2002, 415: 489-491.

[108] Nee S. Biodiv ersity: Thinking big in ecology [J]. Nature, 2002, 417: 229-230.

[109] Jetz W, Rahbek C. Geographic range size and determinants of avian species richness [J]. Science, 2002, 297: 1548-1557.

[110] 徐海根, 吴军, 陈洁君, 等. 外来物种环境风险评估与控制研究[M]. 北京: 科学出版社, 2011.

[111] 吴建国, 吕佳佳, 艾丽. 气候变化对生物多样性的影响: 脆弱性和适应[J]. 生态环境学报, 2009, 18(2): 693-703.

[112] 张建平, 王春乙, 杨晓光, 等. 未来气候变化对中国东北三省玉米需水量的影响预测[J]. 农业工程学报, 2009, 25(7): 50-55.

[113] 潘根兴, 高民, 胡国华, 等. 应对气候变化对未来中国农业生产影响的问题和挑战[J]. 农业环境科学学报, 2011, 30(9): 1707-1712.

[114] Parmesan C, Yohe G. A globally coherent fingerprint of climate change impacts across natural systems [J]. Nature, 2003, 421: 37-42.

[115] Root T L, Price J T, Hall K R, et al. Fingerprints of global warming on wild animals and plants [J]. Nature, 2003, 421: 57-60.

[116] Webb T, Bartlein P J. Global changes during the last 3 million years: Climatic controls and biotic responses [J]. Annual Review of Ecology and Systematics, 1992, 23: 141-173.

[117] Erasmus B F N, Vanjaarsveld S A, Chown L S, et al. Vulnerability of South African animal taxa to climate change [J]. Global Change Biology, 2002, 8: 679-693.

[118] Luoto M, Pöyry J, Heikkinen R K, et al. Uncertainty of bioclimatic envelope models based on the geographical distribution of species [J]. Global Ecology and Biogeography, 2005, 14: 575-584.

[119] Settele J, Kudrna O, Harpke A, et al. Climatic risk atlas of European butterflies [J]. Biorisk Biodiversity and Ecosystem Risk Assessment, 2008, 1(1): 710.

[120] Peterson A, Ortega-Huerta M A, Bartley J, et al. Future projections for Mexican fauns under climate change scenarios [J]. Nature, 2002, 416: 626-629.

[121] Forsman J T, Mönkkoönen M. The role of climate in limiting European resident bird populations [J]. Journal of Biogeography, 2003, 30: 55-70.

[122] Westphal M I, Field S A, Tyre A J, et al. Effects of landscape pattern on bird species distribution in the Mt. Lofty Ranges, South Australia [J]. Landscape Ecology, 2003, 18: 413-426.

[123] Iverson L R, Prasad A M. Potential change in tree species richness and forest community types following climate change [J]. Ecosystem, 2001, 4: 186-199.

[124] Matsui T, Tsutomu Y, Tomoki N, et al. Probability distributions, vulnerability and sensitivity in Fagus crenata forests following predicted climate changes in Japan [J]. Journal of Vegetation Sciences, 2004, 15: 605-614.

[125] Loiselle B A, Jørgensen P M, Consiglio T, et al. Predicting species distributions from herbarium collections: Does climate bias in collection sampling influence model outcomes [J]. Journal of Biogeography, 2008, 35(1): 105-116.

[126] Midgley G F, Hannah L, Millar D, et al. Assessing the vulnerability of species richness to anthropogenic climate change in a biodiversity hotspot [J]. Global Ecology and Biogeography, 2002, 11: 445-451.

[127] Phillips S J, Anderson R P, Schapire R E. Maximum entropy modeling of species geographic distributions [J]. Ecological Modelling, 2006, 190: 231-259.

[128] Fitzpatrick M C, Hargrove W W. The projection of species distribution models and the problem of non-analog climate [J]. Biodiversity and Conservation, 2009, 18: 2255-2261.

[129] Graham C H, Elith J, Hijmans R J, et al. The influence of spatial errors in species occurrence data used in distribution models [J]. Journal of Applied Ecology, 2008, 45: 239-247.

[130] Guisan A, Thuiller W. Predicting species distribution: Offering more than simple habitat models [J]. Ecology Letters, 2005, 8: 993-1009.

[131] Rodríguez J P, Brotons L, Bustamante J, et al. The application of predictive modelling of species distribution to biodiversity conservation [J]. Diversity and Distributions, 2007, 13: 243-251.

[132] Marmion M, Parviainen M, Luoto M, et al. Evaluation of consensus methods in predictive species distribution modelling [J]. Diversity and Distributions, 2009, 15: 59-69.

[133] 韩佶兴, 王宗明, 毛德华, 等. 1982—2010 年松花江流域植被动态变化及其与气候因子的相关分析[J]. 中国农业气象, 2011, 32(3): 430-436.

[134] 李月臣, 宫鹏, 刘春霞, 等. 北方 13 省 1982 年~1999 年植被变化及其与气候因子的关系[J]. 资源科学, 2006, 28(2): 109-117.

[135] 胡相明, 赵艳云, 程积民, 等. 云雾山天然草地物种分布与环境因子的关系[J]. 生态学报, 2008, 28(7): 3102-3107.

[136] 於琍, 李克让, 陶波, 等. 植被地理分布对气候变化的适应性研究[J]. 地理科学进展,

2010, 29(11): 1326-1332.

[137] 张慧东, 李军, 赵俊卉, 等. 寒温带非生长季环境气象要素对兴安落叶松影响分析[J]. 内蒙古农业大学学报, 2007, 28(4): 79-84.

[138] 吴建国, 吕佳佳. 气候变化对大熊猫分布的潜在影响[J]. 环境科学与技术, 2009, 32(12): 168-177.

[139] 张雷, 刘世荣, 孙鹏森, 等. 气候变化对马尾松潜在分布影响预估的多模型比较[J]. 植物生态学报, 2011, 35(11): 1091-1105.

[140] 张雷, 刘世荣, 孙鹏森, 等. 气候变化对物种分布影响模拟中的不确定性组分分割与制图——以油松为例[J]. 生态学报, 2011, 31(19): 5749-5761.

[141] 张雷. 气候变化对中国主要造林树种/自然植被地理分布的影响预估及不确定性分析[D]. 北京: 中国林业科学研究院, 2011.

[142] Walther G R, Post E, Convey P, et al. Ecological response to recent climate change [J]. Nature, 2002, 416: 389-395.

[143] Williams P, Hannah L, Andelman S, et al. Planning for climate change: Identifying minimum-dispersal corridors for the cape protease [J]. Conservation Biology, 2005, 19(4): 1063-1074.

[144] Pyke C R, Andelman S J, Midgley G. Identifying priority areas for bioclimatic representation under climate change: A case study for protected area in the cape floristic region, South Africa [J]. Biological Conservation, 2005, 125: 1-9.

[145] Beaumont L J, Hughes L, Pitman A J. Why is the choice of future climate scenarios for species distribution modelling important[J]. Ecology Letters, 2008, 11: 1135-1146.

[146] Araújo M B, Pearson R G, Thuiller W, et al. Validation of species-climate impacts models under climate change[J]. Global Change Biology, 2005, 11: 1504-1513.

[147] Yan H B, Tang X Q. The impacting analysis on multiple species competition [J]. Lecture Notes in Computer Science, 2013, 8170: 269-276.

[148] 彭丽潭, 吴军, 唐旭清. 气候变化对丹顶鹤种群的繁殖栖息地逗留时间影响分析[J]. 生态与农村环境学报, 2014, 30(3): 280-288.

[149] 黑龙江森林编辑委员会. 黑龙江森林[M]. 哈尔滨: 东北林业大学出版社, 1993.

[150] 楼玉海. 兴安落叶松林的天然更新[J]. 林业科技通讯, 1988, (3): 3-6.

[151] 王庆贵, 邢亚娟, 周晓峰, 等. 黑龙江省东部山区谷地红皮云杉生态学与生物学特性[J]. 东北林业大学学报, 2007, 35(3): 4-6.

[152] 孙彦华, 于辉. 红皮云杉林研究进展综述[J]. 林业勘查设计, 2010, (4): 93-94.

[153] 殷东生, 张海峰, 王福德, 等. 小兴安岭白桦种群径级结构与生命表分析[J]. 林业科技开发, 2009, 23(6): 40-43.

[154] 张先亮, 崔明星, 马艳军, 等. 大兴安岭库都尔地区兴安落叶松年轮宽度年表及其与气候变化的关系[J]. 应用生态学报, 2010, 21(10): 2501-2507.

[155] 李峰, 周广胜, 曹铭昌. 兴安落叶松地理分布对气候变化响应的模拟[J]. 应用生态学报, 2006, 17(12): 2255-2260.

[156] 邓龙, 吴福田, 崔克城, 等. 红皮云杉人工林高生长与气候因子关系数学模型的研究[J],

林业科技, 1993, 18(3): 8-10.

[157] 温秀卿, 高永刚, 王育光, 等. 兴安落叶松、云杉、红松林木物候期对气象条件响应研究
[J]. 黑龙江气象, 2005, (4): 34-36.

[158] 史永纯, 孙志虎, 李开隆. 水分条件对白桦天然林生长影响的研究[J]. 植物研究, 2010,
30(4): 485-489.

[159] 陈莎莎, 刘鸿雁, 郭大立. 内蒙古东部天然白桦林的凋落物性质和储量及其随温度和降
水梯度的变化格局[J]. 植物生态学报, 2010, 34(9): 1007-1015.

[160] 王爱民, 祖元刚. 大兴安岭不同演替阶段白桦种群光合生理生态特征[J]. 吉林农业大学
学报, 2005, 27(2): 190-193.

[161] 晏寒冰, 彭丽潭, 唐旭清. 基于气候变化的东北地区森林树种分布预测建模与影响分
析[J]. 林业科学, 2014, 50(5): 132-139.

[162] 李淑玲. 丹顶鹤繁殖行为的研究[D]. 哈尔滨: 东北农业大学, 2002.

[163] 王岐山, 杨兆芬. 云贵高原黑颈鹤的现状及保护[C]//中国鹤类研究和保护进展. 昆明:
云南民族出版社, 2005: 7-13.

[164] 于文阁, 朱宝光. 洪河自然保护区丹顶鹤秋季觅食生境特征[J]. 东北林业大学学报, 2008,
36(10): 36-37.

[165] 张艳红, 邓伟, 张树文. 向海自然保护区丹顶鹤生境结构空间特征[J]. 生态学报, 2006,
26(11): 3725-3731.

[166] 王志强, 傅建春. 扎龙湿地丹顶鹤巢址空间分布变化及其对环境变化指征[J]. 生态环境
学报, 2010, 19(3): 697-700.

[167] Cao M C, Liu G H. Habitat suitability change of red-crowned crane in Yellow River Delta
Nature Reserve [J]. Journal of Forestry Research, 2008, 19(2): 141-147.

[168] 张曼胤. 江苏盐城滨海湿地景观变化及其对丹顶鹤生境的影响[D]. 长春: 东北师范大学,
2008.

[169] 孙贤斌, 刘红玉. 江苏盐城海滨区域丹顶鹤适宜越冬生境变化[J]. 生态学杂志, 2011,
30(4): 694-699.

[170] 李方满, 李佩珣. 丹顶鹤与白枕鹤的领域比较[J]. 生态学杂志, 1999, 18(6): 33-37.

[171] 何春光, 盛连喜, 郎惠卿, 等. 向海湿地丹顶鹤迁徙动态及其栖息地保护研究[J]. 应用生
态学报, 2004, 15(9): 1523-1526.

[172] 金洪阳, 郝萌, 杨玉成, 等. 双台河口自然保护区丹顶鹤春季迁徙停歇地生境选择[J]. 野
生动物杂志, 2011, 32(3): 136-140.

[173] 吕士成. 盐城沿海丹顶鹤种群动态与湿地环境变迁的关系[J]. 南京师范大学报(自然科学
版), 2009, 32(4): 89-93.

[174] Amano T. Conserving bird species in Japanese farmland: Past achievements and future
challenges [J]. Biological Conservation, 2009, 142: 1913-1921.

[175] 冯科民, 李金录. 丹顶鹤等水禽的航空调查[J]. 东北林学院学报, 1985, 13(1): 80-87.

[176] 马逸清, 金龙荣. 黑龙江省三江平原丹顶鹤的数量分布[J]. 动物学报, 1987, 33(1):
82-87.

[177] 马逸清, 金龙荣. 三江平原丹顶鹤的数量分布[J]. 国土与自然资源研究, 1985, 6(2): 38-46.

[178] 马逸清, 金龙荣, 金爱莲, 等. 黑龙江省乌裕尔河流域丹顶鹤等珍稀涉禽航空调查报告 [J]. 动物学报, 1987, 33(2): 187-191.

[179] 王文锋, 高忠艳, 李长友, 等. 扎龙湿地丹顶鹤种群数量调查及保护[J]. 野生动物杂志, 2011, 32(2): 80-82.

[180] 马志军, 王子健, 汤鸿霄. 丹顶鹤在中国分布的现状[J]. 生物学通报, 1997, 32(12): 4-6.

[181] 李金录, 程彩云. 丹顶鹤繁殖分布及研究[J]. 野生动物杂志, 1987, 8(2): 11-14.

[182] 马逸清, 李晓民. 我国丹顶鹤资源的现状[J]. 国土与自然资源研究, 1990, 11(1): 62-64.

[183] 崔守斌, 陈辉. 黑龙江七星河湿地自然保护区春季迁徙水禽种群动态初步研究[J]. 哈尔滨师范大学自然科学学报, 2010, 26(6): 81-83.

[184] Higuchi H, Shibaev Y, Minton J, et al. Satellite tracking of the migration of the red-crowned crane grus japonensis [J]. Ecological Research, 1998, 13: 273-282.

[185] Minton J S, Halls J N, Higuchi H. Integration of satellite telemetry data and land cover imagery: A study of migratory cranes in Northeast Asia [J]. Transactions in GIS, 2003, 7(4): 505-528.

[186] Kanai Y, Ueta M, Germogenov N, et al. Migration routes and important resting areas of Siberian cranes(Grus leucogeranus)between northeastern Siberia and China as revealed by satellite tracking [J]. Biological Conservation, 2002, 106: 339-346.

[187] 钱发文. 世界的鹤类[J]. 森林与人类, 2005, 180(5): 25-30.

[188] 李金录, 冯克民. 丹顶鹤及白鹤的越冬研究[J]. 东北林业大学学报, 1985, 13(3): 135-140.

[189] 周宗汉, 还宝庆. 江苏盐城滩涂丹顶鹤越冬分布的初步调查[J]. 四川动物, 1986, 5(3): 22-24.

[190] 刘白. 江苏盐城海涂越冬丹顶鹤的数量分布[J]. 生态学报, 1990, 10(3): 284-285.

[191] 严风涛. 越冬区丹顶鹤动态分布[J]. 国土与自然资源研究, 1988, 9(1): 65-69.

[192] 严风涛. 盐城滩涂丹顶鹤越冬数量分布与生态研究[J]. 动物学杂志, 1991, 26(2): 34-36.

[193] 吕士成. 江苏盐城沿海越冬丹顶鹤的数量和分布动态[J]. 四川动物, 1988, 7(4): 41-42.

[194] 吕士成, 孙明, 高志东, 等. 盐城国家级自然保护区人工湿地丹顶鹤的分布动态[J]. 湿地科学, 2006, 4(1): 58-63.

[195] 吕士成, 周世锷. 盐城沿海丹顶鹤分布趋势探讨[J]. 自然杂志, 1990, 13(2): 101-103.

[196] 吕士成. 盐城沿海滩涂丹顶鹤的分布现状及其趋势分析[J]. 生态科学, 2008, 27(3): 154-158.

[197] 冯科民, 李金录. 丹顶鹤的繁殖生态[J]. 东北林业大学学报, 1986, 14(3): 39-45.

[198] 邹红菲, 吴庆明. 扎龙自然保护区丹顶鹤(Grus japonensis)巢的内分布型及巢域[J]. 生态学报, 2009, 29(4): 1710-1718.

[199] 江红星, 刘春悦, 钱法文, 等. 基于 3S 技术的扎龙湿地丹顶鹤巢址选择模型[J]. 林业科学, 2009, 45(7): 76-83.

[200]　刘学昌, 吴庆明, 邹红菲, 等. 丹顶鹤(*Grus japonensis*)东、西种群巢址选择的分异[J]. 生态学报, 2009, 29(8): 4483-4490.

[201]　Ma Z J, Wang Z J, Tang H X. Habitat use and selection by red-crowned crane *Grus japonensis* in winter in Yancheng Biosphere Reserve, China [J]. International Journal of Avian Science, 1999, 141: 135-139.

[202]　施泽荣, 吴凌祥. 丹顶鹤的越冬生态观察[J]. 动物学杂志, 1987, 22(6): 37-39.

[203]　张培玉, 李桂芝. 丹顶鹤的越冬地特点与保护研究[J]. 生物学杂志, 2001, 18(2): 9-10.

[204]　Lee S D, Jabłoński P G, Higuchi H. Winter foraging of threatened cranes in the Demilitarized Zone of Korea: Behavioral evidence for the conservation importance of unplowed rice fields [J]. Biological Conservation, 2007, 138: 286-289.

[205]　张艳红, 何春光. 基于 GIS 扎龙自然保护区丹顶鹤适宜生境动态变化[J]. 东北林业大学学报, 2009, 37(4): 43-45.

[206]　刘红玉, 李兆富. 基于景观斑块谱特征分析的湿地景观变化对丹顶鹤栖息地影响研究[J]. 自然资源学报, 2009, 24(4): 602-611.

[207]　秦喜文, 张树清, 李晓峰, 等. 基于证据权重法的丹顶鹤栖息地适宜性评价[J]. 生态学报, 2009, 29(3): 1074-1082.

[208]　朱丽娟, 刘红玉. 挠力河流域丹顶鹤繁殖期生境景观连接度分析[J]. 生态与农村环境学报, 2008, 24(2): 12-16, 83.

[209]　李晓民. 哈拉海湿地丹顶鹤现状、受胁原因及保护[J]. 动物学杂志, 2002, 37(1): 64-66.

[210]　吴铁宇, 陈冰卓, 仇福臣, 等. 扎龙保护区野生丹顶鹤种群现状及保护对策[J]. 黑龙江环境通报, 2008, 32(3): 6-7, 11.

[211]　王治良. 中国鹤类地理分布与就地保护[D]. 南京: 南京师范大学, 2006.

[212]　Cui B S, Yang Q C, Yang Z F, et al. Evaluating the ecological performance of wetland restoration in the Yellow River Delta, China [J]. Ecological Engineering, 2009, 35: 1090-1103.

[213]　Li W J, Wang Z J, Ma Z J, et al. Designing the core zone in a biosphere reserve based on suitable habitats: Yancheng Biosphere Reserve and the red crowned crane(*Grus japonensis*) [J]. Biological Conservation, 1999, 90: 167-173.

[214]　Xu H G, Zhu G Q, Wang L L, et al. Design of nature reserve system for red-crowned crane in China [J]. Biodiversity and Conservation, 2005, 14: 2275-2289.

[215]　林振山, 刘会玉, 刘红玉. 人类活动影响下具有 Allee 效应的非自治种群演化模式的研制及其应用——以丹顶鹤为例[J]. 生态学报, 2005, 25(5): 945-951.

[216]　Masatomi Y, Higashi S, Masatomi H. A simple population viability analysis of Tancho(*Grus japonensis*) in southeastern Hokkaido, Japan [J]. Population Ecology, 2007, 49: 297-304.

[217]　吕士成. 盐城越冬丹顶鹤栖息地保护与经济发展之间的关系[J]. 野生动物杂志, 2009, 31(1): 37-39.

[218]　盛连喜, 何春光, 赵俊, 等. 向海湿地生态环境变化对丹顶鹤数量及其分布的影响分析 [J]. 东北师大学报(自然科学版), 2001, 33(3): 91-95.

[219] 李晓民, 刘学昌. 挠力河流域丹顶鹤、白枕鹤种群动态及其与环境关系研究[J]. 湿地科学, 2005, 3(2): 127-131.

[220] 施泽荣. 自然状态下环境对越冬丹顶鹤集散行为的影响[J]. 国土与自然资源研究, 1990, 11(1): 59-61.

[221] 吕士成, 陈卫华. 环境因素对丹顶鹤越冬行为的影响[J]. 野生动物杂志, 2006, 27(6): 18-20.

[222] 吴军, 徐海根, 陈炼. 气候变化对物种影响研究综述[J]. 生态与农业环境学报, 2011, 27(4): 1-6.

[223] Thomas C D, Lennon J L. Birds extend their ranges northwards [J]. Nature, 1999, 399: 213.

[224] 吴伟伟, 顾莎莎, 吴军, 等. 气候变化对我国丹顶鹤繁殖地分布的影响[J]. 生态与农业环境学报, 2012, 28(3): 243-248.

[225] 丁平. 中国鸟类生态学的发展与现状[J]. 动物学杂志, 2002, 37(3): 71-84.

[226] 唐旭清, 李建林. 气候变化对多针茅竞争分布预测与影响分析[J]. 系统仿真学报, 2016, 28(4): 956-965.

[227] 晏寒冰, 吴军, 李建林, 等. 东北地区主要森林物种的分布区气候数据分析[J]. 生物数学学报, 2016, 31(1): 118-128.

[228] 李建林, 唐旭清. 全球气候变化下东北地区针茅的分布预测[J]. 江南大学学报(自然科学版), 2015, 14(3): 357-363.

[229] 李建林, 唐旭清. 气候变化对陆地生态系统影响评估模型的研究进展[J]. 草原与草坪, 2014, 34(6): 86-92.

[230] 彭丽潭, 晏寒冰, 唐旭清. 丹顶鹤繁殖地气候数据特征的聚类分析[J]. 计算机应用研究, 2014, 31(3): 747-752.

[231] 茆诗松, 程依明, 濮晓龙. 概率论与数理统计教程[M]. 北京: 高等教育出版社, 2011.

[232] Han J W, Kamber M, Pei J. Data Mining: Concepts and Techniques [M]. San Francisco: Margan Kaufmann, 2011.

[233] Rudneva I A, Kovaleva V P, Varich N L, et al. Influenza a virus reassortants with surface glycoprotein genes of the avian parent viruses: Effects of HA and NA gene combinations on virus aggregation [J]. Archives of Virology, 1993, 121(3-4): 437-450.

[234] Wagner R, Matrosovich M, Klenk H D. Functional balance between haemagglutinin and neuraminidase in influenza virus infections [J]. Reviews in Medical Virology, 2002, 12(3): 159-166.

[235] Kidera A, Konishi Y, Oka M, et al. Statistical analysis of the physical properties of the 20 naturally occurring amino acids [J]. Journal of Protein Chemistry, 1985, 4(1): 23-55.

[236] Zhao B, Duan V, Yau S S T. A novel clustering method via nucleotide-based Fourier power spectrum analysis [J]. Journal of Theoretical Biology, 2011, 279(1): 83-89.

[237] Hoang T, Yin C, Zheng H, et al. A new method to cluster DNA sequences using Fourier power spectrum [J]. Journal of Theoretical Biology, 2015, 372(1): 135-145.

[238] 陈治伟, 李晓琴. 基于全基因组结构域信息的进化树构建[J]. 生物信息学, 2012, 10(1):

31-36.

[239] Massingale S, Pippin T, Davidson S, et al. Emergence of a novel swine-origin influenza A(H1N1)virus in humans [J]. The New England Journal of Medicine, 2009, 360(1): 2605-2615.

[240] World Health Organization. H1N1 in post-pandemic[EB/OL].[2011-06-03]. http://www.who. int/mediacentre/news/statements/2010/h1n1_vpc_20100810/en/index.html.

[241] 张欣, 倪汉忠, 管大伟, 等. 2009-2011 年广东省甲型 H1N1 流感病毒血凝素基因的进化特征[J]. 中华微生物学和免疫学杂志, 2011, 31(8): 735-739.

[242] Simpson P T, Reis-Filho J S, Gale T, et al. Molecular evolution of breast cancer [J]. The Journal of Pathology, 2005, 205(2): 248-254.

[243] Dunnwald L K, Rossing M A, Li C I. Hormone receptor status, tumor characteristics, and prognosis: A prospective cohort of breast cancer patients [J]. Breast Cancer Research, 2007, 9(1): R6.

[244] Blows F M, Driver K E, Schmidt M K, et al. Subtyping of breast cancer by immunohistochemistry to investigate a relationship between subtype and short and long term survival: A collaborative analysis of data for 10, 159 cases from 12 studies [J]. PLoS Medicine, 2010, 7(5): e1000279.

[245] Dai X F, Chen A, Bai Z H. Integrative investigation on breast cancer in ER, PR and HER2-defined subgroups using mRNA and miRNA expression profiling [J]. Scientific Reports, 2014, 4: 6566.

[246] Charafe-Jauffret E, Ginestier C, Monville F, et al. Gene expression profiling of breast cell lines identifies potential new basal markers [J]. Oncogene, 2006, 25(15): 2273-2284.

[247] Sørlie T, Perou C M, Tibshirani R, et al. Gene expression patterns of breast carcinomas distinguish tumor subclasses with clinical implications [J]. Proceedings of the National Academy of Sciences, 2001, 98(19): 10869-10874.

[248] Sørlie T, Tibshirani R, Parker J, et al. Repeated observation of breast tumor subtypes in independent gene expression data sets [J]. Proceedings of the National Academy of Sciences, 2003, 100(14): 8418-8423.

[249] Perou C M, Sørlie T, Eisen M B, et al. Molecular portraits of human breast tumours [J]. Nature, 2000, 406(6797): 747-752.

[250] Parker J S, Mullins M, Cheang M C U, et al. Supervised risk predictor of breast cancer based on intrinsic subtypes [J]. Journal of Clinical Oncology, 2009, 27(8): 1160-1167.

[251] Cheang M C, Chia S K, Voduc D, et al. Ki67 index, HER2 status, and prognosis of patients with luminal B breast cancer [J]. Journal of the National Cancer Institute, 2009, 101(10): 736-750.

[252] Blenkiron C, Goldstein L D, Thorne N P, et al. MicroRNA expression profiling of human breast cancer identifies new markers of tumor subtype [J]. Genome Biology, 2007, 8(10): 1.

[253] Buffa F M, Camps C, Winchester L, et al. MicroRNA-associated progression pathways and

potential therapeutic targets identified by integrated mRNA and MicroRNA expression profiling in breast cancer [J]. Cancer Research, 2011, 71(17): 5635-5645.

[254] Edgar R, Domrachev M, Lash A E. Gene expression omnibus: NCBI gene expression and hybridization array data repository [J]. Nucleic Acids Research, 2002, 30(1): 207-210.

[255] Fagerholm R, Hofstetter B, Tommiska J, et al. NAD(P)H: Quinone oxidoreductase 1 NQO1* 2 genotype(P187S) is a strong prognostic and predictive factor in breast cancer [J]. Nature Genetics, 2008, 40(7): 844-853.

[256] Halkidi M, Vazirgiannis M. Clustering validity assessment using multi representatives[C]// Proceedings of SETN Conference, Thessaloniki, Greece, April, 2002: 237-249.

[257] Xiao F F, Zuo Z X, Cai G S, et al. MiRecords: An integrated resource for microRNA–target interactions [J]. Nucleic Acids Research, 2009, 37(1): D105-D110.

[258] Huang D W, Sherman B T, Lempicki R A. Bioinformatics enrichment tools: Paths toward the comprehensive functional analysis of large gene lists [J]. Nucleic Acids Research, 2009, 37(1): 1-13.

[259] Xie C, Mao X Z, Huang J J, et al. KOBAS 2. 0: A web server for annotation and identification of enriched pathways and diseases [J]. Nucleic Acids Research, 2011, 39(2): W316-W322.

[260] Warde-Farley D, Donaldson S L, Comes O, et al. The GeneMANIA prediction server: Biological network integration for gene prioritization and predicting gene function [J]. Nucleic Acids Research, 2010, 38(1): 38-45.

[261] Zheng L, Qian B, Tian D, et al. FOXA1 positively regulates gene expression by changing gene methylation status in human breast cancer MCF-7 cells [J]. International Journal of Clinical and Experimental Pathology, 2015, 8(1): 96-106.

[262] Lu J, Fan T, Zhao Q, et al. Isolation of circulating epithelial and tumor progenitor cells with an invasive phenotype from breast cancer patients [J]. International Journal of Cancer, 2010, 126(3): 669-683.

[263] Lacroix M, Leclercq G. About GATA3, HNF3A, and XBP1, three genes co-expressed with the oestrogen receptor-α gene(ESR1) in breast cancer [J]. Molecular and Cellular Endocrinology, 2004, 219(1): 1-7.

[264] Mehra R, Varambally S, Ding L, et al. Identification of GATA3 as a breast cancer prognostic marker by global gene expression meta-analysis [J]. Cancer Research, 2005, 65(24): 11259-11264.

[265] Jezierska A, Matysiak W, Motyl T. ALCAM/CD166 protects breast cancer cells against apoptosis and autophagy [J]. Medical Ence Monitor: International Medical Journal of Experimental and Clinical Research, 2006, 12(8): BR263-BR273.

[266] Kulasingam V, Zheng Y, Soosaipillai A, et al. Activated leukocyte cell adhesion molecule: A novel biomarker for breast cancer [J]. International Journal of Cancer, 2009, 125(1): 9-14.

[267] Halmos G, Wittliff J L, Schally A V. Characterization of bombesin/gastrin-releasing peptide receptors in human breast cancer and their relationship to steroid receptor expression [J].

Cancer Research, 1995, 55(2): 280-287.

[268] Esposito I, Kayed H, Keleg S, et al. Tumor-suppressor function of SPARC-like protein 1/Hevin in pancreatic cancer [J]. Neoplasia, 2007, 9(1): 8-17.

[269] Hurley P J, Marchionni L, Simons B W, et al. Secreted protein, acidic and rich in cysteine-like 1(SPARCL1) is down regulated in aggressive prostate cancers and is prognostic for poor clinical outcome [J]. Proceedings of the National Academy of Sciences, 2012, 109(37): 14977-14982.

[270] Gabrielli F, Tofanelli S. Molecular and functional evolution of human DHRS2 and DHRS4 duplicated genes [J]. Gene, 2012, 511(2): 461-469.

[271] Wang T, Liu Z, Guo S M, et al. The tumor suppressive role of CAMK2N1 in castration-resistant prostate cancer [J]. Oncotarget, 2014, 5(11): 3611-3621.

[272] Cui F M, Li J X, Chen Q, et al. Radon-induced alterations in micro-RNA expression profiles in transformed BEAS2B cells [J]. Journal of Toxicology and Environmental Health, Part A, 2013, 76(2): 107-119.

[273] Emdad L, Janjic A, Alzubi M A, et al. Suppression of miR-184 in malignant gliomas upregulates SND1 and promotes tumor aggressiveness [J]. Neuro-oncology, 2015, 17(3): 419-429.

[274] Zhou L, Qiu T Z, Xu J, et al. MiR-135a/b modulate cisplatin resistance of human lung cancer cell line by targeting MCL1 [J]. Pathology and Oncology Research, 2013, 19(4): 677-683.

[275] Stylianou S, Clarke R B, Brennan K. Aberrant activation of notch signaling in human breast cancer[J]. Cancer Research, 2006, 66(3): 1517-1525.

[276] Dębniak T, Gorski B, Scott R J, et al. Germline mutation and large deletion analysis of the CDKN2A and ARF genes in families with multiple melanoma or an aggregation of malignant melanoma and breast cancer [J]. International Journal of Cancer, 2004, 110(4): 558-562.

[277] Vallejos C S, Gómez H L, Cruz W R, et al. Breast cancer classification according to immunohistochemistry markers: Subtypes and association with clinicopathologic variables in a peruvian hospital database [J]. Clinical Breast Cancer, 2010, 10(4): 294-300.

[278] Walker R A. Immunohistochemical markers as predictive tools for breast cancer [J]. Journal of Clinical Pathology, 2008, 61(6): 689-696.

[279] Safavian S R, Landgrebe D. A survey of decision tree classifier methodology [J]. IEEE Transactions on Systems Man and Cybernetics, 1991, 21(3): 660-674.

[280] Trivedi K S. Probability and Statistics with Reliability, Queuing and Computer Science Applications [M]. New York: John Wiley and Sons, 2008.

[281] Murphy K P. Naive Bayes Classifiers [M]. Vancouver: University of British Columbia, 2006.

[282] Hildebrandt M A T, Gu J, Lin J, et al. Hsa-miR-9 methylation status is associated with cancer development and metastatic recurrence in patients with clear cell renal cell carcinoma [J]. Oncogene, 2010, 29(42): 5724-5728.

[283] Kastl L, Brown I, Schofield A C. MiRNA-34a is associated with docetaxel resistance in

human breast cancer cells [J]. Breast Cancer Research and Treatment, 2012, 131(2): 445-454.

[284] Oka H, Shiozaki H, Kobayashi K, et al. Expression of E-cadherin cell adhesion molecules in human breast cancer tissues and its relationship to metastasis [J]. Cancer Research, 1993, 53(7): 1696-1701.

[285] Hwang J, Kwak D W, Lin S K, et al. Resveratrol induces apoptosis in chemoresistant cancer cells via modulation of AMPK signaling pathway [J]. Annals of the New York Academy of Sciences, 2007, 1095(1): 441-448.

[286] King E R, Tung C S, Tsang Y T M, et al. The anterior gradient homolog 3(AGR3)gene is associated with differentiation and survival in ovarian cancer [J]. The American Journal of Surgical Pathology, 2011, 35(6): 904.

[287] Winn R A, van Scoyk M, Hammond M, et al. Antitumorigenic effect of Wnt 7a and Fzd 9 in non-small cell lung cancer cells is mediated through ERK-5-dependent activation of peroxisome proliferator-activated receptor γ [J]. Journal of Biological Chemistry, 2006, 281(37): 26943-26950.

[288] Castilla M Á, López-García M Á, Atienza M R, et al. VGLL1 expression is associated with a triple-negative basal-like phenotype in breast cancer [J]. Endocrine Related Cancer, 2014, 21(4): 587-599.

[289] Joosse S A, Hannemann J, Spötter J, et al. Changes in keratin expression during metastatic progression of breast cancer: Impact on the detection of circulating tumor cells [J]. Clinical Cancer Research, 2012, 18(4): 993-1003.

[290] Bhatia-Gaur R, Donjacour A A, Sciavolino P J, et al. Roles for Nkx3. 1 in prostate development and cancer [J]. Genes and Development, 1999, 13(8): 966-977.

[291] Tsunezumi J, Higashi S, Miyazaki K. Matrilysin(MMP-7)cleaves C-type lectin domain family 3 member A(CLEC3A)on tumor cell surface and modulates its cell adhesion activity [J]. Journal of Cellular Biochemistry, 2009, 106(4): 693-702.

[292] Zhang H J, Meng F Y, Liu G, et al. Forkhead transcription factor foxq1 promotes epithelial–mesenchymal transition and breast cancer metastasis [J]. Cancer Research, 2011, 71(4): 1292-1301.

[293] Alhopuro P, Karhu A, Winqvist R, et al. Somatic mutation analysis of MYH11 in breast and prostate cancer [J]. BMC Cancer, 2008, 8(1): 263.

[294] Li Y, Liang Q H, Sun M M, et al. Construction of multilevel structure for avian influenza virus system based on granular computing [J]. BioMed Research International, 2017(1): 1-7.

[295] Dai X F, Li Y, Bai Z, et al. Molecular portraits revealing the heterogeneity of breast tumor subtypes defined using immunohistochemistry markers [J]. Scientific Reports, 2015, 5(1): 14499.

[296] Li Y, Tang X Q, Bai Z H, et al. Exploring the intrinsic differences among breast tumor subtypes defined using immunohistochemistry markers based on the decision tree [J]. Scientific Reports, 2016, 6: 35773.

[297] Fan X M, Wang Y, Tang X Q. Extracting predictors for lung adenocarcinoma based on Granger Causality Test and stepwise character selection [J]. BMC Bioinformatics, 2019, 20(s7): 83-96.

[298] Sun M, Ding T, Tang X Q, et al. An effective mixed-model for screening differentially expressed genes of breast cancer based on LR-RF [J]. IEEE-ACM Transactions on Computational Biology and Bioinformatics, 2019, 16(1): 124-130.

[299] Qi J M, Zhou J X, Tang X Q, et al. Gene biomarkers derived from clinical data of hepatocellular carcinoma [J]. Interdisciplinary Science: Computational Life Sciences, 2020, 12(30): 1-11.

[300] Tian Z B, Tang X Q. Identification of candidate biomarkers and pathways associated with liver cancer by bioinformatics analysis [J]. Lecture Notes in Computer Science, 2019, 11644: 547-557.

[301] Li W W, Li Y, Tang X Q. A new representation method of H1N1 influenza virus and its application [J]. Lecture Notes in Computer Science, 2015, 9226: 342-350.

[302] 李阳, 唐旭清. 基于粗粒化的流感病毒蛋白进化树构建[J]. 模式识别与人工智能, 2016, 29(10): 936-942.

[303] 梁启浩, 李阳, 唐旭清. 基于功率谱的蛋白质序列特征提取新方法[J]. 食品与生物技术学报, 2018, 37(11): 1160-1165.